CATALOGUE

Des Nouvelles Editions des Oeuvres de
M. BARREME.

LE Livre des Comptes-Faits , ou Tarif General de toutes les Monnoyes tant anciennes que nouvelles ,   50 sols.

Le Livre nécessaire , ou Tarif General des Intérests , des Escomptes , des Changes & des Divisions toutes faites ,   50 sols.

Le Livre facile pour apprendre l'Arithmetique sans Maître.   50 sols.

Le Livre du Grand Commerce , où l'on trouve les Tarifs Generaux pour la Réduction des Monnoyes de France en Monnoyes de Hollande & d'Angleterre ; & des Monnoyes de Hollande & d'Angleterre en Monnoyes de France. Les Tarifs Generaux pour la Réduction des Monnoyes de France en Monnoyes d'Espagne , & des Monnoyes d'Espagne en Monnoyes de France. L'on peut apprendre dans cet Ouvrage à faire une Remise , une Traite , un Roulement , une Négociation & un Arbitrage , in-8°. 2. Volumes grand papier ,   16. liv.

Le Traité des Parties Doubles, ou Méthode aifée pour apprendre à tenir en Parties Doubles les Livres du Commerce & des Finances, in-8°. Grand Papier, feconde Edition, 4. liv.

Agenda & Calendrier, avec les Tarifs des Monnoyes courantes, préfenté aux Gens d'Affaire & aux Négocians, in-24.

La diftribution générale des Livres de M. Barreme, fe fait à Paris chez Jean-Luc Nyon, Michel-Etienne David, Chriftophe David, & François Didot, qui diftribueront auffi le petit Tarif pour les diminutions qui feront paraphés par l'un defdits Libraires.

On a réfolu de faire débiter les Livres de M. Barreme dans toutes les principales Villes de France, afin d'empêcher le débit des contre-faits.

Les Libraires qui voudront vendre les Livres de M. Barreme, pourront s'adrefer à un dès Libraires cy-deffus nommés, qui leur offre une remife & une compofition raifonnable.

L'ARITHMETIQUE

DU Sr BARREME

OU LE LIVRE FACILE

Pour apprendre l'Arithmétique de
foi-même, & fans Maître.

*OUVRAGE TRES-NECESSAIRE A TOUTE
Sorte de Perfonnes : aux unes , pour apprendre l'Arithmétique, & à ceux qui la fçavent , pour les aider à
rappeller dans leur mémoire quantité de Regles
qui s'oublient facilement , faute de pratique.*

NOUVELLE EDITION,

Augmentée de plus de 190 pages , ou Regles
differentes , de la Géométrie , fervant au
Mefurage & à l'Arpentage , & du Traité d'A-
rithmétique néceffaire à l'Arpentage & au
Toifé.

PAR N. BARREME.

A PARIS,

Chez {
NYON, Quay de Conti.
DAVID, Quay des Auguftins.
DAVID, rue de la Bouclerie.
DIDOT, rue du Hurpois.
}

M. DCCXXXVI.

AVEC PRIVILEGE DU ROY.

AVIS AU LECTEUR.

ON se croit obligé d'avertir le Public,
I. Que pour retirer le fruit de ce
Traité, & acquerir une intelligence parfaite
des Regles qui y sont contenuës, il ne faut
point en interrompre l'ordre, mais le lire
tout de suite, tel qu'il a été composé, les
Sciences abstraites telles que l'Arithmetique, consistent dans un enchaînement de
proportions fortifiées l'une par l'autre. La
seconde est la suite de la premiere, & sert
en même temps de principe à la troisiéme,
ainsi des autres.

II. Qu'on ne fait aucun changement à
l'ancien Traité de l'Arithmetique du feu Sr
Barreme, on le donne tout entier, mais on
a fait quelques additions dans les endroits
qui n'ont pas paru traités assez amplement :
on ne s'est pas contenté de cette augmentation, le Lecteur verra à la suite du Traité
de l'Arithmétique, un grand nombre d'observations nouvelles qui composent presque
les deux Tiers du Livre ; on a expliqué plus
particulierement en quoi consistoient ces
observations dans un Avertissement qui est
à la tête, page 219.

III. Le Lecteur sera peut-être surpris de
ce que l'on a seulement indiqué à la fin de
ce Livre plusieurs regles très-curieuses &
Méthodes infiniment abregées pour exécuter les Regles ordinaires sans qu'on ait ex-

ſpliqué en quoi elles conſiſtent. Deux raiſons ont porté l'Auteur à en uſer ainſi : en premier lieu ileut été impoſſible de les comprendre dans un même Volume avec ce que l'on donne déja au Public, elles demanderoient pour être traitées dans une juſte étenduë, un Volume auſſi conſidérable que celui-ci. En ſecond lieu, il y en a pluſieurs qui ſont de nature à ne pouvoir être enſeignées que de vive voix : il en eſt de même des raiſons, & pour ainſi-dire des démonſtrations de Regles.

On eſpere néanmoins que les Lecteurs qui voudront bien s'appliquer pendant quelque temps, apprendront plus aiſément en ce Livre que dans aucun de ceux qui ont paru juſqu'à préſent : on le dit avec d'autant plus de confiance, que l'on a vû quantité de perſonnes apprendre par eux-mêmes dans ce Traité tout le courant de l'Arithmetique, & c'eſt principalement ſur cette heureuſe expérience que l'on en fonde tout le ſuccès.

TABLE DES REGLES
CONTENUES EN CE LIVRE.

Toutes celles d'écriture Italique & marquées
*par une Etoile * sont nouvelles & aug-*
mentées en la présente EDITION.

A iij

TABLE

DES REGLES.

FIN de l'ancien Livre.

Voyez cy-après l'augmentation.

AVERTISSEMENT ſur l'augmentation,

TABLE

DES APPLICATIONS DES FRACTIONS.

TABLE

DES REGLES DE TROIS DROITES
ET INVERSES,

COURANT DES REGLES DE COMPAGNIE
POUR LES FINANCIERS.

DES REGLES AUGMENTE'ES.

DES ALLIAGES D'OR ET D'ARGENT.

TABLE DES REGLES AUGMENTE'ES.

Fin de la Table des Augmentations.

L'ARITHMETIQUE

Eſt l'Art de compter juſte, ou la juſte & fidelle Science des Nombres.

Nombre eſt une quantité compoſée de pluſieurs unités.

Et tout Nombre ſe peut exprimer & repreſenter par les 10. figures ſuivantes.

1   2   3   4   5   6   7   8   9   0
un, deux, trois, quatre, cinq, ſix, ſept, huit, neuf, zero.

MOn deſſein étant de donner des Regles ſi faciles qu'on ſe puiſſe inſtruire de ſoi-même , quand même on n'auroit aucun principe ni commencement d'Arithmetique, il a été abſolument néceſſaire de commencer par l'Alphabet des nombres , & de montrer premierement comme il faut connoître & compter les figures tant d'Arithmetique, que de Finance.

NOTEZ que les Chiffres de Finances ſont marqués dans l'Imprimé de même qu'à la troiſieme colomne cy à côté.

Mais dans les écritures des Comptes au lieu d'un V. l'on met un B. qui vaut cinq.

Et au lieu de M. l'on met un G. renverſé un peu de côté qui vaut mil.

Un D. vaut cinq cens.

DES NOMS

& valeur des Nombres.

Noms,	Arithmetiques,	Financiers.
Un	1	I
Deux	2	II
Trois	3	III
Quatre	4	IV
Cinq	5	V
Six	6	VI
Sept	7	VII
Huit	8	VIII
Neuf	9	IX
Dix	10	X
Vingt	20	XX
Trente	30	XXX
Quarante	40	XL
Cinquante	50	L
Soixante	60	LX
Soixante-dix	70	LXX
Quatre-vingt	80	LXXX
Quatre-vingt-dix	90	XC
Cent	100	C
Deux cens	200	CC
Trois cens	300	CCC
Quatre cens	400	CCCC
Cinq cens	500	D
Six cens	600	DC
Sept cens	700	DCC
Huit cens	800	DCCC
Neuf cens	900	DCCCC
Mille	1000	M
Onze cens	1100	MC
Douze cens	1200	MCC
Treize cens	1300	MCCC
Quatorze cens	1400	MCCCC
Quinze cens	1500	MD

INSTRUCTION.
pour la Numeratiòn.

POUR apprendre à nombrer une fomme il faut cómmencer par la derniere figure venant vers la premiere,& en reculant il faut prononcer ces mots avec ordre, *nombre, dixaine, centaine, mil, &c.* chaque mot denotera fur chaque figure la propre valeur de chacune.

Commençant donc par la derniere , ce mot, *nombre* , fignifie qu'elle ne vaut que ce qu'elle montre ; c'eft-à-dire qu'étant un 3 , elle vaut trois , fi c'etoit un 9. elle vaudroit neuf, & ainfi des autres.

L'autre figure qui dévance la derniere , par ce mot, *dixaine*, eft dénotée valoir 10. fois ce qu'elle eft, étant un 4. elle vaut 40. & avec 'e 5 qui fuit , elle vaut 45.

Venant à la troifiéme , mais en reculant, ce mot, *centaine*, fignifie qu'elle vaut cent fois ce qu'elle eft , étant un 6. elle vaut fix cens,& fi c'étoit un 7 elle vaudroit fept cens.

A la quatriéme, ce mot de *mil* , montre qu'elle vaut autant de mil qu'elle contient de fois un, étant un 9. elle vaut neuf mil, &c.

Ainfi continuant & obfervant cet ordre , on fçaura nombrer facilement, & infenfiblement on nommera par ces mots la propre valeur de chaque figure.

Pour les Zeros, c'eft-à-dire les 0000 ils ne fignifient rien d'eux-mêmes , mais ils valent beaucoup quand ils ne feroient devancez que d'une feule figure.

DE LA PETITE
NUMERATION

Nombrer, c'eſt exprimer la valeur ou la quantité de quelque nombre ou ſomme que ce ſoit, ſoit par parole ou par écrit, ce qu'on peut faire par le moyen des 9. mots ſuivans.

EXEMPLE.

Nombre,	3
Dixaine,	45
Centaine,	678
Mil,	9012
Dixaine de mil,	34567
Centaine de mil,	891234
Millions,	5678912
Dixaine de millions,	34567390
Centaine de millions,	123456789

Pour nombrer cette plus baſſe ligne, il faut dire ;

Cent vingt-trois millions
Quatre Cens cinquante ſix mil
Sept Cens quatre-vingt neuf.

A iij

L'Explication de la Numeration cy à côté, quoique plus étendue, se trouve dans l'instruction de la petite Numeration précedente.

Mais voici un autre ordre de Numeration plus étendue que la précédente qui n'est que de 9. Chiffres ; celle-cy de 12. & cy à côté de 18.

Centaine de mil million ,
Dixaine de mil million , ... } *mil million.*
Mil million. ....

Centaine de million ,
Dixaine de million , ... } *million.*
Million. ....

Centaine de mil. ....
Dixaine de mil. ..... } *mil.*
Mil. ....

Centaine ,
Dixaine ,
Nombre ,

2 5 4 . 5 6 7 . 8 0 4 . 6 5 2

Pour nombrer tout ce grand Nombre ,
il faut dire ,

*Deux cens cinquante-quatre mil cinq cens
soixante-sept* MILLIONS,
Huit cent quatre MIL,
Six cent cinquante-deux.

AUTRE

NUMERATION

plus étendue que la précedente.

2 *Nombre.*
5 *Dixaine.*
6 *Centaine.*
4 *Mil* . . . . ⎫
0 *Dixaine de Mil.* . . . . ⎬ Mille.
8 *Centaine de mil.* . . . . ⎭
7 *Million.* . . . . ⎫
6 *Dixaine de million.* . . . . . . ⎬ Millions.
5 *Centaine de million.* . . . . . . ⎭
4 *Milliard.* . . . . ⎫
5 *Dixaine de milliard.* . . . . . . ⎬ Milliards.
2 *Centaine de milliard.* . . . . . ⎭
6 *Milliaſſes.* . . . . ⎫
7 *Dixaine de milliaſſes.* . . . . . ⎬ Milliaſſes.
3 *Centaine de milliaſſes.* . . . . . ⎭
5 *Mil milliaſſes.* . . . . ⎫
4 *Dixaine de mil milliaſſes.* ⎬ Mil milliaſſes.
3 *Centaine de mil milliaſſes* ⎭

Somme ou nombre à compter

Pour nombrer tout ce grand nombre,
il faut dire,

Trois cens quarante-cinq mille milliaſſes.
Trois cens ſoixante-ſeize milliaſſes
Deux cens cinquante-quatre milliards
Cinq cens ſoixante-ſept millions
Huit cens quatre mille
Six cens cinquante-deux.

INSTRUCTION
pour l'Addition.

IL faut premierement poſer & diſpoſer les ſommes qu'on veut additionner les nues ſous les autres, obſervant l'ordre ordinaire & néceſſaire, qui eſt de poſer directement chaque choſe en leur rang, & en leur endroit, ſçavoir.

Les nombres ſous les nombres,
Les dizaines ſous les dixaines,
Les centaines ſous les centaines, &c.

La poſition faite, & ayant tiré un trait deſſous ; il faut commencer l'Addition par les dernieres figures ou *derniere* colomne ; & ſuivant l'exemple qui eſt ici à côté.

Dites, 8 & 3 ſont 11. & 6 ſont 17 & 7 ſont 24. & 4 ſont 28. & 5 ſont 33. & 2 ſont 35 & 7 ſont 42. Vous poſerez 2. au bas des nombres, & retiendrez 4. dixaines.

Après venant à la *ſeconde* colomne de droit à gauche, qui ſont les dixaines.

Dites, 4 que je retiens & 5 ſont 9. & 1 ſont 10. & 8 ſont 18. & 3 ſont 21. & 9 ſont 30. & 7 ſont 37. & 2 ſont 39. & 6 ſont 45. Vous poſerez 5 dixaines en bas, & retiendrez 4 cens.

Après venant à la *troiſiéme* colomne, qui ſont les centaines.

Dites, 4 que je retiens & 3 ſont 7. & 5 ſont 12. & 8 ſont 20. & 9 ſont 29. & 1 ſont 30. & 2 ſont 32. & 4 ſont 36. & 1 ſont 37. Vous poſerez 7 centaines & retiendrez 3 mil.

Leſquels 3 mil joints avec les 2 mil qui avancent à la quatriéme colomne, feront le total de l'Addition, qui eſt 5752. livres

DE
L'ADDITION.

Premiere Regle generale.

Addition , c'eſt ajoûter pluſieurs ſommes enſemble pour les
réduire en une ſeule , poùrvû
qu'elles ſoient d'une même ſorte.

EXEMPLE.

```
1358 Livres.
 513 L.
 886 L.
1937 L.
 194 L.
 275 L.
 422 L.
 167 L.
─────────────
5752 Livres.
```

Pour la Preuve.
Voyez ce que j'en dis aux
deux pages ſuivantes.

CONTRE LA PREUVE.

De l'Addition
De la Multiplication
& de la Division, qu'on appelle de 9
contre celles qu'on appelle de 7
& de 5.

JE m'étonne que tant d'Arithmeticiens qui ont composé, se soient amusés à enseigner la Preuve de 9 de 7 & de 5, qui ne valent rien d'elles-mêmes: L'extréme affection que j'ai pour la verité des choses, fait que j'ose dire qu'ils n'ont pas bien fait d'enseigner des Preuves fausses ou fautives; au contraire ils doivent plutôt écrire contre ceux qui en avoient écrit, parce que l'esprit du Lecteur est bien souvent susceptible des bonnes & mauvaises impressions; c'est pourquoi une mauvaise instruction peut être dangereuse, & de conséquence en des affaires d'importance, ainsi nous pourrions causer des mécomptes par notre Art.

D'autre part, ces mauvaises Preuves, toutes fausses qu'elles sont, sont plus difficiles à pratiquer que la Regle même : & le même enseignement qu'on donne pour prouver l'Addition des Livres seules, ne sçauroit servir pour les Livres, Sols, & Deniers, ny celle des Livres, Sols & deniers, pour celle du Marc, Onces, Gros & Grains ; ni celle du Marc pour celle du Muid, &c. à moins que d'en donner toûjours de nouvelles instructions sur chaque differente Addition. Ainsi il faudroit remplir tout un Livre de Preuves qui ne prouvent point, puis qu'elles n'ont point de certitude ni d'assurance, l'experience nous peut faire connoître la verité.

Car ajoûtez ou otez au produit d'une Regle bonne & bien faite, la somme de 900 livres ou de 125. ou de 27. ou bien ajoutez un ou deux Zero au bout de votre produit , ainſi l'ayant rendu cent fois plus grand qu'il n'étoit auparavant , prouvez cette Regle que vous aurez renduë fauſſe , & vous la trouverez bonne ; ainſi ſi je m'étonne c'eſt avec raiſon.

L'ADDITION ſe peut prouver par la Souſtraction , & cette Preuve eſt fort fidelle , mais elle eſt ſi peu pratiquée par les gens d'affaires , que de cent perſonnes il ne s'en trouvera pas ſix qui s'en ſervent : & la Preuve qu'ils obſervent eſt de faire deux fois la méme Regle d'une même façon , mais voici comme je prouve l'Addition.

Preuve de l'Addition.

La Preuve que je fais de l'ADDITION eſt qu'après que je l'ai faite de haut en bas , je la refais de bas en haut ; & ſi elle vient comme il faut , & que le produit ſoit toujours le méme , c'eſt une marque certaine qu'elle eſt bonne & bien faite. Que ſi la Preuve eſt bonne de faire deux fois une Addition de même façon , à plus forte raiſon il eſt plus ſûr de la refaire par deux voyes contraires ; je conſeille donc le Lecteur de s'en ſervir comme je m'en ſers.

INSTRUCTION
de l'Addition.

de Livres , Sols , & Deniers.

POUR faire cette Regle il faut commencer par les Deniers , mais il ne les faut
pas compter tous à la fois comme plusieurs
enseignent, il faut seulement de 12 en 12 deniers poser un point à côté , qui marquera
1 Sol: autant de points seront autant de Sols
qu'il faut retenir , & qu'il faut ajoûter aux
sols qui precedent : & s'il reste quelque deniers, comme à celle-cy il en reste 4., il les
faut écrire au bas : comme vous voyez à la
page suivante.

Après retenant les 5 sols provenus des deniers , & marquez par les 5 points , il les
faut ajoûter avec les sols de la prochaine colomne , & vous trouverez 46 sols , il faut
poser les 6 sols en bas, & retenir les 4 dixaines pour les joindre avec les 7 qui devancent & feront 11 dixaines ou 11 fois 10
sols dont la moitié est 5 livres 10 sols; pour
les 10 sols vous poserez 1 devant les 6 sols,
& retiendrez les 5 livres, pour les ajoûter à
la prochaine colomne des Livres & en observant l'enseignement des Livres seules
feüillet 8. vous trouverez que la somme totale de votre Addition montera.

Sept mille six cens quatre-vingt trois livres
seize sols quatre deniers.

ADDITION

ADDITION.

de Livres , Sols , & Deniers.

EXEMPLE.

1364 *Livres* 13 *ſols*	11	*deniers*
1573	17.	3. *deniers*
1296	19.	10. *deniers*
357	15	9 *deniers*
104	13.	6. *deniers*
1895	14	10. *deniers*
32	2	8 *deniers*
1057	18.	7. *deniers*
7683 *Livres* 16 *ſols*	4	*deniers.*

INSTRUCTION
de l'Addition.

du Marc, Once, Gros, & Grain.

POUR faire cette Regle, il faut commencer par les moindres efpeces, & au lieu qu'à la Regle precedente on pofe un point de 12 en 12 deniers monnoye, il ne le faut pofer ici que de 24 en 24, par ce que 24 Grains font un Denier pefant, du poids de Marc.

Autant de points feront autant de deniers qu'il faut ajoûter avec ceux qui precedent.

& De 3 en 3 Deniers il faut pofer un point qui vaudra 1 GROS.

De 8 en 8 Gros il faut pofer un point qui vaudra 1 ONCE.

& De 8 en 8 Onces il faut pofer un point qui vaudra 1 Marc.

Ainfi retenant toujours à part les points des moindres efpeces qu'on peut reduire en plus grandes, il faut ajoûter avec les plus grandes, qui devancent immédiatement, en obfervant l'inftruction precedente, qui eft de pofer les reftes en bas, comme il fe voit à la Regle icy à côté, ou il a refté 7 Grains 1 Denier, 3 Gros, & 4 Onces, lefquelles font pofées & écrites chacune en leur rang & en leur endroit.

ADDITION

Du MARC d'Or & d'Argent.

LE MARC   a 8 Onces.
L' ONCE   a 8 Gros.
LE GROS   a 3 Deniers.
& LE DENIER a 24 Grains.

EXEMPLE.

15 Marcs	5. Onces	4 Gros	2. Deniers	9 Grains.
3	7	6.	2.	6 Grains.
6	6.	5.	1	8 Grains.
1	4.	7.	1	12. Grains.
4	3	2	2.	20. Grains.
32. Marcs	4. Onces	3. Gros	1. Denier	7. Grains.

INSTRUCTION
de l'Addition.

De la Livre peſant 2 Marcs, & de la Livre de Soye de 15 Onces.

POur faire cette Regle, il faut toûjours obſerver la même méthode que nous avons donné aux precedentes Additions.

Il faut de 4 en 4 *Quarts* poſer un point, qui feront autant *d'Onces* ; & de 16 en 16 Onces poſer un point, qui feront autant de Livres qu'il faut retenir : mais il ſe faut ſouvenir de poſer en bas les reſtes des *Quarts* qui n'ont pû faire une *Once*; & le reſte des *Onces* qui n'ont pû faire une livre. Ceci eſt pour le Poids des Eſpiciers & autres Marchands qui font la Livre de 16 Onces.

Mais ſi c'eſt de la Soye où la Livre n'eſt que de 15 Onces, il faut faire l'Once de 8 gros, le gros de 3 deniers, & le denier de 24 grains, comme font les Orfevres. Voyez le feüillet 15.

ADDITION.

De la LIVRE de 16. Onces, & De la LIVRE de Soye.

La Livre a 16 *Onces.*
& L'Once a 4 *Quarts.*
ou 2 *Demi.*

EXEMPLE.

37 Livres	9 Onces	3 Quarts.
15	13.	1. Quart.
6	11.	3 Quarts.
10	8	3. Quarts.
7	9.	1 Quart.

78. Livres 4. Onces 3. Quarts.

INSTRUCTION
de l'Addition.

Du Muid de Bled, & de Sel.

Le Muid de Sel a 12 *Septiers ou* 24 *mines,*
Le Septier   *a*   4 *Minots ou*   2 *mines,*
Le Minot   *a*   4 *Quarts ou quarteaux.*

POUR faire cette Regle, il faut comme à la precedente, poser un-point de 4 en 4 quarts, qui seront autant de Boisseaux ; & de 12 en-12 Boisseaux poser un point, qui seront autant de Septiers ; & enfin de 12 en 12 Septiers poser un point, qui seront des Muids, lesquels joints avec les Muids qui precedent, & qui paroissent à l'Exemple ici à côté, vous sçaurez la totalité des muids, des Septiers, des Boisseaux & quartaux.

Ceci est pour le Bled.

Mais pour le Sel, posant un point de 4 en 4 Quarts, seront *Minots*, de 4 en 4 Minots seront Septiers, & de 12 en 12 Septiers seront Muids.

ADDITION

DU MUID DE BLED
& DU MUID DE SEL.

Le Muid de Bled a 12. Septiers.
Le Septier   a 12. Boiſſeaux.
Le Boiſſeau   a 4. Quarts ou 16. Litrons.

EXEMPLE.

13	Muids	8	Septiers	5	Boiſſeaux	1	Quart.
4	M	3.		8.		3.	Quarts.
5	M	7		9.		2	Quarts.
6	M	9.		11		3.	Quarts.
7	M	11.		10.		2	Quarts.

38. Muids 5. Septiers 9. Boiſſeaux 3. Quarts.

INSTRUCTION
de l'Addition.

Des Toifes , Pieds & Pouces.

POUR faire cette Regle , il ne faut pas
de grandes inftructions, la feule difcretion
fait juger par la pratique des precedentes ,
qu'il faut commencer par les moindres parties; que de 12 en 12 Pouces, il faut pofer
un point , qui vaudra un Pied ; & de 6 en
6 Pieds pofer un point , qui vaudra une
Toife,& ainfi retenant les points des moindres efpeces, comme nous avons montré,il
les faut ajoûter avec les plus grandes qui devancent immédiatement,en pofant directement les reftes en leur rang & en leur endroit , comme on voit à l'exemple qui eft
icy à côté.

ADDITION.

de TOISES , PIEDS & Pouces.

La Toise a 6. Pieds.
Le Pied a 12. Pouces.
Le Pouce a 12. Lignes.

EXEMPLE.

137 *Toises*	5. *Pieds*	10 *Pouces.*
23 *T*	4.	4. *Pouces.*
17 *T*	2	9 *Pouces.*
14 *T*	3	7. *Pouces.*
9 *T*	5.	8. *Pouces.*

203. *Toises* 4. *Pieds* 2. *Pouces.*

INSTRUCTION.

L'Addition des fractions & rompus eft un peu plus difficile que les autres, c'eftpourquoi j'en donnerai quelques exemples differens aux feüillets fuivans.

Le mot de *Fraction* fignifie les parties d'un tout c'eft-à-dire d'un entier, & generalement de quelque chofe que ce foit; elles fervent particulierement à l'Aune.

L'Aune, la Toife, & autre chofe fe divifent en tant de Fractions & parties que l'on veut; mais voici les plus ordinaires & les plus communes.

$$\text{Un Demi} \left.\begin{matrix}\end{matrix}\right\} \frac{1}{2} \quad \text{Un Quart} \left.\begin{matrix}\end{matrix}\right\} \frac{1}{4} \quad \text{Trois Quarts} \left.\begin{matrix}\end{matrix}\right\} \frac{3}{4} \quad \text{Un Tiers} \left.\begin{matrix}\end{matrix}\right\} \frac{1}{3} \quad \text{deux Tiers} \left.\begin{matrix}\end{matrix}\right\} \frac{2}{3}$$

Voilà comme s'expriment & s'écrivent les Fractions & voicy maintenant comme il les faut additionner.

I L n'eft pas bien mal aifé d'additionner les Fractions, fur tout quand il n'y a que des *demi*, des *quarts* & des *trois quarts*, car il ne faut que pofer un point de 4 en 4 quarts qui feront autant d'aunes; mais il faut compter la demi aune pour 2 quarts.

S'il y a des *Tiers* & fixiémes, on les ajoute à part, ou bien on les prend par les parties de 12 & s'il y a des deuxiémes ou huitiémes, on les prend par les parties de 24. J'expliquerai l'un & l'autre aux deux feüillets qui fuivent.

A V I S.

Plufieurs reduifent les parties de l'aune par les parties de la Livre de 20 fols, & pour faire une Addition de Mefures il leur faut faire une Addition de monnoyes pour les reduire de rechef en mefures; mais cette methode eft moins brieve que celle que je donne, car il leur faut faire fçavoir ce que valent 5 7 & 11 vingt quatriéme de 20 fols qui font 4 fols 2 deniers, 5 fols 10 deniers, & 9 fols 2 deniers & plufieurs autres parties encore plus difficiles: de forte qu'il faut être habile pour additionner de grandes fractions par cette voye, & faut fçavoir par cœur une Table très-embaraffante pour les Additions, mais très-excelente pour les multiplications briéves, laquelle je mettray en fon lieu.

ADDITION

DES

FRACTIONS.

EXEMPLE.

$$43 \ Aunes \ \tfrac{3}{4}$$

$$15 \ Aunes \ \tfrac{1}{4}$$

$$27 \ Aunes \ \tfrac{1}{2}$$

$$58 \ Aunes \ \tfrac{1}{4}$$

$$11 \ Aunes \ \tfrac{3}{4}$$

$$19 \ Aunes \ \tfrac{1}{4}$$

$$\overline{175 \ Aunes \ \tfrac{3}{4}}$$

Voici comme on divise un entier, c'est-à-dire une *Aune*, une *Once*, une *Toise* ou autre *chose*.

Toute chose se peut diviser.

en *Deux* $\Big\}\tfrac{2}{2}$ *Trois* $\Big\}\tfrac{3}{3}$ *Quatre* $\tfrac{4}{4}$ *Cinq* $\Big\}\tfrac{5}{5}$ &c.
demi *tiers* *quarts* *cinquièmes*

& même en tant de parties qu'on voudra.

INSTRUCTION.

A Cette sorte d'Addition il y faut un peu plus d'application qu'à la precedente, neanmoins, elle est assez facile si on se sert des parties de 12.

Pour operer donc cette Regle, il faut poser 12 à côté des Fractions & mettre un petit trait dessous, comme on voit à l'exemple icy à côté, & commençant par le tiers d'enhaut, il faut dire le tiers de 12 est 4 & faut poser ce 4 dessous le 12.

Puis venant au sixiéme, il faut dire le sixiéme de 12 est 2 lequel deux il faut poser aussi dessous le 12.

Ainsi continuant aux fractions qui suivent il faut dire, le quart de 12 est 3 le douxiéme est un, & la moitié est 6 posant le trois le 1 le 6 dessous le 12 comme vous pouvez voir.

Et pour sçavoir maintenant combien valent toutes les Fractions qui font le sujet de la question, il faut ajoûter lesdits produits 4. 2. 3.1. & 6. & en les ajoûtant de 12 en 12 poser un point, qui vaudra 1 aune, & vous restera 4 que vous poserez en bas, y mettant 12 dessous un petit trait entre deux, & ce reste vaudra *quatre*   4

   — *d'Aune*

douxiémes 12

Mais parce que plusieurs ne sçavent pas combien valent ces 4 douxiémes d'Aunes, je vais montrer comme on les peut reduire en plus petite denomination, c'est-à-dire la reduire en une Fraction plus commune & plus connuë.

    Prenez le quart de 4 qui est dessus

      & le quart de 12 qui est dessous

Et vous trouverez *que du 4 viendra* 1

     & du 12 viendra 3 qui font un tiers

Et ce tiers vaut autant que les 4 douxiémes.

ADDITION

DES FRACTIONS

par les Parties de 12.

EXEMPLE.

$$12$$

17 *Aunes* $\frac{1}{3}$ 4

11 *Aunes* $\frac{1}{6}$ 2

9 *Aunes* $\frac{1}{4}$ 3

13 *Aunes* $\frac{1}{12}$ 1

5 *Aunes* $\frac{1}{2}$ 6

56 *Aunes* $\frac{1}{3}$ ou $\frac{4}{12}$

$$\frac{1}{3}$$

Voici comme on appelle en termes d'Arithmetique le *Deſſus* & le *Deſſous* de la Fraction.

Le *Deſſus* s'appelle *Numerateur* , c'eſt-à-dire, le Nombre ou la *quantité* de la Fraction.

Le *Deſſous* s'appelle *Dénominateur* , c'eſt-à-dire, le nom ou la *qualité* de la Fraction.

C

CEtte Addition eſt plus difficile que les deux précedentes, à cauſe que les Fractions ſont plus
nombreuſes & de plus grande *dénomination*, plus la
Fraction eſt grande, moins elle eſt en valeur ; parce
que plus une choſe eſt partagé, & moindres en
ſont les parties : un vingt-quatriéme d'une Aune
ne vaut pas un quart, au contraire un quart d'Aune vaut ſix fois un 24.

Si ces termes ſemblent un peu difficiles, l'operation
ne l'eſt pas beaucoup. Supoſez qu'il vous fallut additionner toutes les Fractions qui ſont ici contre, Premierement n'ayez point d'égard au mot de Quarat,
car quand ce mot ſeroit *aune, toiſe*, ou autre choſe,
l'Addition auroit toujours un même éfet, & au lieu
que le produit eſt 50 Quarats 2 tiers (*ſupoſant être
du poids des Diamants*) ſi ce n'étoit que du Drap ou de
la Toile, ce ſeroit 50 Aunes 2 tiers. Et ſi c'étoit de
Bois ou de Bâtiment, ce ſeroit 50 Toiſes 2 tiers. Ainſi
vous voyez qu'il n'y a que le ſeul nom de difference,
car pour l'éfet il eſt toujours ſemblable.

Or pour additionner leſd. Fractions par les parties
de 24, il faut proceder comme à celle de 12 que
j'ai montré cy-devant, & commençant par la premiere Fraction, il faut dire le Huitiéme de 24 eſt 3
qu'il faut poſer.   & le Douziéme de 24 eſt 2
       & le Vingt-quatriéme eſt 1

Et pour les $\frac{3}{8}$ qui ſont enſuite, il faut dire le huitiéme de 24 eſt 3 mais parce qu'il y a 3 huitiémes, il faut
poſer 9 à côté, comme vous voyez, car 3 fois 3 ſont 9

Pour les $\frac{7}{12}$ ſuivans, il faut dire, le douzieme de 24
eſt 2 mais parce qu'il y a 7 douziémes, il faut poſer
14 car 2 fois 7 font 14.

Pour les $\frac{11}{24}$ ſçachant qu'un vingt-quatriéme de 24
eſt 1 & y ayant 11 vingt-quatriémes, il faut poſer
11 à côté.

Enfin pour ajoûter tous ces produits, il ne faut que
poſer un point de 24 en 24 ce point ſera un *Quarat*
ſi c'eſt des Diamants, une *Aune* ſi c'eſt d'Etoffes, &
une *Toiſe*, ſi c'eſt de Bois ou de Bâtimens.

ADDITION des FRACTIONS
par les Parties de 24.

Lefquelles peuvent fervir au Poids des *Diamants*,
que j'expliquerai au feuillet fuivant.

EXEMPLE.

$$\frac{24}{}$$

14 Quarats $\frac{1}{8}$		3
25 Quarats $\frac{1}{12}$		2
9 Quarats $\frac{1}{24}$		1
2 Quarats $\frac{1}{8}$		9
3 Quarats $\frac{7}{12}$		14
6 Quarats $\frac{11}{24}$		11

$$\overline{}$$

60 Quarats $\frac{2}{3}$ ou $\frac{16}{24}$

$$\frac{\frac{8}{4}\frac{2}{12}}{\frac{2}{3}}$$

METHODE.

Pour réduire en plus petite dénomination les fuf-
dits 16 vingt-quatriémes, prenez 3 fois la moitié de
la moitié du deffus & du deffous de cette grande
Fraction, & vous trouverez en deux façons, foit en
haut, foit en bas, que la derniere moitié réduira
lefdits 16 vingt-quatriémes à deux tiers.

EXEMPLE.

La moitié de 16 eft 8, de 8 eft 4, de 4 eft 2;

La moitié de 24 eft 12, de 12 eft 6, & de 6 eft 3,

L'on ceffe icy les Fractions, ayant traité à la fin
de ce Livre les Fractions irregulieres appliquées
fur toutes les Régles,

Petit Difcours fur les Diamants.

DE toutes les chofes matérielles, il n'en eft point au monde de plus précieufes que les Diamants, c'eft pourquoi on doit prudemment fe ménager en des achapts de cette nature & de cette importance ; un peu de connoiffance peut faire un grand éfet dans les occafions, & peut faire prendre des précautions à ceux qui en achetent, lefquels pour n'entendre pas l'ufage ni le procédé de la vente, commettent bien fouvent des manquemens confiderables. Il eft véritable que je ne prétends pas de donner d'amples éclairciffemens, mais feulement de petites lumieres qui peuvent fervir dans les rencontres.

Je montre ici non le prix fixe du Diamant (car on ne fçauroit précifément apprécier une pierre de qui la netteté, la forme & la pefanteur augmentent extrémement la valeur) mais j'exprime feulement la maniere comme on les vend, & je donne enfuite une légére idée de ce qu'on doit prévoir.

Il faut fçavoir

que le poids des Diamants s'appelle QUARAT.

Le Quarat	peze	4	grains.
Le demi Quarat	peze	2	grains.
Le Quart de Quarat	peze	1	grain.
Le Huitiéme de Quarat	peze	Demi	grain.
& Le Seiziéme	peze	Quart de grain.	

Il faut fçavoir auffi que plus le Diamant eft pefant, plus il eft parfait, pourvû qu'il foit net ; c'eft-à-dire que plus il peze de Quarats & de grains, plus lefdits Quarats & grains augmentent leur prix & leur valeur.

PAR EXEMPLE.

Supofez qu'un Diamant de 1 grain valût   3 Ecus
Un autre également net de 2 grains vaudroit   8 Ecus
Un autre de 3 grains vaudroit 15 Ecus
& un de 4 grains vaudroit 24 Ecus
ou environ.

Ce qui femble éloigné de la raifon , car à proportion de ce qu'un Diamant de 1 grain vaut 3 Ecus ,
Un de 2 grains ne devroit valoir que 6 Ecus ,
Un de 3 grains que 9. Un de 4 que 12

Mais il vaudroit peut-être le double comme je viens d'écrire. Ainfi plus un Diamant peze de grains & de quarats , plus lefdits grains & quarats augmentent leur prix.

Voici encore un autre Exemple
fur les Diamants d'importance.

Supofé qu'un Diamant d'un Quarat valût 20 Ecus ,
Un de 10 Quarats ne devroit valoir que 200 Ecus ,
& il en vaudroit peut-être plus de 2000 , qui eft 10 fois davantage, Mais à cela l'ufage & l'experience en donnent plus de connoiffance que tous les enfeignemens qu'on en fçauroit donner par écrit : Auffi ai-je dit que je ne prétendois pas en donner un parfait éclairciffement , mais feulement une legere idée pour fervir de précaution dans les occafions , & faire juger à peu près par la beauté & la pefanteur du Diamant , la valeur de la plus belle & plus riche Marchandife qui foit au monde.

INSTRUCTION
de la Souſtraction.

POur faire cette premiere Regle de ſimple Souſ-traction, il faut commencer par la derniere figure, j'appelle derniere figure celle qu'on prononce la derniere en nombrant la ſomme.

Commençant donc par le 5, dites, qui de 5 en ôte 8 ne peut, vous emprunterez une dixaine ſur le 3 le marquant d'un petit point, diſant 10 & 5 ſont 15, qui de 15 en ôte 8 reſte 7 & vous poſerez 7 ſous le 8.

Puis venant au 3 qui ne vaut plus que 2 à cauſe de l'emprunt, dites, Qui de 2 en ôte 4 ne peut, j'em-prunte une dixaine ſur le 9 qu'il faut marquer auſſi d'un petit point, diſant 10 & 2 ſont 12, qui de 12 en ôte 4 reſte 8 que vous poſerez ſous le 4.

Après venant au 9 qui ne vaut plus que 8, dites, Qui de 8 en ôte 5 reſte 3 que vous poſerez ſous le 5

Enfin, venant au 8, dites, qui de 8 en ôte 6 reſte 2 que vous poſerez.

*Ainſi vous trouverez le reſte
qui eſt 2387 livres.*

POur faire cette ſeconde Souſtraction compoſée de Livres, ſols & deniers ici à côté, il faut commen-cer par les deniers d'enhaut, diſant, qui de 6 deniers en ôte 11 ne peut, il faut emprunter 1 ſol deſſus le 8 qui devance ce ſol qui vaut 12 deniers joint avec le 6 feront 18 ; qui de 18 deniers en ôte 11 reſtera 7 que vous poſerez pour 7 deniers.

Après venant aux 8 ſols qui ne valent plus que 7 à cauſe de l'emprunt, dites, qui de 7 ſols en ôte 16 ne peut, j'emprunte ſur les 4 liv. prochaines 1 liv. qui vaut 20 ſols, leſquels joints avec les 7 feront 27 qui de 27 en ôte 16 reſte 11 ſols que vous poſerez.

Enfin, venant aux livres, vous procederez à cet-te ſeconde Souſtraction comme vous avez procedé à la premiere, & vous trouverez que le reſte re-vient à 4786 l. 11. ſ. 7 deniers.

DE LA
SOUSTRACTION

Seconde Regle Generale.

Souſtraction, c'eſt ôter un nombre moindre d'un plus grand,
pour ſçavoir le reſte.

EXEMPLES.

De 8935 Livres (*ou autre choſe*)
On veut ôter 6548 Livres

Reſte 2387 Livres

Dette	7654 L.	8 ſ.	6 deniers.
Payement	2867 L.	16 ſ.	11 deniers.
Reſte	4786 L.	11 ſ.	7 deniers.

POUR LA PREUVE.

*Ne la faites pas comme la plûpart du mon-
de la fait, car en ajoutant le payement & le
reſte, ils poſent encore en bas une quatriéme
ſomme pareille à la premiere, ce qui eſt inu-
tile & du moins une ſuperfluité.*

Il ne faut qu'ajoûter les deux plus baſſes ſommes de
bas en haut, & ſi le produit eſt pareil à la plus haute
ſoyez aſſuré qu'il n'y a point de faute à votre Régle.

INSTRUCTION
de la Souſtraction DU MARC.

À La Souſtraction *du Marc*, il faut commencer
par les moindres parties qui ſont les 2 gros, & dire,
Qui de 2 gros en ôte 6 ne peut ; vous emprunterez
ſur le 5 une once qui vaut 8 gros, leſquels ajoutés
avec les deux ſont 10 gros. Qui deſdits 10 gros en
ôte 6 reſte 4 que vous poſerez pour 4 gros.

Puis venant aux 5 onces qui ne valent plus que 4
à cauſe de l'once empruntée, dites : Qui de 4 en ôte 7
ne peut, j'emprunte un Marc qui vaut 8 onces, leſquelles avec les 4 onces ſont 12 ; qui de 12 en ôte 7
reſte 5 onces, & vous poſerez 5.

Enfin venant aux 11 Marcs qui ne valent plus que
10 en ayant pris un par emprunt, vous direz : Qui
de 10 en ôte 3 reſte 7.

*Ainſi vous trouverez le reſte
qui eſt 7 Marcs 5 Onces 4 Gros.*

DE LA LIVRE *peſant.*

À La Souſtraction *de la Livre peſant*, il faut commencer par les moindres eſpeces ou parties : Mais
parce qu'il n'y a rien deſſus les gros, dites, Qui de
rien ôte 4 gros ne peut, vous emprunterez une once ſur les 7 qui vaudra 8 gros : Qui de 8 gros en
ôte 4 reſte 4 que vous poſerez.

Après venant aux 7 onces qui ne valent plus que
6, dites : Qui de 6 en ôte 12 ne peut, j'emprunte
une Livre qui vaut 16 onces & 6 font 22 : Qui de
22 en ôte 12 reſte 10 onces.

Enfin venant aux 6 livres qui ne valent plus que
5, dites : qui de 5 en ôte 7 ne peut, j'emprunte une
dixaine qui avec les 5 ſont 15 & de 15 en ayant ôté
7 reſtera 8 Livres que vous poſerez

*Ainſi vous trouverez le reſte
qui eſt 8 Livres 10 Onces 4 Gros.*

SOUSTRACTION.
DU MARC & DE LA LIVRE.

EXEMPLES.

	De 11	Marcs	5 Onces	2 Gros.
On en a rendu		3 Marcs	7 Onces	6 Gros.
Reste	7	Marcs	5 Onces	4 Gros.

	De 36	Livres	7 Onces.	
Il en faut ôter	27	Livres	12 Onces	4 Gros.
Reste	8	Livres	10 Onces	4 Gros.

J'AY TROUVE' A PROPOS

De vous avertir icy qu'il ne faut jamais emprunter sur les Zero, mais sur la prochaine figure qui les dévance immédiatement : & ayant emprunté une dixaine devant les Zero, autant de Zero qui sont après vaudront autant de 9.

Aux Soustractions suivantes, j'en donnerai quelques Exemples.

INSTRUCTION
de la Souftraction DU MUID.

A La Souftraction *du Muid de Bled* ici à côté, il faut commencer comme aux autres Souftractions par les moindres parties : Mais parce qu'il n'y a point en haut des Boifleaux ni Septiers, dites : Qui de rien ôte 7 Septiers ne peut, il faut emprunter un Muid, non fur les Zero, comme j'ai dit ci-devant, mais fur le 2 qui les devance, & pour lors les Zero vaudront 9.

Or ayant emprunté un Muid qui vaut 12 Septiers, & defdits 12 Septiers en ayant ôté 7 reftera 5.

Et enfin venant aux Muids, vous direz au premier Zero : Qui de 9 ôte 8 refte 1 : & au fecond, Qui de 9 ôte 3 refte 6, ainfi votre Souftraction fera faite, & *reftera 6 1 Muids 5 Septiers.*

DE LA TOISE.

A La Souftraction *de la Toife*, il faut commencer comme ici-deffus par les moindres efpeces ou parties : mais parce qu'il ne s'y rencontre ni pouces ni pieds en haut, il faut dire qui de rien ôte 4 pouces ne peut, j'emprunte une Toife fur les 7 & non fur les Zero (comme j'ai dit) cette Toife vaut 6 pieds & defdits 6 pieds vous n'en prendrez qu'un qui vaut 12 pouces pour payer les 4 dont eft queftion, & il vous reftera 8 pouces que vous poferez.

Mais parce que de la Toife empruntée qui vaut 6 pieds vous n'en avez pris qu'un, il vous en refte encore 5 defquels vous en payerez les 3 pieds, & en demeurera 2 que vous poferez.

Enfin vous continuerez, & venant au Zero vous direz : Qui de 9 paye 4 refte 5, & retrogradant vers le 7 qui ne vaut plus que 6 à caufe de l'emprunt, vous acheverez, difant : qui de 6 en ôte 6 refte rien, & ne faut rien mettre, car la Regle eft faite.

SOUSTRACTION.
DU MUID & DE LA TOISE.

EXEMPLES.

Recepte 2co *Muids* de *Bled.*
Fourny 138 *Muids* 7 *Septiers.*

Refle 61 *Muids* 5 *Septiers.*

D'un prix fait de 70 *Toifes*
On en fait 64 *Toifes* 3 *Pieds* 4 *Pouces.*

Refle 5 *Toifes* 2 *Pieds* 8 *Pouces.*

NOTEZ ICY

Qu'aux Souftractions de Livres, Sols & Deniers.

Si à la plus grande fomme de laquelle on veut ô-
ter une moindre, fe rencontrent les Livres juftes,
& qu'à la moindre il y ait des fols & deniers, il
faut l'operer comme la précedente ; & la feule difference eft qu'au lieu qu'à celle-cy on emprunte
une toife de 6 pieds, à celle-là on emprunte une
Livre de 20 fols ; Mais des 20 fols on n'en prend
qu'un pour payer les deniers, & en refte encore 19
pour payer les fols de la moindre fomme.

INSTRUCTION

BIen que cette Souftraction du Tems foit des plus importantes après celle des Liv. Sols & deniers, neanmoins elle eft fi rarement enfeignée par les Profeffeurs, & peu pratiquée par les particuliers, qu'il femble qu'elle ne foit point néceffaire. Il eft vrai qu'elle eft un peu plus difficile à faire que les autres, & c'eft à caufe de la Pofition: mais l'inftruction que j'en vais donner fera fi intelligible & fi claire, que je m'affure qu'on ne fe rebutera pas de l'apprendre.

Pour bien entendre à faire cette Régle, il faut pofer

Premierement le tems où fe termine le Contract.

Secondement le tems auquel il a été contracté.

Mais il ne faut jamais compter ni à l'un ni à l'autre, la derniere année ni le dernier mois ; parce qu'à la derniere année il y manque quelque mois pour être finie, & au dernier mois il y manque quelques jours pour être fini, & felon l'Exemple qui eft ici à côté.

Voici comme il la faut pofer.

Supofez que l'année où ce termine ce Contract foit en l'année 1671, il ne faut pofer que 1670, & compter les mois que nous avons fait de celle-cy 1671, commençant depuis Janvier jufqu'au dernier Septembre, vous trouverez 9 mois, & mettez enfuite les 24 jours d'Octobre : Ainfi votre premiere Pofition

fera 1670 ans 9 mois 24 jours.

Après venant à l'année que le Contract a été paffé, au lieu de pofer 1659, il ne faut pofer que 1658, & comptant les mois avancés en 1659, depuis Janvier jufqu'au dernier Février, vous trouverez 2 mois, & mettez enfuite les 13 jours de Mars ; ainfi la feconde pofition

fera 1658 ans 2 mois 13 jours.

Et pour l'operation de la Regle elle eft très facile : Dites, *Qui de 24 jours en ôte 13 refte 11 jours.*

Qui de 9 mois en ôte 2 refte 7 mois.

& *Qui de 70 ans en ôte 58 refte 12 ans.*

Ainfi l'on trouve qu'il y a 12 ans 7 mois 11 jours que ledit Contract eft paffé, l'Exemple eft à côté.

SOUSTRACTION.

SOUSTRACTION
DU TEMPS.

QUESTION.

Un Contract passé depuis 1659 & le 13 Mars Jusqu'à l'année 1671 & le 24 Octobre Combien y a-t'il de temps ?

EXEMPLE.

Le terme du Contract   1670 ans 9 mois 24 Octob.
Le tems qu'il fut contracté 1658 ans 2 mois 13 Mars.

Réponse. Il y a   12 ans 7 mois 11 jours.

Cette Régle est utile.

Pour sçavoir le tems préfix des ar-
rerages de rente ou d'interest ; Pour
sçavoir en quel âge on est ; Combien
de tems il y a d'une datte à l'autre,
soit pour une Transaction , Dona-
tion , Mariage, Testament & ge-
neralement pour toutes sortes de Con-
tracts qu'on pourroit avoir contracté.

D

SOUSTRACTION
DES FRACTIONS.

INSTRUCTION.

L A *Souftraction des Fractions* eft très-aifée, fur tout quand il n'y a que des Quarts, des Demi & des Trois Quarts. Et felon l'Exemple cy-deffous.

Dites, Qui d'un Quart en ôte 3 ne peut, j'emprunte une aune fur les 7 qui vaut 4 Quarts & 1 après les aunes font 5 Qui de 5 Quarts en ôte 3 refte 2 Quarts qui font un demi que vous poferez. Et vous continue-rez aux aunes, comme aux Souftractions précédentes.

EXEMPLE.   De 37 *Aunes* $\frac{1}{4}$
en ôter 15 *Aunes* $\frac{3}{4}$

Refte 21 *Aunes* $\frac{1}{2}$

Mais notez que s'il y avoit des *Demi Tiers*, qui font des *fixiémes*, ou bien des *douziémes* : il faudroit re-duire ces Fractions en même dénomination. J'en vais donner une inftruction familiere ; que je met-trai ici-deffous après l'inftruction.

Queftion De 13 Aunes & demie, on veut ôter 9 Aunes & demi tiers, qui eft 1 fixiéme Ce fixiéme met en peine ceux qui n'entendent pas les Fractions : mais felon l'inftruction du feüillet 25 vous trouverez que la *Demi* Aune eft 6 douziémes. que le *Sixiéme*   eft 2 douziémes.

Ainfi qui de 6 douziémes en ôte 2 refte 4 douziémes qui font 1 tiers, comme on peut voir au feüillet 25.

EXEMPLE   De 13 *Aunes* $\frac{1}{2}$ $\frac{6}{12}$
ôter 8 *Aunes* $\frac{1}{6}$ $\frac{2}{12}$

Refte 5 *Aunes* $\frac{1}{3}$ ou $\frac{4}{12}$

Enfin s'il y avoit des *Demi-quarts* qui font des hui-tiémes, ou bien des vingt-quatriémes, il faudroit faire cette Souftraction par la réduction des parties de 24. en obfervant la methode fufdite ; mais fi cette Sou-ftraction eft difficile, auffi elle n'arrive que rarement.

LE PETIT
ET LE
GRAND LIVRET.
D'ARITHMETIQUE
ou de Multiplication.

AVANT que d'entreprendre
la *Multiplication* , il eſt abſolument néceſſaire de ſçavoir par
cœur le PETIT LIVRET, du
moins juſqu'à 9 fois 9 : Je l'ay
pouſſé juſqu'à 12 fois 12 à cauſe
de pluſieurs belles briévetés où
la Multiplication de 12 eſt néceſſaire.

LE GRAND LIVRET
ſuit après le Petit.

2	fois	2	font	4
2	fois	3	font	6
2	fois	4	font	8
2	fois	5	font	10
2	fois	6	font	12
2	fois	7	font	14
2	fois	8	font	16
2	fois	9	font	18
2	fois	10	font	20
2	fois	11	font	22
2	fois	12	font	24
3	fois	3	font	9
3	fois	4	font	12
3	fois	5	font	15
3	fois	6	font	18
3	fois	7	font	21
3	fois	8	font	24
3	fois	9	font	27
3	fois	10	font	30
3	fois	11	font	33
3	fois	12	font	36
4	fois	4	font	16
4	fois	5	font	20
4	fois	6	font	24
4	fois	7	font	28
4	fois	8	font	32
4	fois	9	font	36
4	fois	10	font	40
4	fois	11	font	44
4	fois	12	font	48
5	fois	5	font	25
5	fois	6	font	30
5	fois	7	font	35
5	fois	8	font	40

5	fois	9 font	45
5	fois	10 font	50
5	fois	11 font	55
5	fois	12 font	60

6	fois	6 font	36
6	fois	7 font	42
6	fois	8 font	48
6	fois	9 font	54
6	fois	10 font	60
6	fois	11 font	66
6	fois	12 font	72

7	fois	7 font	49
7	fois	8 font	56
7	fois	9 font	63
7	fois	10 font	70
7	fois	11 font	77
7	fois	12 font	84

8	fois	8 font	64
8	fois	9 font	72
8	fois	10 font	80
8	fois	11 font	88
8	fois	12 font	96

9	fois	9 font	81
9	fois	10 font	90
9	fois	11 font	99
9	fois	12 font	108

10	fois	10 font	100
10	fois	11 font	110
10	fois	12 font	120

11	fois	11 font	121
11	fois	12 font	132

12	fois	12 font	144

LE
GRAND LIVRET.

LE GRAND LIVRET de Multiplication n'est propre que pour la Jeunesse
& pour ceux qui ont une excellente mémoire ; mais il ne faut pas croire qu'il soit
absolument nécessaire , car il suffit de sçavoir le petit pour aprendre l'Arithmetique.

Celui qui se pique de sçavoir plus que le
commun le peut entreprendre , & en apprendre autant que sa memoire & son loisir
le peuvent permettre. Je ne l'ai pas voulu
mettre en Pyramide , comme un grand A-
rithmeticien l'a mis ; car selon mon avis cet
ordre est un peu obscure , quoiqu'il soit
très-bien imaginé. J'ai voulu distinguer le
mien de 12 en 12 lignes pour la commodi-
té de ceux qui s'en voudront servir , afin
qu'ils apprennent à loisir de dégré en dégré;
& que chaque jour ou chaque semaine en-
treprenant d'apprendre par cœur 12 lignes
qui font une section , ils puissent dans peu
arriver à le sçavoir entierement.

2 fois 13 font 26
2 fois 14 font 28
2 fois 15 font 30
2 fois 16 font 32
2 fois 17 font 34
2 fois 18 font 36
2 fois 19 font 38
2 fois 20 font 40
2 fois 21 font 42
2 fois 22 font 44
2 fois 23 font 46
2 fois 24 font 48

3 fois 13 font 39
3 fois 14 font 42
3 fois 15 font 45
3 fois 16 font 48
3 fois 17 font 51
3 fois 18 font 54
3 fois 19 font 57
3 fois 20 font 60
3 fois 21 font 63
3 fois 22 font 66
3 fois 23 font 69
3 fois 24 font 72

4 fois 13 font 52
4 fois 14 font 56
4 fois 15 font 60
4 fois 16 font 64
4 fois 17 font 68
4 fois 18 font 72
4 fois 19 font 76
4 fois 20 font 80
4 fois 21 font 84
4 fois 22 font 88
4 fois 23 font 92
4 fois 24 font 96

5 fois 13 font 65
5 fois 14 font 70
5 fois 15 font 75
5 fois 16 font 80
5 fois 17 font 85
5 fois 18 font 90
5 fois 19 font 95
5 fois 20 font 100
5 fois 21 font 105
5 fois 22 font 110
5 fois 23 font 115
5 fois 24 font 120

6 fois 13 font 78
6 fois 14 font 84
6 fois 15 font 90
6 fois 16 font 96
6 fois 17 font 102
6 fois 18 font 108
6 fois 19 font 114
6 fois 20 font 120
6 fois 21 font 126
6 fois 22 font 132
6 fois 23 font 138
6 fois 24 font 144

7 fois 13 font 91
7 fois 14 font 98
7 fois 15 font 105
7 fois 16 font 112
7 fois 17 font 119
7 fois 18 font 126
7 fois 19 font 133
7 fois 20 font 140
7 fois 21 font 147
7 fois 22 font 154
7 fois 23 font 161
7 fois 24 font 168

8 fois 13 font 104
8 fois 14 font 112
8 fois 15 font 120
8 fois 16 font 128
8 fois 17 font 136
8 fois 18 font 144
8 fois 19 font 152
8 fois 20 font 160
8 fois 21 font 168
8 fois 22 font 176
8 fois 23 font 184
8 fois 24 font 192

---

9 fois 13 font 117
9 fois 14 font 126
9 fois 15 font 135
9 fois 16 font 144
9 fois 17 font 153
9 fois 18 font 162
9 fois 19 font 171
9 fois 20 font 180
9 fois 21 font 189
9 fois 22 font 198
9 fois 23 font 207
9 fois 24 font 216

---

10 fois 13 font 130
10 fois 14 font 140
10 fois 15 font 150
10 fois 16 font 160
10 fois 17 font 170
10 fois 18 font 180
10 fois 19 font 190
10 fois 20 font 200
10 fois 21 font 210
10 fois 22 font 220
10 fois 23 font 230
10 fois 24 font 240

11 fois 11 font 121
11 fois 12 font 132
11 fois 13 font 143
11 fois 14 font 154
11 fois 15 font 165
11 fois 16 font 176
11 fois 17 font 187
11 fois 18 font 198
11 fois 19 font 209
11 fois 20 font 220
11 fois 21 font 231
11 fois 22 font 242

---

12 fois 12 font 144
12 fois 13 font 156
12 fois 14 font 168
12 fois 15 font 180
12 fois 16 font 192
12 fois 17 font 204
12 fois 18 font 216
12 fois 19 font 228
12 fois 20 font 240
12 fois 21 font 252
12 fois 22 font 264
12 fois 23 font 276

---

13 fois 13 font 169
13 fois 14 font 182
13 fois 15 font 195
13 fois 16 font 208
13 fois 17 font 221
13 fois 18 font 234
13 fois 19 font 247
13 fois 20 font 260
13 fois 21 font 273
13 fois 22 font 286
13 fois 23 font 299
13 fois 24 font 312

14 fois 14 font 196
14 fois 15 font 210
14 fois 16 font 224
14 fois 17 font 238
14 fois 18 font 252
14 fois 19 font 266
14 fois 20 font 280
14 fois 21 font 294
14 fois 22 font 308
14 fois 23 font 322
14 fois 24 font 336
14 fois 25 font 350

15 fois 15 font 225
15 fois 16 font 240
15 fois 17 font 255
15 fois 18 font 270
15 fois 19 font 285
15 fois 20 font 300
15 fois 21 font 315
15 fois 22 font 330
15 fois 23 font 345
15 fois 24 font 360
15 fois 25 font 375
15 fois 26 font 390

16 fois 16 font 256
16 fois 17 font 272
16 fois 18 font 288
16 fois 19 font 304
16 fois 20 font 320
16 fois 21 font 336
16 fois 22 font 352
16 fois 23 font 368
16 fois 24 font 384
16 fois 25 font 400
16 fois 26 font 416
16 fois 27 font 432

17 fois 17 font 289
17 fois 18 font 306
17 fois 19 font 323
17 fois 20 font 340
17 fois 21 font 357
17 fois 22 font 374
17 fois 23 font 391
17 fois 24 font 408
17 fois 25 font 425
17 fois 26 font 442
17 fois 27 font 459
17 fois 28 font 476

18 fois 18 font 324
18 fois 19 font 342
18 fois 20 font 360
18 fois 21 font 378
18 fois 22 font 396
18 fois 23 font 414
18 fois 24 font 432
18 fois 25 font 450
18 fois 26 font 468
18 fois 27 font 486
18 fois 28 font 504
18 fois 29 font 522

19 fois 19 font 361
19 fois 20 font 380
19 fois 21 font 399
19 fois 22 font 418
19 fois 23 font 437
19 fois 24 font 456
19 fois 25 font 475
19 fois 26 font 494
19 fois 27 font 513
19 fois 28 font 532
19 fois 29 font 551
19 fois 30 font 570

20 fois 20 font 400
20 fois 21 font 420
20 fois 22 font 440
20 fois 23 font 460
20 fois 24 font 480
20 fois 25 font 500
20 fois 26 font 520
20 fois 27 font 540
20 fois 28 font 560
20 fois 29 font 580
20 fois 30 font 600
20 fois 31 font 620

___

21 fois 21 font 441
21 fois 22 font 462
21 fois 23 font 483
21 fois 24 font 504
21 fois 25 font 525
21 fois 26 font 546
21 fois 27 font 567
21 fois 28 font 588
21 fois 29 font 609
21 fois 30 font 630
21 fois 31 font 651
21 fois 32 font 672

___

22 fois 22 font 484
22 fois 23 font 506
22 fois 24 font 528
22 fois 25 font 550
22 fois 26 font 572
22 fois 27 font 594
22 fois 28 font 616
22 fois 29 font 638
22 fois 30 font 660
22 fois 31 font 682
22 fois 32 font 704
22 fois 33 font 726

E

23 fois 23 font 529
23 fois 24 font 552
23 fois 25 font 575
23 fois 26 font 598
23 fois 27 font 621
23 fois 28 font 644
23 fois 29 font 667
23 fois 30 font 690
23 fois 31 font 713
23 fois 32 font 736
23 fois 33 font 759
23 fois 34 font 782

24 fois 24 font 576
24 fois 25 font 600
24 fois 26 font 624
24 fois 27 font 648
24 fois 28 font 672
24 fois 29 font 696
24 fois 30 font 720
24 fois 31 font 744
24 fois 32 font 768
24 fois 33 font 792
24 fois 34 font 816
24 fois 35 font 840

FIN DU GRAND LIVRET.

DE LA MULTIPLICATION.

Troisiéme Regle generale.

La Multiplication n'eſt autre choſe que multiplier un nombre par un autre, afin de trouver un troiſiéme nombre qui contienne autant de fois le Multiplié, comme il y a de fois 1 au Multiplicateur.

Le Multiplié, eſt le nombre de deſſus,
Le Multiplicateur, eſt celui de deſſous,
& de chaque figure de l'un, il en faut multiplier les figures de l'autre.

LA MULTIPLICATION

Seroit aſſez facile ſi les 2 Nombres qui la compoſent, n'étoient pas compoſés ; & ſi après les entiers il ne s'y rencontroit des parties : c'eſt-à-dire, ſi après les Livres il n'y avoit point de Sols, & ſi après les Sols il n'y avoit point de deniers. Mais ordinairement, ſoit au prix des choſes, ſoit aux choſes mêmes, il s'en rencontre.

Je vais montrer premierement
La Multiplication Simple & enſuite
La Multiplication Compoſée: mais j'enſeignerai la Compoſée par des Methodes ſi aiſées & ſi faciles, que je crois que ceux qui les liront, ſeront bien aiſes de les apprendre, pour quitter celles qu'ils auront appriſes.

INSTRUCTION

POur multiplier, il faut poſer les 2 Nombres l'un ſous l'autre, mais il eſt plus commode de mettre le plus petit ſous le plus grand & prenant pour ſujet le premier Exemple d'une figure ici à côté.

Dites 5 fois 4 ſont 20. poſez o ſous le 4 & retenez deux dixaines.

Puis reculant au 3. dites 5 fois 3 ſont 15. & 2 de ſetenu ſont 17. poſez 7 droit ſous le 3 & retenez 1.

Après venant aux 2. dites 5 fois 2 ſont 10 & 1 de retenu ſont, 11. poſez 1 ſous le 2. & retenez 1.

Enfin venant à la derniere figure, dites 5 fois 1 ſont 5 & un de retenu ſont 6. poſez 6.

Ainſi vous trouverez que   1234
      Multipliez par   5.

montera 6170.

POur multiplier le ſecond exemple 2319. par 27 qui eſt de 2 figures, il faut commencer par le 7 & continuer à cette premiere figure comme vous avez fait à la premiere Regle d'inſtruction ſuſdite.

Puis venant au 2. il faut proceder comme deſſus à l'exception qu'il faut reculer le produit d'une figure en retrogradant vers la main gauche.

Diſant, 2 fois 9 ſont 18. poſez 8 ſous le 2 qui multiplie, & retenez 1 dixaine.

Après continuez à multiplier par ledit 2 les autres 3 figures qui avancent.

Diſant 2 fois 1 eſt 2. & 1 de retenu ſont 3 poſez 3 devant le 8. puis dites 2 fois 3. ſont 6. poſez 6.

Enfin, dites 2 fois 2 ſont 4. poſez 4 devant le 6. Ainſi ayant ajoûté les deux rangées, vous trouverez que 2319. multipliés par 27. montera 62613.

Par l'Inſtruction des 2 premiéres Regles, &
Par l'Operation de la troiſiéme de 3 figures:
On en peut faire de 4, de 5, & de 6 figures.

MULTIPLICATIONS
Simples.

EXEMPLES.

Multiplier	1234	Multiplier	2319
par	5	par	27
Viendra	6170		16233
			4638
		Viendra	62613

```
        4253
         842
        8506
       17012
       34024
     3581026
```

```
      98765432
             9
     888888888
```

Multiplier 347
par 200
fera 69400

QUAND A LA MULTIPLICATION
il fe rencontre des Zero, il les faut placer en dehors,
& multiplier comme deffus les figures fignificatives,
PAR EXEMPLE , *Si vous vouliez multiplier* 347
par   10. *ajoutez* 1 *Zero au bout* , & *fera* 3470
par   100. *ajoutez* 2 *Zero au bout* , & *fera* 34700
par   1000. *ajoutez* 3 *Zero au bout* , & *fera* 347000
les Zero d'enbas ne faifant que remplir leurs places.

INSTRUCTION

PLufieurs enfeignent la Multiplication compofée de Livres & Sols par les *Parties allicotes* de 20. mais elles font trop difficiles & trop longues , car il faut beaucoup de temps pour les apprendre , & fort peu de temps pour les oublier.

Au contraire les 2 méthodes fuivantes font fi abbregées & fi aifées , que les Ecoliers les apprennent & les emportent à la premiere Leçon. Je vais donner l'Inftruction de la premiere ; & à l'autre feuillet je donnerai celle de la feconde.

MÉTHODE

Pour multiplier tout d'un coup les Sols en Livres.

PRenant pour fujet l'Exemple des Ecus ici à côté , multipliez premierement 135. par 3 Livres. Après pour les 14 fols , prenez-en la *moitié* qui eft 7 que vous poferez droit deffus les 14. fols , *ou bien vous les retiendrez en mémoire.*

De cette *moitié* qui eft 7 , multipliez en 135. & ayant féparé le 5 ou par un trait , ou par un point, Dites , 7 fois 5 font 35.

Or voici la Maxime generale où confifte le fin & le fort de cette excellente brieveté.

defdits 35 [*ou autre produit*] il faut toujours doubler la derniere figure : pour la mettre aux Sols : & retenir la premiere pour la mettre aux Livres.

La derniere étant un 5. pofez 10 *Sols.*
& *La premiere étant un 3. retenez 3 Livres.*

Ainfi continuant à multiplier le 3 des Ecus par cette moitié qui eft 7, dites 7 fois 3 font 21. & 3 liv. de retenu font 24, pofez 4 fous le 5 , & retenez 2. Enfin achevant la Regle , dites 7 fois 1 eft 7 & 2 de retenu font 9. que vous poferez auffi

Ainfi ayant ajoûté le tout , on trouve que 135 *Ecus valent* 499. *livres* 18 *fols. Ainfi des autres.*

MULTIPLICATIONS

Compoſées.

Commençant par 2 belles Méthodes ;
pour multiplier tout d'un coup
les Sols en Livres.

Sans ſe ſervir des Parties allicotes.

EXEMPLES.

	7			9 ſols
	13. 5 *Eſcus*		25. 3 *Aunes*	
A	3 L. 14 *ſols*	*A*	7 L 18 *ſols*	

405 :		1771 :	
94 :	10 ſols	227 :	14 ſols

val. 499 L. 10 ſols   *montera* 1998 L 14 ſols

$$\frac{1}{9}$$

5. 3 *Aunes.*

A   9 L 19 ſ. *l'Aune.*

477 :

pour	18 ſols 47 :	14 ſols.	
& *pour*	1 ſol 2 :	13 ſols.	

527 L   7 ſols.

Quand au prix des choſes, les ſols s'y rencontrent
impairs, comme au plus bas exemple : vous ne pouvez prendre tout d'un coup, que pour les 18 ſols.

Et pour le ſol impair qui reſte, *il ne faut que ſéparer
la derniere figure de la Marchandiſe, & prendre la
moitié de celles qui précedent.*

Cette *moitié* produira des Livres qu'il faut poſer
aux Livres en reculant d'une figure : & s'il reſte 1.
cet *un* vaut 10 ſols, qu'il faut poſer aux ſols, ajoûtant la figure retranchée.

INSTRUCTION

*Cette seconde Méthode est si facile, que je
n'ai que deux mots à dire pour
toute Instruction.*

Il ne faut que poser les *Livres* du prix
sous les dixaines de la Marchandise , &
mettre *la moitié* des sols sous la derniere figure. Et ayant multiplié ,

Au lieu d'ajouter , comme c'est l'ordinaire , vous *doublerez la derniere figure* , & feront des sols qu'il faut mettre aux sols , &
ayant additionné les autres figures qui devancent , feront des Livres.

Les 3 exemples suivans sont les mêmes que
les 3 précedens, mais ils sont faits d'une maniere particuliere & tout à fait commode.

Quand les prix de la Marchandise
ne sont que de sols simplement, il vous
faut prendre la moitié desdits sols &
en multiplier la Marchandise , observant l'ordre cy-dessus , & la Regle
cy-dessous.

100 *Aungs* à 58 *sols l'Aune.*
29

_____

90.0
200

_____

montent   290 *Livres.*

AUTRE METHODE BRIEVE

Pour multiplier tout d'un coup
les Sols en Livres.

135 Ecus à 3 L 14 *fols.*
37

94. 5
405

valent 499 L 10 *fols*

253 ℔ *Gerofle* à 7 L 18 *fols la* ℔
79

227. 7
1771

montent 1998 L : 14 *fols.*

53 *Aunes* à 9 L. 19 *fols l'Aune.*
99 : 6 *deniers.*

477
477

2. 6 : 6 *deniers.*

reviennent à 527 L. 7 *fols.*

Quand au prix des chofes, les Sols fe rencontrent
impairs, en prenant la moitié des Sols, il reftera une
moitié que vous poferez pour 6 deniers, & felon l'E-
xemple cy-deffus, ayant multiplié par 99. (*qui font*
pieces de 2 fols, & c'eft d'où vient cette belle brieveté)
il faut prendre pour les 6 deniers la moitié de la
marchandife, qui feront 26 fols 6 deniers que vous
poferez, & tirerez un trait deffous.

Cela fait, il faut ajouter & doubler les 2 dernieres
figures 7 & 6 feront 13. & avec les 6 den. feront 13
f. 6 d. lefquels étant doublés font 27 f. ; il faut pofer 7 f. & retenir une liv. pour ajouter aux livres,

INSTRUCTION

De toutes les Regles d'Aritmetique il n'en est point de plus facile que celle-cy ; Mais voici à quoi elle est utile.

Elle sert *A reduire les Sols en Livres.*
A tirer le Sol pour Livre.
A tirer l'Interest au denier 20.
A tirer le Change à 5 pour 100.
A tirer le Vingtiéme d'une somme, & sur tout
Aux Multiplications de Livres & Sols.
Aux Multiplications de Sols & Deniers,
& Aux Multiplications des Sols simplement.

Je vais maintenant montrer comme il faut faire cette réduction , & ensuite je formerai quelques questions pour la mettre en usage, & faire voir son utilité & brieveté.

Maxime Generale.

Il ne faut que couper ou separer la derniere figure , & prendre la moitié de celles qui précedent.

Cette *moitié* produira des Livres , mais s'il reste 1 cet 1 vaudra 10 sols , qu'il faut mettre aux sols , y ajoûtant la figure retranchée.

DE LA
REDUCTION des Sols en Livres, & de ses utilités.

QUESTIONS.

On veut reduire en Livres la somme de 8475 Sols.
On veut tirer le sol pour Livre   de 7869 livres.
On veut tirer l'interest au Denier 20 de 9657 livres.
On veut tirer le Change à 5 pour 100 de 6493 livres.

EXEMPLES.

Reduire en Livres 847.   5 Sols
_____
      seront 423 L. 15 Sols

Tirer le Sol pour Livre de 786.9 Livres.
_____
      monte 393   L. 9 Sols.

L'interest au Denier 20 de 965.7 Livres.
_____
            est 482   L. 17 Sols.

Le Change à 5 pour 100 de 649.3 Livres.
_____
      revient à 324   L. 13 Sols.

INSTRUCTION

La Methode ordinaire & commune de la Multiplication par Sols est de multiplier la quantité de la Marchandise par les nombres des Sols qu'elle coûte, le produit sera des Sols lesquels il faut réduire en livres (en coupant la derniere figure & prenant la moitié des autres) ainsi que j'ai montré au feuillet précedent.

DE LA PREUVE
de la Multiplication.

Ayant déja traité de la Multiplication sans parler de sa preuve, j'apprehende qu'on ne me blâme d'avoir blâmé si hardiment la Preuve de 9. au feuillet 11. & de ce que je ne donne ici aucun autre moyen pour prouver les Multiplications que j'ai commencées & que je prétens étendre bien loin.

La veritable preuve de la Multiplication est la Division, mais suivant l'ordre des 4 Regles generales, la Division étant la derniere qu'on doit apprendre, on ne peut entreprendre de faire la preuve de la Multiplication sans sçavoir diviser, si ce n'est par le moyen que je donne & que j'enseigne ici.

MULTIPLICATIONS

Par Sols simplement.
& par la Methode ordinaire & commune.

135 Ecus	264 aunes
A 74 fols	A 59 fols l'aune.
540	2376
945	1320
999. 0 fols	1557. 6 fols.
val.499 L 10 fols.	montent 778 L 16 fols.

PREUVE INSTRUCTIVE.

On peut prouver la Multiplication par la Multiplication même, faisant une même Regle en diverses façons.

PAR EXEMPLE.

Vous voulez faire la Reduction de 135 Ecus &
sçavoir combien ils valent de Livres , vous voyez
au premier Exemple cy-dessus que lesdits Ecus
multipliez par 74 fols valent 499 livres 10 fols.

Or pour prouver si la réduction est bien faite , faites la même Regle selon la Methode précedente du
feuillet   55: & si vous voulez selon celle du
feuillet   57: Ainsi vous resoudrez & prouverez
par des voyes differentes une même question.

INSTRUCTION

Les Parties Allicotes de 12 Deniers.

Sont 6 Deniers *la Moitié*,
    4 Deniers *le Tiers*,
    3 Deniers *le Quart*,
    2 Deniers *le Sixiéme*,
    1 Denier *le Douziéme*.

Pour 6 Deniers prenez *la Moitié*, cette moitié produira des Sols, & s'il vous reste 1 cette unité vaudra 6 deniers.

Pour 4 Deniers prenez *le Tiers*, ledit tiers produira des Sols, & s'il reste 1, ou 2, seront autant de fois 4 deniers.

Pour 3 Deniers prenez *le Quart*, ledit Quart produira des Sols, & s'il reste 1, 2 ou 3, seront autant de fois 3 deniers.

Pour 2 Deniers prenez *le Sixiéme*, ledit sixiéme produira des Sols, & s'il reste des unités, seront autant de fois 2 deniers.

Pour 1 Denier prenez *le Douziéme*, ledit douziéme produira des Sols, & s'il reste des unités seront autant de fois 1 denier.

Ledit *Douziéme* est un peu difficile.

Et pour l'avoir plus aisément, prenez *le Tiers*; & de ce qui en proviendra prenez-en *le Quart*, ledit *Quart* rendra autant que le *Douzieme*.

NOTEZ ICY.

Que quand vous voulez prendre, par exemple, le sixiéme d'une somme, il faut voir combien il y a de fois 6 en ladite somme, & ainsi des autres Parties.

par Deniers,

ou par les Parties Allicotes de 12

EXEMPLES.

	1237 *aunes*			329 *Chofes.*	
A	6 *Deniers*		A	4 *Deniers*
$\frac{1}{2}$	61. 8 Γ. 6 *den.*		$\frac{1}{3}$	10. 9 Γ. 8 *den.*

valent 30 L 18 Γ. 6 *den.*   *montent* 5 L 9 Γ. 8 *den.*

	567 *Oranges*			725 *Doubles*	
A	3 *Deniers.*		A	2 *Deniers.*
$\frac{1}{4}$	14. 1 Γ. 9 *den.*		$\frac{1}{7}$	12. 0 Γ. 10 *den.*

montent 7 L 1 Γ. 9 *den.*   *valent* 6 L 0 Γ. 10 *den.*

	1000 *Chofes.*	
A	1 *Denier*
$\frac{1}{3}$	333 Γ. 4 *den.*
$\frac{1}{4}$	8. 3 Γ. 4 *den.*

reviennent à 4   L 3 Γ. 4 *den.*

NOTEZ ICY.

Que lefdites Parties ne produifant que des Sols, il
faut reduire lefdits fols en livres, ainfi que j'ai expliqué au feuillet précedent & au feuillet 59.

INSTRUCTION

Les Parties *Allicotes* de 12 deniers sont certains Nombres lesquels étant repetés plusieurs fois composent justement 12.

Les Parties *non Allicotes* sont d'autres Nombres lesquels sont composés de plusieurs Parties Allicotes.

Les premieres sont expliquées cy-devant, & les dernieres les voici, 5. 7. 8. 9. 10. 11.

Pour   5 deniers prenez pour 3 & pour 2.
           pour 3 *le Quart*, & pour 2 *le sixiéme.*

Pour   7 deniers prenez pour 4 & pour 3.
           pour 4 *le Tiers*, & pour 3 *le Quart.*

Pour   8 deniers prenez pour 6 & pour 2.
           pour 6 *la Moitié*, & pour 2 *le sixiéme.*

Pour   9 deniers prenez pour 6 & pour 3.
           pour 6 *la Moitié*, & pour 3 *le Quart.*

Pour   10 deniers prenez pour 6 & pour 4.
           pour 6 *la Moitié*, & pour 4 *le Tiers.*

Pour   11 deniers prenez pour 6 pour 3 & pour 2.
           c'est-à-dire *la Moitié*, *le Quart* & *le Sixiéme.*

La même Methode qui sert aux Parties Allicotes, sert aussi aux Non-Allicotes, & la seule difference est,

Que celles-là on les produit tout d'un coup, & celles-ci on ne les produit qu'en deux tems.

Par Sols & Deniers,

ou par les Parties Allicotes de 12.

EXEMPLES.

A 134 *aunes*		427 *Pieces.*	
4 ſ. 5 *deniers.*		A 6 ſ. 7 *deniers.*	
536		2562	
33 ſ. 6 *deniers.*		142 ſ. 4 *deniers.*	
22 ſ. 4 *deniers.*		106 ſ. 9 *deniers.*	
59. 1 ſ. 10 *deniers.*		281. 1 ſ. 1 *denier.*	
29 £. 11 ſ. 10 *den.*		140 £. 11 ſ. 1 *d.*	

	1237 *choſes*	
A	3 ſ. 9 *deniers.*	
	3711	
pour 6 *deniers*	618 ſ. 6 *deniers.*	
pour 3 *deniers*	309 ſ. 3 *deniers.*	
	4638 ſ. 9 *deniers.*	
	231 £. 18 ſ. 9 *d.*	

Après avoir expliqué les Parties Allicotes & non-Allicotes de 12, par leſquelles avec les deniers on produit des ſols, je vais montrer après le feuillet ſuivant celles de 24, par leſquelles avec de ſimples deniers on produit des Livres tout d'un coup.

INSTRUCTION

Pour faire les Multiplications des Livres, Sols & Deniers, en se servant des Instructions des Feüillets précédens 54 55. 62. 63. 64. & 65.

Après avoir multiplié suivant l'ordre du feüillet 54 & 55. les 536 Aunes de la premiere Regle cy à côté par les 4 ℔. 19 ſ. & trouvé

2144 ℔.   pour la valeur des 4 ℔.
482 ℔. 8 ſ. pour la valeur des   18 ſ.
&   26 ℔ 16 ſ. pour la valeur de   1 ſ.

Il faut ensuite prendre pour les 6 deniers la moitié de ladite valeur du Sol , c'est-à-dire la moitié des 26 L. 16 Sols.

Disant la moitié de 2 est 1 , de 6 est 3 , & de 16 ſ. est 8 , qui fait 13 Livres 8 sols *pour la valeur des 6 deniers* que vous poserez directement dessous lesd. 26 L. 16 ſ. Ensuite faire l'addition desdites quatre lignes, donnera 2666 Livres 12 sols *pour la valeur de 536 aunes à 4 livres 19 sols 6 deniers l'aune.*

Pour calculer les 10 den. de la seconde regle, vous prendrez de l'ordre cy-dessus pour 6 den. la moitié, & pour 4 den. le tiers , toujours sur la valeur du sol.

Ainsi des autres.

Mais lorsque la Regle proposée n'aura point de sol impair , il faudra le supposer & rayer son produit après en avoir pris les deniers sur la valeur de l'ordre cy-dessus.

Et suivant la troisiéme Régle cy à côté, après avoir multiplié par les 3 livres, il faut ensuite supposer pour 1 sol , sera 36 livres 12 ſ. que vous rayerez comme à la Regle, après en avoir pris le sixiéme pour les 2 deniers qui montent à 6 livres 2 sols puis faire l'addition sans y comprendre la valeur du sol rayé.

par Livres, Sols & Deniers.
Prenant les Deniers ſur la valeur du Sol.

536 An. $\frac{1}{9}$

A   4 £. 19 ſ. 6 d.

2144 £.
482 £. 8 ſ.
26 £. 16 ſ.
13 £. 8 ſ.

2666 £. 12 ſ.

1934 Toiſes

A   20 £. 1 ſ. 10 d.

38680 £.
pour 1 ſ. 96 £. 14 ſ.
pour 6 den. 48 £. 7 ſ.
pour 4 den. 32 £. 4 ſ. 8 d.

38857 £. 5 ſ. 8 d.

732

A   3 £. ſ. 2 den.

2196 £.
pour 1 ſ. ſuppoſé 36 £. 12 ſ.
pour 2 deniers 6 £. 2 ſ.

2202 £. 2 ſ.

IL faut commencer à multiplier, Premierement, par les Livres & Sols selon l'ordre des 3 enseignemens expliqués aux feuillets 53, 55. & 69.

Cela fait, il faut venir aux *Deniers* pour en produire des Livres tout d'un coup, ce qui ne se peut faire que par les Parties de 24, sur lesquelles cette belle Methode est établie.

Pour l'operer donc comme il faut, il faut retrancher *par un point* la derniere figure de la Marchandise, & prendre sur le nombre qui la devance les Parties suivantes.

Pour 8 Deniers, prenez *le Tiers*,
Pour 6 Deniers, prenez *le Quart*,
Pour 4 Deniers, prenez *le Sixiéme*,
Pour 3 Deniers, prenez *le Huitiéme*,
Pour 2 Deniers, prenez *le Douziéme*,
Mais ce *Douziéme étant difficile*,
prenez le *Quart* du produit de 8,
ou le *Tiers* du produit de 6,
ou la *Moitié* du produit de 4,
& pour 1 Denier à proportion.

La plus grande difficulté de cette operation consiste aux unitez qui restent après qu'on a pris la partie qu'on veut prendre.

P A R   E X E M P L E.

A la Regle cy-contre, pour 6 deniers vous avez pris le *Quart* de 435 à la fin il vous reste 3 qui sont 3 Livres qu'il faut reduire en sols dans votre mémoire & feront 60. sols.

Or voici la *maxime generale* où gît cette brieveté: *Il faut toujours doubler la derniere figure retranchée,* & feront des sols, lesquels il faut joindre avec les 60 sols provenus des 3 Livres restantes qui seront 64 sols, & desdits 64 sols prendre le *Quart*, seront 16 sols qu'il faut poser aux sols.

Si on prenoit pour 8 Den. le *Tiers*, il faudroit prendre le *Tiers* desd. 64. s. Si on prenoit pour 4 Deniers le *Sixiéme*, il faudroit prendre le *Sixiéme* desd. s. assemblés, ainsi qu'on voit aux exemples icy à côté,

MULTIPLICATIONS

par Livres, Sols & Deniers,

ou par les Parties Allicotes de 24.

$$
\begin{array}{l}
\text{435.2 } \textit{aunes} \\
\text{A .} \quad 7 \text{ ₤. } 18 \text{ ſ. } 6 \textit{ deniers.}
\end{array}
$$

30464	
3916 :	16 ſols
108 :	16 ſols
34489 ₤.	12 ſols

pour les 8 deniers

5.3 Toiſes
A 8 ₤. 16 ſ. 8 deniers.

424	
42. :	8 ſ.
1 :	15 ſ. 4 deniers.
468 ₤.	3 ſ. 4 deniers.

19.9 Choſes
A 5 ₤. 0 ſ. 4 den.

995 :	
3 :	6 ſ. 4 den.
998 ₤.	6 ſ. 4 den.

NOTEZ ICY 2 Choſes.

La premiere eſt que quand vous prenez les parties de 24 ſur le Nombre qui devance la figure retranchée, il ne faut pas poſer le produit directement deſſous, mais reculer d'une figure.

La ſeconde eſt que quand les Deniers ne ſont pas Parties Allicotes de 24, il les y faut mettre.

Et pour 9 Deniers prendre pour 6 & pour 3
pour 10 Deniers prendre pour 6 & pour 4
pour 11 Deniers prendre pour 8 & pour 3.

INSTRUCTION

Cette Méthode eſt plus longue que celles que j'ai montrées aux feüillets 55. &
57. Mais afin de ne rien obmettre, je l'ai
voulu mettre ici pour ceux qui s'en voudront ſervir.

10 Sols c'eſt *la Moitié*,
5 Sols c'eſt *le Quart*,
4 Sols c'eſt *le Cinquiéme*,
2 Sols c'eſt *le Dixiéme*,
1 Sol c'eſt *le Vingtiéme*.

Pour 10 Sols prenez la *Moitié*, cette *Moitié*
produira des Livres, & s'il reſte 1
cette unité vaudra 10 ſols.

Pour 5 Sols prenez *le Quart*, ledit *Quatriéme*
produira des Livres, & s'il reſte des
unités, feront autant de fois 5 ſols.

Pour 4 Sols prenez le *Cinquiéme*, ledit *Cinquiéme*
produira des Livres, & s'il reſte des
unités, feront autant de fois 4 ſols.

Pour 2 Sols prenez le *Dixiéme*, ledit *Dixiéme*
produira des Livres, & s'il reſte des
unités, feront autant de fois 2 ſols.

Pour 1 Sol prenez le *Vingtiéme*, ledit *Vingtiéme*
produira des Livres, & s'il reſte des
unités, feront autant de fois 1 ſol.

Parties non Allicotes
qu'on peut prendre tout d'un coup.

Pour 6 Sols 8 deniers, prenez le tiers,
Pour 3 Sols 4 deniers, prenez le Sixiéme,
Pour 2 Sols 6 deniers, prenez le Huitiéme,
Pour 1 Sol 8 deniers, prenez le Douziéme,

MULTIPLICATIONS
Par les *Parties Allicotes* de 20 fols.

EXEMPLES.

		135 *Ecus*
A	3 ℄. 14 *fols*
		405
pour 10 *fols*		67 : 10 *fols*
pour 4 *fols*		27 :
valent	499 ℄. 10 *fols*
		253 ℔ *Gerofle*
A	7 ℄. 18 *fols*
		1771
pour 10 *fols*		126 : 10 *fols*
pour 4 *fols*		50 : 12 *fols*
pour 4 *fols*		50 : 12 *fols*
montera 1998 ℄. 14 *fols*
		53 *aunes*
A	9 ℄. 19 *fols*
		477
pour 10 *fols*		26 : 10 *fols*
pour 5 *fols*		13 : 5 *fols*
pour 4 *fols*		10 : 12 *fols*
	527 ℄. 7 *fols*

Ces 3 Exemples font femblables à ceux des feuillets
55 & 57, & je les mets afin qu'on faffe la compa-
raifon des Regles : qu'on s'affure, & qu'on prouve
les unes par les autres.

Car cette difference de Regles fur un même fujet fait
qu'on fe rend fçavant en l'arithmetique, ainfi que
j'explique au feuillet 61.

Si la Multiplication de la fomme des Livres, fols
& deniers n'eft que par une figure, il ne faut que
Multiplier par cette figure les deniers, les fols & les
Livres en reculant ou retrogradant.

Et felon l'Exemple ici à côté.

Commençant par les deniers, il faut dire 7 fois 9
font 63 deniers, en 63 deniers il y a 5 fols & 3 deniers, pofez 3 deniers & retenez 5 fols.

Après venant aux fols, dites 6 fois 9 font 54 fols,
& 5 de retenus font 59, pofez 9 fols & retenez 5
deniers.

Puis venant aux dixaines, dites 9 fois 1 font 9. &
5 de retenus font 14 dixaines (ou 14 *fois* 10 fols)
qui font 7 Livres, lefquelles 7 Livres il faut retenir.

Enfin venant aux Livres, dites 2 fois 9 font 18, &
7 de retenus font 25. pofez 5 & retenez 2, ainfi continuant par le 5, par le 3 & par 1, vous acheverez
votre Regle, & vous trouverez que les 9 années

montent à 12175 L. 9. f. 3 *deniers.*

Mais s'il faut multiplier les Livres, fols & deniers
par 2 figures quelles qu'elles foient, pourvû qu'elles foient au Livret, il les faut multiplier en 2
tems, & felon la Regle à la Table marquée * il
faut prendre par 5 & par 7

Et fi vous obfervez l'ordre cy-deffus, par 5 vous
trouverez 89 L. 14 f. 2. d. valeur de 5. aunes; mais
parce qu'il y en a 35, il faut multiplier la valeur
de 5 par 7, & produiront la valeur de 5 aunes,
lefquelles à 17 L. 18 f. 10 d. l'aune; monteront à
627 L. 19 f. 2. d.

MAIS NOTEZ

*Que fi le nombre qui doit multiplier n'étoit pas con-
tenu au Livret de Multiplication, ni à cette Table d'a-
bréviation, & qu'au lieu de 35. ou de 36, il y en eût
37, il faudroit ajouter au produit de 35 ou 36 la valeur d'une aune ou de l'unité, ainfi on auroit la totalité foit des aunes, foit d'autres chofes.*

MULTIPLICATIONS

MVLTIPLICATIONS

particulieres & briéves.

Cette Méthode est si prompte & si briéve qne pour peu qu'on la pratique on s'accoutume à faire en deux traits de plume de très-belles Multiplications.

La rente de   9 *Années.*
A raison de 1352 L. 16 s. 7 d. *par année.*

monte   12175 L.   9 s. 3 deniers.

*   35 *Aunes*
A   17 L. 18 s. 10 d. *l'Aune*
pour   5 *Aunes*

monte   89 L. 14 s. 2 d.
                7 fois 5 *Aunes*

montent 627 L. 19 s. 2 deniers

TABLE D'ABREVIATION
soit pour multiplier, soit pour diviser s'il faut multiplier ou diviser.

par 12 prenés par 3 & 4	par 40 prenés par 4 &10
par 15 prenés par 3 & 5	par 42 prenés par 6 & 7
par 16 prenés par 4 & 4	par 45 prenés par 5 & 9
par 18 prenés par 3 & 6	par 49 prenés par 7 & 7
par 20 prenés par 4 & 5	par 50 prenés par 5 &10
par 21 prenés par 3 & 7	par 54 prenés par 6 & 9
par 24 prenés par 4 & 6	par 56 prenés par 7 & 8
par 25 prenés par 5 & 5	par 60 prenés par 6 &10
par 27 prenés par 3 & 9	par 63 prenés par 7 & 9
par 28 prenés par 4 & 7	par 64 prenés par 8 & 8
par 30 prenés par 3 &10	par 70 prenés par 7 &10
par 32 prenés par 4 & 8	par 72 prenés par 8 & 9
par 35 prenés par 5 & 7	par 80 prenés par 8 &10
par 36 prenés par 4 & 9	par 81 prenés par 9 & 9

G

INSTRUCTION

Sçachant que le Marc a 8 Onces.
l'Once   8 Gros
le Gros   3 Deniers
le Denier 24 Grains.

Il faut multiplier premierement les Marcs par le prix & valeur du Marc & prenant pour sujet l'Exemple icy à côté, pour les Onces, Gros, Deniers, & Grains, *il faut prendre partie de partie*, qui est la pratique la plus prompte, & la plus parfaite de toute l'Arithmetique : ayant donc multiplié les Marcs par leur valeur, tirez en ses parties.

Et prenez

Pour 4 Onces la moitié d'un Marc qui est 13 L. 16 sols
Pour 1 Once le Quart des 4 Onces qui est 3 L. 9 sols
Pour 4 Gros la moitié d'une Once qui est 1 L. 14 s 6 d
Pour 2 Gros la moitié de 4 Gros qui est 17 s 3 d
Pour 1 Gros la moitié de 2 Gros qui est 8 s 7 d

Ainsi par cette belle Méthode vous tirerez facilement toutes les Parties & Fractions les plus difficiles qui peuvent survenir, non seulement au Marc & à la Livre, mais generalement à toutes sortes de Poids ou Mesures, soit longues ou rondes, solides ou liquides.

MAXIME GENERALE.

A toutes les Multiplications, lorsque les Fractions & Parties se trouvent en haut il les faut prendre en bas, & si elles se trouvent en bas il les faut prendre en haut : mais il faut observer que *les Parties du Prix* ne se doivent prendre que sur les *Entiers de la Marchandise*, & non sur les parties d'icelle, mais celles de la Marchandise se doivent prendre & sur les *Entiers* & sur les *Parties* du prix.

Du Marc & de ſes Parties.
EXEMPLES.

14 *Marcs* 5 *onces* 7 *Gros d'argent.*
A 27 L. 12 *ſols le Marc.*

$$\begin{array}{r} 98 \\ 28 \end{array}$$

	8	:	8 *ſols.*		
Pour 4 *Onces*	13	:	16 ſ.		
Pour 1 *Once*	3	:	9 ſ.		
Pour 4 *Gros*	1	:	14 ſ.	6 *deniers.*	
Pour 2 *Gros*			17 ſ.	3 *d.*	
Pour 1 *Gros*			8 ſ.	7 *d.*	

406 L. 13 ſ. 4 *deniers.*

7 *Onces* 3 *gros* 1 *d.* 12 *grains d'or.*
A 57 L. 16 *ſols l'Once.*

$$399$$

	5	:	12 *ſols.*	
Pour 2 *gros*	14	:	9 ſ.	
Pour 1 *gros*	7	:	4 ſ.	6 *deniers.*
Pour 1 *denier*	2	:	8 ſ.	2 *d.*
Pour 12 *grains*	1	:	4 ſ.	1 *d.*

429 L. 17 ſ. 9 *deniers.*

AVIS PARTICULIERS.

A toutes les Multiplications & opérations ſuivantes où il s'agira de multiplier par Livres & Sols, je les ferai toûjours par ma Méthode ordinaire, comme au feuillet 55.

C'eſt pourquoi je donne cet avis une fois pour toutes, afin que ceux qui examineront mes Régles ne ſoient pas en peine avec quelle méthode je les aurai faites.

Sçachant que la Livre a 16 Onces.

Pour 8 Onces prenez *la Moitié*.
Pour 4 Onces prenez *le Quart*.
Pour 2 Onces prenez *le Huitiéme*.
Pour 1 Once *le Quart du Quart*.

Et felon l'Exemple icy à côté, ayant multiplié par 9 L. 18 f. les livres pefant, il faut prendre enfuite pour les 15 onces, ce que vous ferez facilement en prenant 4 fois la *moitié* de la *moitié* l'un de l'autre fur lefdites 9 L. 18 fols.

Et pour le *Quart* d'Once, prenez le quart de la valeur de l'once qui eft 12 f. 4 d. Et ce dernier produit fera 3 f. 1 d. comme vous voyez en la Regle faite.

Voilà pour la Livre de 16,
& Voicy pour la Livre de Soye.

La Livre de Soye n'a que 15 Onces.

Pour 5 Onces prenez le *Tiers*.
Pour 3 Onces prenez le *Cinquiéme*.
Pour 1 Once prenez le *Tiers* du Cinquiéme ou le Cinquiéme du *Tiers*.

L'Once fe divife en 8 Gros & le Gros en 3 déniers, comme celle du Marc, duquel j'ai traité au feüillet précédent ; ce que j'eftime fuffifant pour en donner l'intelligence, néanmoins j'en donne l'Exemple afin qu'en toute matiere on trouve ici les démonftrations.

De la Livre de 16 Onces, & De la Livre de 15 Onces.

E X E M P L E S.

	13 ℔ 15 onces ¼ Canelle.		
A	9 L. 18 ſols la ℔		

117

	11	:	14 ſols.	
Pour 8 Onces—	4	:	19 ſols,	
Pour 4 Onces—	2	:	9 ſ.	6 deniers.
Pour 2 Onces—	1	:	4 ſ.	9 d.
Pour 1 Once —			12 ſ.	4 d.
Pour un quart d'Once			3 ſ.	1 d.

138 L.	2 ſ.	8 d.	

	35 ℔ 9 onces 5 gros Soye.		
A	16 L. 16 ſols la ℔		

210
35
28 :

Pour 5 Onces—	5 : 12 ſols.		
Pour 3 Onces—	3 : 7 ſ. 2 deniers.		
Pour 1 Once —	1 : 2 ſ. 4 d.		
Pour 4 Gros —	11 ſ. 2 d.		
Pour 1 Gros —	2 ſ. 9 d.		

598 L. 15 ſ. 5 deniers.		

INSTRUCTION

Le Muid de *Bled* ayant 1 2 Setiers
& Le Setier   1 2 Boiſſeaux.

Il faut pour 6 prendre la *Moitié*   }
   pour 4 prendre le *Tiers*
   pour 3 prendre le *Quart*   *du Prix.*
   pour 2 prendre le *Sixiéme*
   pour 1 prendre le *Douziéme*

Si les Parties ſont des ſetiers & boiſſeaux, il faut premierement multiplier les muids par le *Prix* & valeur du muid, ſelon notre méthode ordinaire.

Après pour les ſetiers & boiſſeaux, il faut prendre *partie de partie*, ainſi que j'ai dit cy-devant, parce qu'elles ſont extrêmement ſoulageantes ; or ſuivant le premier exemple que j'ai mis ici à côté,

Prenez

Pour 6 *Setiers*   *la moitié d'un Muid ſera* 36 *Liv.*
Pour 3 *Setiers*   *la moitié de* 6 *Setiers ſera* 18 *L.*
Pour 1 *Setier*   *le tiers de* 3 *Setiers ſera* 6 *L.*
Pour 6 *Boiſſeaux la moitié d'un Setier ſera* 3 *Liv.*
Pour 2 *Boiſſeaux le tiers de* 6 *Boiſſeaux ſera* 1 *L.*

Mais ſi les parties n'étoient que des Boiſſeaux qui ſont parties d'un Setier ainſi qu'on voit à ce ſecond Exemple icy à côté, il faudroit obſerver le même ordre.
En prenant leſdites parties ſur la valeur du Setier, comme vous les avez priſes ſur la valeur du Muid,
  Parce qu'au Setier il y a 12 Boiſſeaux,
  Comme au Muid il y a 12 Setiers,

MULTIPLICATIONS

Du Muid de Bled,

& de ses Parties.

EXEMPLES.

```
            7 Muids 10 Setiers 8 Boisseaux
        A  72 Livres le Muid
               504
Pour 6 Setiers — 36 Livres.
Pour 3 Setiers — 18 :
Pour 1 Setier — 6 :
Pour 6 Boisseaux   3 :
Pour 2 Boisseaux   1 :
               568 Livres.
```

```
            23 Setiers   5 Boisseaux 1/4
        A   9 Livres 18 sols le setier.
            207
            20 : 14 sols.
Pour 4 Boisseaux —    3 :  6 s.
Pour 1 Boisseau —     0 : 16 s. 6 d.
Pour 1 Quart —           4 s. 1 d.
            232 L. o s. 7 deniers.
```

INSTRUCTION

'A ces deux Exemples qui font icy à côté,
il faut premierement multiplier les Muids ou
les Demi-queuës par leur prix & valeur , &
après prendre fur lefdits prix & valeur , les
quarts ou les quarteaux qui s'y rencontrent ;
en prenant, comme j'ai dit , partie de partie ,
qui eft une chofe très-facile à faire , c'eft
pourquoi je ne trouve pas néceffaire de donner ici une plus longue inftruction.

MULTIPLICATION.

Du Muid de Vin,
& de ſes Parties.

EXEMPLES.

```
             17 Muids 3 Quarts & demy
        A   55 Livres le Muid.
        ────────────────────────────
             85
             85
Pour 2 Quarts ─  27 : 10 ſols.
Pour 1 Quart ─   13 : 15 ſ.
Pour demi-Quart   6 : 17 ſ. 6 d.
        ────────────────────────────
             983 L. 2 ſ. 6 deniers.
```

```
             23 demi-queuës un quarteau ½
        A   42 L. la demi-queuë.
        ────────────────────────────
             46
             92
Pour 1 Quarteau    10 : 10 ſols.
Pour Demi-Quarteau  5 :  5 ſ.
        ────────────────────────────
             981 L. 15 ſols.
```

INSTRUCTION.

Premierement multipliez les Toises par le Prix & valeur d'icelles , & ensuite

Prenez pour 3 pieds la *Moitié*
pour 2 pieds le *Tiers.* } du Prix.
pour 1 pied le *Sixiéme.*

Et s'il y a des *Pouces*, sçachant qu'il y a 12 pouces au Pied , il faut observer l'ordre du feüillet 78 cy-devant, ou du feuillet 64,& bien qu'à l'un il ne soit traité que des Setiers & Boisseaux , & à l'autre que des deniers , sans avoir égard au nom de Setiers , Boisseaux & Deniers , servez vous des mêmes parties de 12 sur la valeur du Pied.

Et selon l'Exemple present , ayant multiplié les Toises par 9 Livres , qui font le prix de la Toise ,

Prenez

Pour 3 *Pieds la moitié de la Toise   sera* 4 L 10 *sols.*
Pour 1 *Pied   le tiers de ladite moitié sera* 1 L 10 *sols.*
Pour 4 *Pouces le Tiers d'un Pied   sera*   10 *sols.*
Pour 1 *Pouce   le Quart de 4 Pouces sera*   2 s. 6 d.

Notez icy.

Que s'il y avoit des lignes vous feriez la même chose sur un pouce, que vous auriez fait sur un pied; mais rarement on traite de si petites parties ensuite des Toises , car ordinairement après les entiers on n'y met que de 2 sortes d'especes *diminutives* ou *dimi-nuantes.*

Par Exemple.

après les Livres on n'y met que des Sols   & Deniers.
après les Marcs on n'y met que des Onces & Gros.
après les Onces on n'y met que des Gros   & Grains.
après les Maids on n'y met que des Setiers & Boisseaux
& aux Toises on n'y met que des Pieds   & Pouces.
Ainsi des autres choses.

MULTIPLICATIONS

De la Toife, Pieds & Pouces, de face ou courante.

EXEMPLE.

	31 Toifes 4 Pieds 5 Pouces.
A	9 Livres la Toife.

		279
Pour 3 Pieds —		4 : 10 fols
Pour 1 Pied —		1 : 10 f.
Pour 4 Pouces —		10 f.
Pour 1 Pouce —		2 f. 6 deniers.

285 L. 12 f. 6 deniers.

Notez auffi.

Un point très-important, & qui fert generalement à toute forte de Multiplication : Lorfque vous
prenez les Fractions ou partie de parties, foit en
haut foit en bas, prenez les enforté que la derniere
produite ferve à produire la fuivante.

Par Exemple.

Au lieu de prendre pour 4 pieds les 2 tiers de la valeur de la Toife, prenez pour 3 pieds la moitié, &
pour 1 pied le tiers de ladite moitié, parce que la
valeur d'un pied feul doit fervir à prendre la valeur
de plufieurs pouces, & la valeur d'un pouce à celle
de plufieurs lignes.

Ainfi des autres Régles.

Ayant multiplié les 43 Toifes quarrées par les 10 L. 16 f. il faut enfuite prendre par les parties alli-cotes de la Toife quarrée, qui eft de 36 pieds quar-rés, & ce fur les 10 Livres 16 fols prix de la Toife. En prenant,

pour 18 pieds ou la ½ Toife, la moitié fera 5 L. 8 f.
pour 6 pieds le tiers de 5 L. 8 f. fera 1 L. 16 f.
pour 1 pied le fixiéme de 1 L. 16 f. fera 6 f.

Et par l'addition du tout vous trouverez que 43 Toifes ½ & 7 pieds quarrés à 10 Liv. 16 fols la Toi-fe montent à 471 Livres 18 f.

Et pour la Régle des Toifes Cubes après avoir multiplié les 5 Toifes par 27 L. prix de la Toife Cube.

Il faut enfuite prendre les pieds cubes qui font après, par les parties allicotes de 216 pieds cubes dont la Toife eft compofée & ce fur les 27 liv. ou autre prix de la Toife, prenant,

pour 54 pieds ou ¼ de T. le quart des 27 l. fera 6 l. 15 f.
pour 18 pieds cubes le tiers de 6 l. 15 f. fera 2 l. 5 f.
pour 6 pieds le tiers de 2 l. 5 f. fera 15 f.
pour 1 pied le fixiéme de 15 f. fera 2 f. 6 d

Et par l'addition du tout vous trouverez que 5 Toife ¼ & 25 pieds cubes à 27 l. la Toife montent à 144 liv. 17 f. 6 d.

MULTIPLICATION

MULTIPLICATION

Des Toifes & Pieds Quarré, & Des Toifes & Pieds Cube.

EXEMPLES.

                          43 Toifes ½ & 7 pieds quarrés
                       A 10 L 16 fols la Toife quarrée
                          ────────────────────────
                          430
                          34 : 8 fols.
p. la ½ Toife ou 18 pieds   5 : 8 f.
pour   6 pieds   1 : 16 f.
pour   1 pied   6 f.
        montent   471 L 18 f.
        ────────────────────

                          5 Toifes ¼ & 25 pieds Cubes.
                       A 27 Livres la Toife Cube.
                          135
p. ¼ de Toife ou 54 pieds 6 : 15 f.
pour   18 pieds   2 : 5 f.
pour   6 pieds   15 f.
pour   1 pied   2 f. 6 deniers.
        montent   144 L 17 f. 6 deniers.
        ──────────────────────────────

INSTRUCTION

Ayant multiplié les 5 Années par 450 Livres ; qui eſt la rente ou le revenu d'une année , il faut pour les 7 mois , prendre pour 4. pour 2. & pour 1. & pour les 25 jours , obſerver l'ordre cy-deſſous , en prenant ,

Pour 4 *Mois le tiers d'une année*   qui eſt 150 L.
Pour 2 *Mois la moitié de ce tiers*   qui eſt 75 L.
Pour 1 *Mois la moitié de cette moitié* qui eſt 37 L 10ſ
Pour 15 *Jours la moitié du Mois*   qui eſt 18 L 15ſ
Pour 10 *Jours le tiers du Mois*   qui eſt 12 L 10ſ

Et pour ſçavoir la dépenſe qu'on peut faire , ou au contraire le revenu qu'on peut avoir à raiſon de tant par-jour , il faut toujours multiplier les 365 jours qu'il y a dans l'Année , par ce qu'on dépenſe ou par ce qu'on reçoit.

MULTIPLICATIONS ⁸⁷

Du Temps de l'Année.

EXEMPLES.

La *Rente de*   5 *Années* 7 *Mois* 25 *Jours.*
A   450 *Livres par Année.*

		2250		
Pour	4 *mois* ——	150		
Pour	2 *mois* ——	75		
Pour	1 *mois* ——	37 : 10 ſols		
Pour	15 *jours* ——	18 : 15 ſ.		
Pour	10 *jours* ——	12 : 10 ſ.		

2543 *L* 15 ſols.

La *Dépenſe ou le revenu d'une Année*
qui eſt de 365 *jours*
A   2 *L.* 16 ſ. *par jour.*

730
292

monte   1022 *Livres.*

INSTRUCTION

Ce qui semble le plus difficile, est ici le plus aisé, car ayant multiplié les aunes par le prix & valeur de l'aune, il faut prendre ensuite les Fractions. Mais parce qu'il y a 11 douziémes à cette premiere Régle, vous ne les sçauriez prendre tout à la fois. C'est pourquoi,

Prenez

Pour 6 douziémes la moitié de 34 L sera 17 Livres.
Pour 3 douziémes la moitié de 17 L sera 8 L 10 s
Pour 2 douziémes le tiers de 17 L sera 5 L 13 s 4 d.

Et quant au 19 vingt-quatriémes de cette seconde Régle icy à côté, prenez selon l'ordre cy-dessus.

P. 12 *vingt-quatriéme la moitié du prix,*
            sera 13 Livres 4 sols.
P. 6 *vingt-quatriéme la moitié de cette moitié,*
            sera 6 Livres 12 sols.
P. 1 *vingt-quatrieme le sixiéme de 6 Liv. 12 sols,*
            sera 1 Livre 2 sols.

MULTIPLICATIONS

Avec Fractions.

EXEMPLES.

$$
\begin{array}{rl}
& 15 \ \textit{Aunes} \ \tfrac{1}{12} \ \textit{velours.} \\
A & 34 \ \textit{Livres l'aune.} \\
\hline
& 60 \\
& 45 \\
\end{array}
$$

Pour 6 douziéme—	17 :	
Pour 3 douziéme—	8 : 10 fols.	
Pour 2 douziéme—	5 : 12 f. 2 deniers.	

$$\overline{541 \ L \ 3 \ f. \ 4 \ deniers.}$$

$$
\begin{array}{rl}
& 17 \ \textit{Aunes} \ 19 \ \textit{vingt-quatriém.} \\
A & 26 \ L \ 8 \ \textit{fols l'aune.} \\
\hline
& 102 \\
& 34 \\
& \quad 6 : 16 \ \textit{fols.}
\end{array}
$$

12 vingt-quatriéme—	13 : 4 f.	
6 vingt-quatriéme—	6 : 12 f.	
2 vingt-quatriéme—	1 : 2 f.	

$$\overline{469 \ L \ 14 \ f.}$$

DISCOURS
SUR LES
MULTIPLICATIONS
précédentes & suivantes.

LES Multiplications font les Regles les plus universelles & les plus étenduës de toute l'Arithmetique, aussi font-elles les plus pratiquées, parce qu'elles font utiles à toutes fortes d'affaires, & nécessaires à presque tout le monde ; c'est la raison pourquoy je les étends un peu loin, comme je l'avois promis au feüillet 60 & c'est afin que chaque condition ait la satisfaction d'y trouver des Régles qui leur soient propres.

La plûpart des Auteurs traitent si legerement de la Multiplication, qu'il semble qu'ils veulent cacher au Public les particularitez qui dépendent de cette belle Régle, ils la négligent & la passent légerement pour venir s'arrêter sur des Regles de fausse position ou plusieurs questions qu'ils appellent agréables & curieuses, & que j'appelle inutiles, parce que pendant le temps de la vie d'un homme d'affaire, il ne lui arrivera pas deux fois d'en avoir besoin.

Pour moi je ne veux mettre ici que des Regles utiles, faciles & briéves, comme aux précédentes Editions, & que j'accompagnerai d'un nouveau traité, de quelqu'autre Régle ou propositions plus étenduës fur les mêmes qui ont été traitées dans ladite ancienne Edition.

L'Arithmetique eſt aſſez difficile d'elle-même, ſans la rendre plus abſtraite par des queſtions épineuſes ; car de toutes les ſciences, il n'en eſt point qui demande une plus grande habitude que l'Arithmetique : c'eſt pourquoy je me ſuis étudié de rendre la mienne intelligible & claire, autant que la matiere le peut permettre.

Pour donner ou pour recevoir des Leçons de vive voix, il ne faut que de la patience ; il n'en eſt pas de même des Leçons écrites.

L'Auteur qui veut écrire doit choiſir un ſtile ſimple & net, il doit toujours ſuppoſer ne parler qu'à des eſprits médiocres, & il doit toûjours craindre d'être abſtrait.

L'étudiant, qui à la premiere lecture d'une inſtruction nouvelle, ne l'entend point, doit la relire avec plus d'attention, il doit croire que c'eſt ſa faute, s'il ne conçoit pas ce qui eſt écrit par un homme plus habile que lui.

INSTRUCTION

Cette Régle de Cent eſt ſi briéve , qu'il ne faut que multiplier les Sols du prix qu'une choſe coûte par cinq Livres , & ce qui en proviendra ſeront des Livres & la juſte valeur du Cent.

Voyez ce premier Exemple.

Je montre cette Régle en 4 façons differentes ,
             Par Deniers
             Par Sols
             Par. Livres & Sols.
      & Par Livres , Sols & Deniers.

Si le prix étoit compoſé de Livres & Sols , il faudroit multiplier les Sols du prix par 5 Livres comme deſſus,& *ajoûter* ſimplement les *Livres dudit prix* devant le produit deſdits Sols , le tout ſeront des Livres & la valeur du cent.

Voyez le ſecond Exemple.

Et ſi le prix étoit compoſé de Livres , Sols & Deniers. Pour les Livres & ſols , faites comme deſſus; mais pour les Deniers , prenez pour 6 Deniers la moitié de 5 Livres , pour 3 le quart , pour 4 le tiers , pour 2 le ſixiéme , &c.

Voyez le troiſiéme Exemple.

Mais ſi le prix n'étoit compoſé que de Deniers ſimplement , il faudroit auſſi multiplier leſdits Deniers par 5 & de ce qui en proviendra en prendre le *douzieme* , ledit douziéme donnera les Livres, Sols & Deniers que vaudra le cent.

Voyez le quatriéme Exemple.

REGLE du CENT.

Extrémement briéve.

Pour ſçavoir
Selon le prix d'UNE choſe , la valeur du CENT.

A   37 Sols une choſe , combien 100
    5 Livres.

Réponſe— 185 Livres le Cent.

A 2 L. 9 Sols l'Aune , combien 100
    5

Réponſe— 245 Livres le Cent.

A 3 L. 17 ſ. 6 d. la piece, combien 100
    5
    385
    2 : 10 ſols.

Réponſe— 387 L. 10 ſols le Cent.

A   5 Deniers l'Orange , combien 100
    5
    25
    2 L. 1 ſ. 8 Deniers le Cent.

Cette Régle du MILLIER eft auffi briéve que celle du cent, auffi fe fait-elle de la même façon, mais au lieu de multiplier par 5 Livres comme à celle du cent, il faut multiplier par 50, ainfi multipliant par 50 Livres les fols qu'une chofe coûte, ce qui en proviendra donnera des Livres & la jufte valeur du Millier.

Voyez le premier Exemple.

Si le prix étoit compofé de Livres & Sols, il faudroit multiplier les Sols du prix par 50 Livres comme deffus, & ajoûter fimplement les Livres dudit Prix devant le produit defdits fols, le tout feront des Livres, & la jufte valeur du Millier.

Voyez le fecond Exemple.

Et fi le prix étoit compofé de Livres, Sols & Deniers ; pour les Livres & Sols faites comme deffus : mais pour les deniers, prenez pour 6 deniers la moitié de 50 Livres, pour 3 deniers le quart, & pour 2 deniers le fixiéme, &c.

Voyez le troifiéme Exemple.

Mais fi le prix n'étoit compofé que de Deniers feulement, il faudroit multiplier lesdits deniers par 50 livres, & de ce qui en proviendra prendre le *douziéme*, ledit douziéme donnera des livres, fols & deniers que vaudra le Millier.

Voyez le quatriéme Exemple.

REGLE du MILLIER.

Extrémement briéve.

Pour fçavoir
Selon le Prix d'UNE chofe, la valeur du MILLIER.

A   37 *fols* une *chofe*, *combien* 1000
      50

Réponfe — 1850 *Livres le Millier.*

A   2 L. 9 *fols l'Aune*, *combien* 1000
      50

Réponfe — 2450 *Livres le Millier.*

A 3 L. 17 f. 6 d. un, *combien* 1000
      50
     3850
      25

Reponfe — 3875 *Livres le Millier.*

A   8 *Deniers l'Orange*, *combien* 1000
    50
   400

$\frac{1}{12}$ 33 L. 6 f. 8 *deniers le Millier.*

INSTRUCTION

Il n'eſt point de Régle dans toute l'Arithmetique plus briéve & plus facile que celle-ci , parce qu'il ne faut prendre que la moitié des ſols du prix que coûte le CENT , pour ſçavoir la juſte valeur du Millier , mais cette moitié ſera des livres.

Voyez le premier Exemple.

Si le prix du CENT étoit compoſé de Livres & Sols , il ne faudroit que poſer les Livres du prix du Cent , & y mettre enſuite la moitié des ſols , & cette moitié ſont des Livres.

Voyez le ſecond Exemple.

Mais ſi le prix du Cent étoit compoſé de Livres , Sols & Deniers, pour les Livres & Sols faites comme deſſus; *mais pour les deniers il les faut multiplier par o (ce qui eſt facile)* & ſeront des Deniers qu'il faut réduire en ſols & les poſer aprés les Livres,

Par Exemple.

6 deniers ſeront 60 d. *qui ſont* 5 *ſols*
2 deniers ſeront 20 d. *qui ſont* 1 ſ. 8 deniers.
3 deniers ſeront 30 d. *qui ſont* 2 ſ. 6 deniers,&c.

Voyez ces 2 derniers Exemples.

REGLE

REGLE
DU CENT & DU MILLIER

très-briéve.

Pour Sçavoir
Selon le prix du C E N T la valeur du MILLIER.

I
A   37 *fols le Cent , combien* 1000
18 L. 10 *fols que vaut le Millier.*

A   7 L.   9 *fols le cent, combien* 1000
Réponse— 74 L. 10 *fols le Millier.*

A 6 L. 18 f. 6 d. *le cent, combien* 1000
Réponse— 69 L.   5 *fols le Millier.*

A 9 L. 14 f. 2 d. *le cent, combien* 1000
Réponse— 97 L.   1 f. 8. d. *le Millier.*

INSTRUCTION.

Pour faire cette Régle.

Si le prix & valeur du cent eſt de Livres, & qu'il ſoit compoſé de 3 figures, il faut couper les deux dernieres figures, & celle qui précéde ſera les Livres que vaudra une ſeule choſe.

Mais il faut prendre le *cinquiéme* des deux figures retranchées, & ſeront des ſols & parties des ſols. *Voyez les deux premiers Exemples.*

A ce ſecond Exemple ici à côté ayant pris le *cinquiéme* de 19 L. il reſte 4 Livres & 3 quarts de Livres qu'il faut ſupoſer être 4 ſols & 3 quarts de ſols, dont le cinquiéme eſt 11 deniers.

A ce troiſiéme Exemple il ne faut que prendre le *dixiéme* du Dixiéme de la valeur du cent, & le dernier produit ſera la Réponſe.

Pour faire cette Régle à la façon qu'on la fait ordinairement, il faut premierement couper les deux dernieres figures, & la troiſiéme qui devance, ſont les Livres :

Après il faut multiplier les deux figures coupées par 20 ſols, & du produit en couper encore deux figures, & celle qui devance ſeront les ſols.

Enfin multipliant derechef les deux figures coupées par 12 deniers, il faut couper pour la derniere fois les deux dernieres figures, & celle qui devance ſera les deniers.

Ainſi vous trouverez qu'à 356 Livres le Cent, *une ſeule vaudra ou reviendra à 3 L. 11 ſ. 2 deniers.*

Pour ſçavoir
Selon le prix du CENT, la valeur d'une ſeule choſe.

Réponſe⸺

A ___ 356 *Livres le* Cent, *combien* 1
___ 3 L. 11 ſ. 2 *deniers la choſe.*

⅔

A ___ 19 L. 15 ſ. *le* Cent , *combien* 1
___ 3 ſ. 11 *deniers la choſe.*

1/10
1/10

A ' 19 L. 15 ſ. *le* Cent, *combien* 1
1 L. 19 ſ. 6 d.
3 ſ. 11 *deniers.*

A ___ 3|56 *Livres le* Cent, *combien* 1
20

Sols

11|20
12

Deniers

2|40

INSTRUCTION

Cette Régle du CENT compofée n'eft jamais brieve, parce qu'elle ne fe peut faire qu'en deux façons qui font affez longues.

La premiere eft par les Parties du Cent.
La feconde eft par les Méthodes ordinaires.

A cette premiere il faut multiplier les centaines feules par le prix du Cent, & enfuite il faut prendre

> pour 50 la moitié *dudit Prix de Cent.*
> pour 25 le quart,
> pour 20 le cinquiéme,
> pour 10 le dixiéme,
> pour 5 la moitié du produit de 10.
> pour 2 le cinquiéme dudit produit.
> Ainfi des autres à proportion.

L'operation ici contre, montre que 362 ℔ de Marchandifes à 59 Livres le Cent, montent à 213 L. 11 f. 7 deniers.

Et pour la faire felon la Méthode ordinaire, il faut premierement multiplier toute la Marchandi- fe par la valeur du Cent & du produit, il en faut couper les 2 dernieres figures, & les 213 qui de- vancent feront 213 Livres.

Après il faut multiplier les deux figures coupées par 20 fols, & du produit ayant coupé de rechef 2 figures, les 11 qui devancent feront 11 fols.

Enfin multipliez le refte des fols par 12 deniers, & coupez en pour la derniere fois les 2 dernieres figures, le 7 qui devance fera 7 deniers.

Ainfi vous trouverez que 362 ℔ de Marchandifes à 59 Livres le Cent, monteront à 213 L. 11 f. 7 d.

REGLE du CENT Composée.

Pour sçavoir
Selon le Prix du CENT, combien vaut une quantité au-dessus & dessous du Cent.

	362 ℔ de Marchandises
A	59 Livres le Cent.
	177
Pour 50 ℔	29 : 10 sols.
Pour 10 ℔	5 : 18 s.
Pour 2 ℔	1 : 3 s. 7 deniers.
	213 L. 11 s. 7 deniers.

	362 ℔ de Marchandises.
A	59 Livres le Cent.
	3258
	1810
Livres	213|58
	20
Sols	11|60
	12
Deniers	7|20

INSTRUCTION

Les Méthodes qui servent à la Régle du 100. peuvent servir à la Régle du 1000. mais au lieu qu'à celle du Cent on ne coupe que 2 figures, à celle du Millier il en faut couper 3.

Voyez le feuillet 98 pour la simple.
& le feuillet 100 pour la composée.

Pour la Simple.

Il faut prendre le *cinquiéme* des Livres retranchées, & ce qui en proviendra seront des sols & parties de sols. Il est vrai que cela n'est que la Régle du *cent*, mais pour le *Millier* qui est 10 fois plus grand, il faut prendre le *Dixiéme* dudit cinquiéme.
Voyez le premier Exemple.

Pour le plus aisé, prenez 3 fois le *Dixiéme du Dixiéme*, & le dernier produira la Réponse.
Voyez le second Exemple.

Pour la Composée.

Elle se fait ainsi que celle du *cent* au feuillet 101 en 3 ou 4 façons differentes, je ne mettrai icy à côté qu'un seul Exemple à la façon ordinaire. Pour la faire il faut multiplier toute la Marchandise par le prix du Millier, & ayant ajoûté, couper les trois dernieres figures.

Après, multiplier par 20 sols les 3 figures coupées, & enfin multiplier par 12 deniers, & couper pour la derniere fois 3 figures, ainsi que vous voyez au plus bas Exemple.

REGLE DU MILLIER.
Simple & Composée.

Pour sçavoir

Par la simple   A tant le Millier combien l'unité

Par la composée A tant le Millier combien une quantité

Au dessus & dessous du Millier.

Pour la Simple.

A   356 Livres le Mil , combien. I

Cinquiéme   71 ſ. 2 deniers.

le $\frac{1}{10}$ de ce Cinquiéme   7 ſ. 1 denier.

A   356 Livres le Mil , combien I

$\frac{1}{10}$ 35 L. 12 ſ.

$\frac{1}{10}$ 3 L. 11 ſ. 2 deniers

$\frac{1}{10}$ 7 ſ. 1 denier.

Pour la Composée.

3620 ℔ de Marchandiſes.

A   59 Livres le Millier.

32580

18100

Livres   213|500

    20

Sols   11|600

    12

Deniers   7|200

INSTRUCTION.

Si j'appelle cette Régle , Régle extraordinaire, c'est parce qu'elle n'arrive pas ordinairement , ou parce qu'elle est extraordinairement facile à faire.

Elle se peut faire & survenir en deux manieres.

La Premiere.

C'est lorsque les prix d'une Marchandise étant differens , se rencontrent qu'ils ont pourtant une égale distance & difference , en augmentation ou diminution les unes envers les autres , & lors cette Regle est si aisée & si facile ,

Qu'il ne faut qu'ajouter le premier prix avec le dernier , & la moitié du produit sera la réponse.

Cette Régle est si generale que quand ces Prix augmenteroient de l'un à l'autre , jusqu'à 99 & à 100 & même jusqu'à dix mil , elle seroit aussi facile à faire que celle qui est icy à côté.

La Seconde.

C'est lorsque les prix de la Marchandise qu'on veut calculer & compter en gros, ou mêler ensemble se rencontrent tous differens en toute maniere. Celle-ci est moins facile que la premiere ; mais elle est plus utile & il arrive plus souvent que les Marchands en ont besoin , elle est néanmoins aisée à faire.

Pour la faire ,
Il ne faut qu'ajouter tous les Prix ensemble & prendre du produit ,

Le Quatriéme s'il y a   4 Prix differens.
Le Cinquiéme s'il y a   5 Prix differens.
Le Sixiéme   s'il y a   6 Prix differens.
Ainsi des autres , voyez ces deux Exemples.

REGLE EXTRAORDINAIRE

ou d'Alliage.

Pour trouver un Prix commun à proportion de plusieurs prix differens bien que leur difference *Soit égale ou inégale.*
Elle ne peut survenir qu'en deux manieres.

La Premiere.

C'est lorsque les Prix differens sont égaux en difference. Par Exemple, ayant acheté 6 choses à 6 Prix differens. Sçavoir à 17 Livres, à 18 à 19 à 20 à 21 & à 22 Livres.

> *Ajoûtez* 17 L. *du premier Prix.*
> *Avec* 22 L. *du dernier Prix.*
> ――――――――――――――――――――――
> *sera* 39 *Livres.*

Et la Réponse sera 19 L. 10 s. *pour le prix commun.*

La Seconde.

Supofé d'avoir acheté 4 Muids de Vin ou de Bled.

> A 48 L. 3 *sols le premier Muid.*
> A 59 L. 10 *sols le second.*
> A 63 L. 8 *sols le troisiéme.*
> A 77 L. 15 *sols le quatriéme.*
> ――――――――――――――――――――――
> *le quart de* 248 L. 16 *sols.*
> ――――――――――――――――――――――
> *sera* 62 L. 4 *sols pour le prix commun.*

Un Epicier veut compoſer d'Epiceries aſſorties, & y mettre & mêler autant de l'une que de l'autre, Sçavoir *Geroſle* A 14 *sols l'once.*

> *Canelle* A 13 *sols l'once.*
> *Muscade* A 6 *sols l'once.*
> *Poivre* A 3 *sols l'once.*
> ――――――――――――――――――――――
> *le quart de* 36 *sols*
> ――――――――――――――――――――――
> *sera* 8 *sols l'once.*

Je traiterai de quelque Régle pour les alliages des matieres dor. ou d'argent à la fin de ce Livre.

INSTRUCTION.

J'appelle cette Régle, Régle des Zero, parce qu'en ajoûtant un ou 2 Zero à quelque nombre que ce soit on fait des Regles toutes particulieres, mais toutes briéves.

Pour la premiere qui est A 3 L. 6 s. 8 deniers *l'aune*, Ajoûtez A 174 Aunes un seul o. ou Zero, ainsi que vous voyez que j'ai fait, & prenez le tiers de ces 4 figures, lesdites 174 Aunes monteront 580 Livres.

Pour faire la seconde A 16 L. 13 s. 4 deniers *la piece*, Ajoûtez à 75 Pieces deux oo. & prenez le Sixiéme, vous trouverez que 75 Pieces monteront à 1250 Livres.

Pour faire la troisiéme, A 33 L. 6 s. 8 deniers *le Muid*, Ajoûtez à 26 Muids deux oo. & prenez le Tiers, vous trouverez que 26 Muids monteront à 866 L. 13 s. 4 deniers.

Pour faire la quatriéme, A 11 L. 13 s. 4 deniers *la Toise*, Ajoûtez à 96 Toises un o. & prenez le Sixiéme, mais ajoûtez ce *Sixiéme* avec lesdits 960. vous trouverez que 96 Toises valent 1120 Livres.

AUTRES INSTRUCTIONS.

Qui produisent des Livres comme les précédentes.

A 33 sols 4 den. ajoutez un o & prenez le *sixieme*.
A 50 sols ajoutez un o & prenez le *quart*.
A 25 sols ajoutez un o & prenez le *huitiéme*
A 11 L. 5 sols ajoutez un o & prenez le *huitiéme* mais ajoutez ce *huitiéme*
A 13 L. 6 s. 8 d. ajoutez un o & prenez le *tiers* mais ajoutez ce *tiers*.
A 12 L. 10 sols ajoutez deux oo & prenez le *huitiéme*
A 8 L. 6 s. 8 ajoutez deux oo & prenez le *douziéme*

REGLE DES ZERO.

Toute Particuliere mais toute briéve dont
l'Inſtruction eſt ici contre.

	A	3 L. 6 ſ. 8 d. *l'Aune.*
Combien		174 *Aunes.*
		.0
le ⅓ *Réponſe*		580

	A	16 L. 13 ſ. 4 d. *la Piece.*
Combien		75 *Pieces.*
		.00
le ⅖ *Réponſe*		1250 *Livres.*

	A	33 L. 6 ſ. 8 d. *le Muid.*
Combien	26 *Muids.*	
		.00
le ⅓ *Réponſe*	866 L. 13 ſ. 4 *deniers.*	

	A	11 L. 13 ſ. 4 d. *la Toiſe.*
Combien	96 *Toiſes.*	
		.0
		960
le ⅛		160
		1120 *Livres.*

REDUCTION de MONNOYE

Par la Division.

La Reduction de Monnoye se fait en deux manieres,
Ou par la Multiplication ; si on doit recevoir ,
Ou par la Division ,　　si on doit payer ,

Supposez

Qu'il fallut payer & compter 481 Livres , il fau-droit premierement voir en quelles especes vous pouvez faire ce payement , mais avant que de compter il faut bien examiner la Lettre de Change, le Billet, ou l'Obligation, & voir dans votre Livre si la somme est bien dûë.

Supposez donc que vous n'eussiez que des écus neufs pour faire votre payement , pour sçavoir précisé-ment combien il en faut pour payer 481 Livres.

Réduisez lesdits 481 Livres en sols les multipliant par 20. Après divisez tous ces sols par 74 le produit de la Division vous montrera qu'il faut 130 Escus neufs.

Et si vous n'aviez que des Loüis neufs , il fau-droit diviser 481 livres par 14.

Mais parce que la Division

Est nécessaire à cette Régle, j'en réserverai les Exemples au traité de la Division cy-après , & je n'en donnerai ici que la seule instruction.

REDUCTION

REDUCTION de MONNOYE
par la Multiplication.

Cette Reduction est contraire à la precedente : Car celle-ci reduit les differentes especes en liv. & l'autre reduit les livres en differentes especes.

Suppofez.

Qu'il fallut compter ou recevoir 3386 Livres fçavoir en 130 *Efcus neufs* A 3 L. 14 *fols.*
 25 *Loüis neufs* A 14 L.
 14 *Efcus vieux* A 3 L. 6 *fols.*
 209 *Loüis vieux* A 12 L.

Il faut avant que faire vos Reductions examiner avec application , & remanier avec exactitude toutes les especes qu'on vous a comptées pour voir si elles font bonnes & de poids , particulierement celles qu'on pese.

Après faites vos quatre petites regles en cet ordre.

130 *Efcus*	25 *Loüis*	14 *Efcus*	209 *Loüis*
A 3 L. 14 f.	14 L.	3 L. 6 f.	12 L.
390	100	42	418
91	25	4 : 4 f.	209
481 *Livres*	350 *Livres*	46 L. 4 f.	2508 *Livres.*

Bordereau.

130 *Efcus neufs valent*	481 *Livres*
25 *Loüis neufs*	350 L.
14 *Efcus vieux*	46 L. 4 *fols:*
209 *Loüis vieux*	2508 L.
	3385 L. 4 *fols.*
il faut ajouter	16 f. *monnoye*
entier payement	3386 *Livres*

K

Je vais fuivre ici plufieurs petites Regles & Reductions touchant les monnoyes, Poids & Mefures, lefquelles pour étre faciles & familieres ne laiffent pas de mettre quelque fois en peine ceux qui n'en ont pas l'ufage & la pratique.

Pour reduire les Louis d'or de 11 l. en Livres pofez deux fois le nombre de Loüis d'or en reculant d'une figure, & ayant ajouté feront des livres.
Voyez le premier Exemple.

Au contraire pour reduire les Livres en Louis, Prenez le onziéme des livres, ou divifez-les par 11 ce qui reftera feront des livres après les Loüis d'or.
Voyez le fecond Exemple.

Pour reduire les Ecus blancs de 3 liv. en Livres Pofez 3 fois le nombre des Ecus blancs, & ayant ajoûté feront des livres.
Voyez le troifiéme Exemple.

Au contraire pour reduire les Livres en Ecus, Prenez le tiers des Livres & feront des Ecus, ce qui reftera feront des livres.
Voyez le quatriéme Exemple.

REDUCTION,

*Particulieres , familieres & neceſſaires
dont les Inſtructions ſont ici à côté.*

$$112 \; Loüis \; d'or \; A \; 11 \; Livres$$
$$112$$
valent $\quad$ 1232 Livres

$$1232 \; Livres$$
$11\tfrac{1}{11}$ $\quad$ ſont $\qquad$ 112 Louis

$$146 \; Eſcus \; blancs \; A \; 3 \; Livres$$
$$146$$
$$146$$
valent $\quad$ 438 Livres

$$438 \; Livres$$
$\tfrac{1}{3}$ $\quad$ ſont $\qquad$ 146

INSTRUCTION

Pour reduire les LOUIS D'OR de 12 liv. 10 fols en LIVRES, il ne faut que mettre deux points à côté confiderés pour deux Zero, & prenez le huitiéme du tout, fera des *Livres* ou valeur des Loüis.

Voyez le premier Exemple.

Pour reduire les LIVRES en LOUIS D'OR, retranchez les deux derniers Zero, & multipliez les autres chiffres par 8. viendra des *Loüis* de 12 liv. 10 f.

Voyez le fecond Exemple.

ou bien multipliez par 8 toute la fomme, & retranchez les deux derniers chiffres du produit, les autres donneront des *Loüis* de 12 livres 10 fols.

Pour reduire les LOUIS D'OR de 15 liv. en LIVRES mettez un point au nombre de Loüis pour un Zero, y ajoûtant la moitié du tout, fera des *Livres* ou valeur des Loüis.

Voyez le troifiéme Exemple.

Pour reduire les LIVRES en LOUIS d'or, retranchez le dernier chiffre, & prenez deux fois le tiers des autres chiffres, l'addition defdits deux tiers donnera des *Loüis* de 15 livres.

Voyez le quatriéme Exemple.

Pour les Loüis d'aprefent,

112 Loüis d'or A 12 **L.** 10 *fols*

le huitiéme   1400 *Livres*

par . . . . :   14.00 *Livres*
            8.
            112 *Loüis*

112 Loüis d'or A 15 *Livres*

La moitié   560 *livres*
montent   1680 *Livres*

            1680. *Livres*
Le tiers   56.
Encore le tiers   56.
     Sont   112 *Loüis*

INSTRUCTION

Pour reduire par l'Addition les Ecus de 3 livres 10 f. en LIVRES, il faut mettre 3 fois le même nombre d'Ecus, & la moitie du dernier, l'addition donnera la valeur ou montant des Ecus.
Voyez le premier Exemple.

Pour reduire les LIVRES en ECUS prenez deux fois le septiéme & l'addition desdits deux septiémes vous donnera la quantité d'Ecus à 3 liv. 10 sols.
Voyez le second Exemple.

Pour reduire les ECUS de 4 liv. en LIVRES *par l'Addition.*
Il faut ajouter quatre fois sa quantité, le produit donnera le montant des Ecus.
Voyez le troisiéme Exemple.

Pour reduire les LIVRES en ECUS, prenez le quart du nombre des livres, ledit quart donnera la quantité d'Ecus de 4 livres.
Voyez le quatriéme Exemple.

AUTRE REDUCTION.

Pour les Ecus d'à prefent.

```
                    146  Efcus à 3 L. 10 fols
                    146.
                    146.
Et la moitié . . . . 73.
  montent . . . .  511 livres
```

```
                    511  livres
Le feptiéme         73.
                    73.
            Sont  146  Efcus
```

```
                    146  Efcus A 4 Livres
                    146.
                    146.
                    146.
  Montent           584
```

```
                    584 Livres
Le quart            146 Efcus
```

Je mets encore ici ces petites Reductions , parce qu'elles font abfolument neceffaires pour faire les fubdivifions des Monnoyes & des Regles de Trois.

Pour reduire les livres en fols , multipliez par 20 ou bien *doublez* le nombre des livres , y ajoûtant un Zero au bout , feront des fols.
Voyez le premier Exemple.

Au contraire pour reduire les fols en livres, feparez la derniere figure par un point , & prenez la *moitié* des autres , feront des livres.
Voyez le fecond Exemple.

Pour reduire les fols en deniers , pofez trois fois la fomme des fols en reculant d'une figure & ajoutez des deniers.
Voyez le troifiéme Exemple.

Au contraire pour reduire les deniers en fols prenez le *quart* des deniers , & le tiers dudit quart feront des fols.
Voyez le quatriéme Exemple.

Pour reduire les DENIERS en OBOLES doublez-les, Pour reduire les OBOLES en PITES doublez-les,

Au contraire.

Pour reduire les PITES en OBOLES, & les OBOLES en DENIERS, prenez la moitié.

PETITES REDUCTIONS

dont les instructions sont ici à côté.

238 *Livres*
238
sont 4760 *sols.*

476.0 *sols*
valent 238 *Livres*

4760 *sols*
4760
4760
sont 57120 *deniers.*

57120 *deniers*
14280
$\frac{x}{4}$ $\frac{1}{3}$ *valent* 4760 *sols*

INSTRUCTION

Pour reduire les LIVRES en DENIERS tout d'un coup, multipliez les livres par 240 deniers qui font contenus en 20 fols, & le produit fera des deniers.

Voyez le premier Exemple.

Au contraire pour reduire les DENIERS en LIVRES, feparez la derniere figure par un point, & prenez le *quart* des autres, après prenez le *fixiéme* dudit quart & feront des livres.

S'il refte des *quarts* feront autant de fois 5 fols
S'il refte des *fiziémes* feront autant de fois 3 f. 4 d.

Voyez le fecond Exemple.

Pour reduire les MARCS en ONCES, multipliez par 8
Pour reduire les ONCES en GROS, multipliez par 8

Voyez à côté.

Au contraire.

Pour reduire les ONCES en MARC divifez par 8
Pour reduire les GROS en ONCES divifez par 8, ou
Prenez le Huitiéme, ou bien prenez la moitié, & le quart de cette moitié fera la reponfe.

Voyez à côté.

Pour reduire le GROS *en* DENIERS *multipl. par* 3
Pour reduire le DENIER *en* GROS *prenez le Tiers*
Pour reduire les DENIERS *en* GRAINS *multipl. par* 24
Pour reduire les GRAINS *en* DENIERS *divifez par* 24
Ou bien prenez comme deffus le fixiéme du quart.

PETITES REDUCTIONS

dont les Inſtructions ſont ici à côté.

EXEMPLES.

	137 Livres
par	240 Deniers
	5480
	274
ſont	32880 Deniers

	3288.0 Deniers
le quart ¼ eſt	822
le ſixiéme ⅙ eſt	137 Livres

	13 Marcs d'argent		13 Onces d'or
par	8 Onces	par	8 Gros
ſont	104 Onces	ſont	104 Gros

			104 Gros
	104 Onces	la moitié	52
⅛	13 Marcs		
		le quart	13 Onces.

Pour reduire.

Les Livres en Onces multipliez les *Livres* par 16
& les Onces en Livres prenez le *quart* du *quart.*
& fi c'étoit de la Soye prenez le *tiers* du *cinquiéme.*

Pour reduire.

Les Toifes en pieds multipliez les *Toifes* par 6.
& les pieds en Toifes prenez le *fixiéme* des *Pieds.*
ou bien la *moitié* du *tiers.*

Pour reduire.

Les Muids en Setiers multipliez par 12.
& les Setiers en Boiffeaux multipliez par 12.

Au contraire , pour reduire.

Les Setiers en Muids divifez par 12.
& les boiffeaux en Setiers divifez par 12.
ou bien prenez le *tiers* du *quart.*

PETITES

PETITES REDUCTIONS.

dont les Inſtructions ſont icy-à côté.

EXEMPLES.

de	27 *Livres peſant*		432 *Onces.*
	16 *Onces.*	*le quart*	108
	162	*le quart dudit eſt* 27 ℔ *peſant.*	
	27		
ſont	432 *Onces.*		

de	43 *Toiſes*	258 *Pieds.*
	6 *Pieds.*	
ſont 258 *Pieds.*	*le ſixième eſt* 43 *Toiſes.*	

de	13 *Muids.*	*de*	13 *Setiers.*
	12 *Setiers.*		12 *Boiſſeaux.*
	26		26
	13		13
ſont 156 *Setiers.*		*ſont* 156 *Boiſſeaux.*	

156 *Setiers.*		156 *Boiſſeaux*	
12 *eſt* 13 *Muids.*		*le tiers*	52
		le quart dud. eſt 13 *Setiers.*	

L

INSTRUCTIONS.

Pour Reduire

Les Aunes de FLANDRES & D'ALLEMAGNE, en Aunes de F R A N C E, prenez le *Tiers* & *Quart* defdites mefures étrangeres, & ayant additionné les deux produits, feront Aunes de Paris, Rouen, &c.
Au contraire, pour reduire les nôtres,
Multipliez par 1 2 & divifez par 7 le produit
Parce que 7 *de France* en valent 1 2 *de Flandres.*

Pour reduire

Les Aunes de HOLLANDE en Aunes de FRANCE,
Multipliez par 4 leurs Aunes, & prenez le *7-tiéme*.
Parce que 7 *d'Hollande* ne val. que 4 *de France*.

Au contraire

Prenez les ¼ des Aunes de France, & ajoûtez tout
feront Aunes d'HOLLANDE,

Pour reduire
Les Verges d'ANGLETERRE en Aunes de FRANCE,
Multipliez par 7 lefd. Verges, & prenez le *9-viéme*.
Parce que 9 Verges ne valent que 7 *Aunes*.

Au contraire

Prenez les ⅔ des Aunes de France, & ajoûtez tout.

Pour reduire
Les Aunes de TROYES en Aunes de Paris, &c.
prenez les *deux tiers* Et pour la preuve la *moitié*.
Pour les Cannes de TOULOUSE, CARCASSONE, & L I M O G E S, ajoûtez-y la *moitié*, & pour preuve prenez la *moitié* & le *tiers* de ladite *moitié*.
Pour les Cannes de PROVENCE, d'AVIGNON, & MONTPELLIER, ajoûtez-y les 2 *tiers*, & pour preuve prenez la *moitié* & le *cinquiéme* de ladite moitié en ajoûtant ces deux produits.

dont les Instructions sont icy à côté.

324 *Aunes de Flandres*
ou d'Allemagne.

$\frac{1}{3}$ est   108
$\frac{1}{4}$ est   81

sont   189 *Aunes de France.*

182 *Aunes de Hollande.*

multipliez par   4

728

$\frac{1}{7}$ *sont*   104 *Aunes de France.*

126 *Verges d'Angleterre.*

multipliez par   7

882

$\frac{1}{9}$ *sont*   98 *Aunes de France.*

AVIS.

Dans le nouveau LIVRE des Changes étrangers on trouve tout ce qui est utile aux correspondances des principales Places étrangeres où la France né- gocie.

Pour tirer l'*Intereſt* ou la *Rente* à quel denier que ce ſoit, il faut toujours diviſer la ſomme par le denier de l'*Intereſt* ou de la *Rente*.

Mais au contraire pour *racheter* une Rente, il la faut toûjours multiplier par le Denier qu'elle eſt dûë.

Inſtructions particulieres.

'Au *Denier* 10 Separez la derniere figure de la ſomme par un point. Celles qui devancent feront les Livres, & doubl.. ‘a derniere feront les fols.
Voyez le premier Exemple.

'Au *Denier* 12 Prenez le *quart* de la ſomme, & le *tiers* dudit *Quart* ſera ce que monte l'Intereſt.
Voyez le ſecond Exemple.

'Au *Denier* 15 Prenez le *Tiers* de la ſomme, & le *Cinq.* dudit *Tiers* ſera ce que monte l'Intereſt.
Voyez le troiſiéme Exemple.

'Au *Denier* 16 Prenez le *quart* de la ſomme, & le *quart* de ce qui en proviendra ſera l'intereſt.
Voyez le dernier Exemple.

'Au *Denier* 20 voyez le feuillet 59.
Au *Denier* 22 prenez la *Moitié* du Onziéme.
Au *Denier* 24 prenez le *Quart* du Sixiéme.
Au *Denier* 28 prenez le *Quart* du Septiéme.
Au *Denier* 30 prenez le *Cinquiéme* du Sixiéme.
Au *Denier* 32 prenez le *Quart* du Huitiéme.

INTERETS.

EXEMPLES.

L'Intereſt de	134.7 L. au Denier 10.
monte	134 L. 14 ſols.

L'Intereſt de	4972 L. au Denier 12.
le quart	1243
le tiers dudit	414 L. 6 ſ. 8 deniers.

l'Intéreſt de	3195 L au Denier 15.
le tiers	1065
le cinquiéme	213 Livres.

L'intereſt de	3845 L. au Denier 16.
le quart	961 L. 5 ſols.
le quart dudit	240 L. 6 ſols 3 deniers.

INSTRUCTION.

IL. faut premierement prendre l'intereſt au denier 16 de 17500 L. comme au feuillet précédent, vous trouverez 1093 L. 15 ſ. pour un an.

Leſquels 1093 L. 15 ſ. faut multiplier par 8 ans, en commençant par les ſols comme au feuillet 73 & prendre les 7 mois 6 jours comme au feuillet 87 Viendra

Pour 8 ans à 1093 L. 15 ſ. par an,   8750 L.
Pour 6 mois la moitié des 1093 L. 15 ſ. ſera 546 : 17 : 6
Pour 1 mois le ſixiéme de 6 mois   ſera 91 : 2 : 11
Pour 6 jours le cinquiéme d'un mois   ſera 18 : 4 : 7
    L'Addition de ces 4 ſommes donnera 9406 L. 5 ſ.
d'Intereſt pour 8 ans 7 mois 6 jours, qui eſt la Réponſe.

Pour faire la *Preuve*.

Il faut voir combien il manque d'années, mois & jours, à 8 ans 7 mois 6 jours, pour achever 16 ans, par une ſouſtraction, & ce à cauſe du denier 16 (Il faudroit achever 18 ans ſi c'étoit au denier 18)

La ſouſtraction donnera de reſte 7 ans 4 mois 24 jours..... qu'il faut calculer à la même raiſon de 1093 L. 15 ſ. par an, de l'ordre cy-deſſus viendra 8093 L. 15 ſ. d'interét pour 7 ans 4 mois 24 jours.

Auſquels 8093 L. 15 ſ. y joint les 9406 L. 5 ſ. de la Régle, feront enſemble 17500 L. d'intéreſt au Denier 16 pour 16 ans, qui eſt pareille ſomme que le principal, & par conſéquent la preuve.

Maxime generale au Denier 20. dans 20 ans on aura autant d'intéreſt que le principal eſt fort, de même pour tous les autres deniers.

CALCUL D'INTERETS PROUVE'.

QUESTION.

L'Intereſt de 17500 L. de principal au denier 16 pour 8 ans 7 mois 6 jours, ſçavoir combien il eſt dû d'intereſt. *Réponſe* 9406 L. 5 ſ.

REGLE.

	17500 L.		
le quart	4375 :		
le quart	1093 L. 15 ſ. pour un an.		
par	8 ans 7 mois 6 jours.		
P. 8 ans . . .	8750 L. 0 :		
P. 6 Mois . . .	546 : 17 :	6 :	
P. 1 mois . . .	91 : 2 :	11 :	
P. 6 jours . . .	18 : 4 :	7 :	
montent	9406 L. 5 ſ. d'intéreſt.		

PREUVE   de 16 ans.

	ôter	8 ans 7 M. 6 J.
	Reſte	7 ans 4 M. 24 J.

à calculer

1093 L 15 ſ. pour un an.

par	7 ans 4 M. 24 jours.		
P. 7 Ans. . . .	7656 L. 5 ſ.		
P. 3 M.	273 : 8 :	9 :	
P. 1 M.	91 : 2 :	11 :	
P. 15 J.	45 : 11 :	6 :	
P. 6 J.	18 : 4 :	7 :	
P. 3 J.	9 : 2 :	3 :	
montent	8093 L 15 ſ. *pour 7 ans 4 M. 24 J.*		
avec	9406 : 5 ſ. *pour 8 ans 7 M. 6 J.*		

ſont 17500 L. d'intéreſt p. 16 ans, qui eſt la Preuve.

Il faut premierement sçavoir que le denier d'Ordonnance en 1658. étoit au denier 18.

Lequel denier n'a subsisté que jusqu'au 1 Janvier
1666. auquel jour le Roy a reduit le denier 18.
au denier 20.

Ainsi il ne faut compter l'Intérest au denier 18.
depuis le 16 Avril 1658. que jusqu'au 1. Janvier
1666. faisant la soustraction du temps, comme au
feüillet 37. vous trouverez 7 ans 8 mois 15 jours
qu'il faut calculer au denier 18.

Les 5400 L. de principal produisent au d. 18. pour
un an 300 L. par la methode du feuillet 127,
lesquelles 300 L. pour un an, faut multiplier par les
7 ans 8 mois 15 jours, donnera 2312 L. 10. ſ. d'interest, en suivant l'ordre du feuillet précédent.

Il faut ensuite voir le temps qui s'est passé depuis
le 1 Janvier 1666. *jour de la création du denier* 20 jufqu'à celui du 6 Décembre 1704. vous trouverez
qu'il s'est passé 38 ans 11 mois 5 jours qu'il faut
calculer au denier 20.

Les 5400 L. de principal au denier 20 produisent
270 L. par an; lesquels 270 L. pour un an, faut
multiplier par lesdites 38 années 11 mois 5 jours
de l'ordre cy-contre, qui est comme au feüillet
précédent, viendra 10511 L. 5 ſ. d'interest.

Apiès quoi ajoûtez ces deux produits.
10511 L. 5 ſ. montant de 28 ans 11 M 5j. au d. 20
2312 : 10 ſ. montant de 7 ans 8 M 15 j. au d. 18
———————— ces deux sommes feront ensemble
12823 L. 15 ſ. d'int. pour 46 ans 7 M 20 jours qui
se sont écoulés depuis le 16 Avril 1658 jusqu'au
6 Décembre 1704.

CALCUL D'INTERESTS.

Suivant les Ordonnances du Roy.

Question.

L'intereſt de 5400 L. de principal depuis le 16. Avril 1658. juſqu'au 6 Décembre 1704. ſur le pied des deniers des Ordonnances, ſçavoir combien il eſt dû d'intéreſt. Réponſe 12823 L. 15 ſ.

REGLES.

```
        1665 ans 0 M.  1 jour
        1657 ans 3 M. 16 jours
        ─────────────────────────
           7 ans 8 M. 15 jours.
        ─────────────────────────
        5400 L. de principal.
le tiers 1800 L.
le ſixiéme 300 L. pour un an.
   par      7 ans 8 Mois 15 jours.
P. 7 ans. 2100 :
P. 6 M.    150 :
P. 2 M.     50 :
P. 15 J.    12 : 10 ſ.
────────────────────────────────────────
montent 2312 : 10 ſ. P. 7 ans 8 M. 15 J. au d. 18
        1703 ans 11 M. 6 jours.
        1665 ans          1 jour.
        ─────────────────────────
          38 ans 11 M. 5 jours.
        ─────────────────────────
         540.0 L. de principal.
la moitié 270  L. pour un an.
   par     38 ans 11 M. 5 jours.
        ─────────────────────────
        2160 Livres.
         810
P. 6 M.   135 :
P. 4 M...  90 :
P. 1 M...  22 : 10 ſ.
P. 5 Jours.  3 : 15 ſ.
────────────────────────────────────────
mont.  10511 ſ. 5 ſ. P 38 ans 11 M  5 j. au d. 20
avec    2312 : 10 ſ. P 7 ans 8 M. 15 j. au d. 18
────────────────────────────────────────
Total  12823 ſ. 15 ſ. P 46 ans 7 M 20 j. d'intereſt
```

Inſtructions générales.

Pour tirer les *Changes* à tant pour cent, ou autres, il faut toujours *multiplier la ſomme par le prix du Change* ; mais parce qu'à la ſomme il s'y rencontre ordinairement des ſols & deniers , & que pour les multiplier, ce qui vaut le moins , c'eſt ce qui donne le plus de peine, je vous conſeille de vous ſervir de la méthode du feuillet 73 pour la Multiplication.

Mais pour la Diviſion , qu'il faut faire par 100 en coupant les deux dernieres figures, comme à l'exemple ici à côté, obſervez l'inſtruction qui eſt au bas de la *Régle de cent compoſée* feuillet 101 où je vous renvoye pour éviter pluſieurs redites ſur pluſieurs Régles qui ſe font d'une même façon , quoiqu'elles ſoient de differente nature , les unes conſiſtant en Marchandiſes , & les autres en monnoye.

Inſtructions particulieres.

'A   1 pour cent prenez le *Dixiéme* du *Dixiéme*
A   2 pour cent prenez le *cinquiéme* du *Dixiéme*
A   3 pour cent prenez le *Quart*   du *Dixiéme* & le *Cinquiéme* dudit *Quart ajoûtez enſemble*.
'A   4 pour cent prenez le *cinquiéme* du *cinquiéme*
A   5   .   prenez le *Quart*   du *cinquiéme*
A   6 & *quart* prenez le *Quart* du *Quart*
A   6 & *2 tiers* prenez le *Tiers* du *cinquiéme*
A   7 & *demi* prenez *trois quarts* du *Dixiéme*
A   8 & *tiers* prenez le *Tiers*   du *Quart*
A   10   prenez le *Dixiéme* de la ſomme
A   12 & *demi* prenez le *Huitiéme* de la ſomme
A   16 & *2 tiers* prenez le *Sixiéme*
A   20   prenez le *Cinquiéme*
A   25   prenez le *Quart*

Pour operer ces *Inſtructions particulieres* des changes , il faut faire comme aux *Inſtructions particulieres* des Intéreſts en prenant partie de partie , comme il ſe voit aux exemples de la page précédente , ou bien comme à ce petit exemple préſent.

EXEMPLES.

```
Le Change de   3844 ₶. 16 ſ. 4 d.
         à  _____ 6 & ¼ pour cent
               23068 ₶. 18 ſ
pour le quart    961 :    4    1 d.
    Livres    240|30 :    2 :   1 d.
                  |20
                  ——
    Sols        6|02
                 |12
                 ——
    Deniers     0|25
```

```
Le Change de    3845 ₶. à 6.¼ pour cent
 le quart         961 :   5 ſols.
 le quart dudit   240 :   6 ſ. 3 deniers.
```

Si le Change étoit à petit prix.

Par exemple à *demi* pour 100 à un *quart* à un *tiers* à deux *tiers*, à trois *quarts*, & autres Fractions.

Il faudroit prendre leſdites Fractions ſur là ſomme, & du produit couper les deux dernieres figures comme au plus haut exemple cy-deſſus.

INSTRUCTION

Il faut premierement multiplier par 9 ½ les 7536 L. comme au feuillet précédent , & du total retrancher les deux derniers chiffres , viendra 715 L.

Les 92 L. qui font retranchées faudroit multiplier par 20 & 12 , & vous trouveriez 18 f. 4 deniers.

Mais pour abréger , il faut se servir de la Methode du feuillet 99 , qui eft de prendre toujours le *Cinquiéme* des deux Chiffres rétranchés , le produit donnera des fols & deniers.

Le *Cinquiéme* defd. 92 : qu'il faut confidérer pour 92 f. fera 18 f. 4 deniers.

Ainfi le Change à 9 ½ pour 100 par an de 7536 L. montent 715 L. 18 f. 4 deniers.

Il faudroit enfuite prendre pour les 5 mois 15 jours fur ladite valeur de 715 L. 18 f. 4 den. pour un an, de l'ordre des interêts ou partie Allicote de l'année.

Viendra pour la réponfe 328 L. 2 f. 6 den. pour le profit de 5 Mois 15 jours à 9 ½ pour 100 par an de 7536 L.

L'INTEREST ou le CHANGE augmente toûjours la dette.

Et l'ESCOMPTE ou profit d'Efcompte diminue toujours la dette.

Voyez la Régle & l'Application icy à côté.

APPLICATION

APPLICATION

Sur le CHANGE & L'ESCOMPTE
des Billets,

Suivant l'ufage de Paris.

QUESTION.

Il m'eft dû le Change ou l'Intérêt à 9 ½ pour 100 par an de 7536 ₶. fçavoir combien c'eft d'interêt pour 5 mois 15 jours.

Réponfe 328 ₶. 2 : 6 den.

REGLE.

```
            7536 ₶.
    par        9 ½
           67824 ₶.
            3768 :
          ﾍ715|92 :
              |18 ſ. 4 den. pour un an.
P. 4 Mois 238 : ₶. 12 : 9 den.
P. 1 Mois  59 :     13 : 2 :
P. 15 jours 29 :    16 : 7 :
          328 ₶. 2 : 6 d. profit pour, M. 15 J.
```

Nota fur le CHANGE & l'ESCOMPTE.

Si l'on a prêté comme cy-deffus 7536 ₶. pour 5 mois 15 jours, il faut augmenter 328 ₶. 2 : 6 d. à ladite fomme, & faire le Billet du total qui eft de 7864 ₶. 2 ſ 6 den. payables dans 5 mois 15 jours.

Et fi c'eft un Billet de 7536 ₶. que fon terme é-choit dans 5 mois 15 jours, & que l'on veuille s'en acquitter aujourd'hui, il faudroit ôter par une fouf-traction fous lefdites 7536 ₶. les 328 ₶. 2 : 6 d. de *profit d'Efcompte*, au moyen de quoi l'on ne doit payer que 7207 ₶. 17 : ◦ d. pour acquitter ledit Billet, *& ce fuivant l'ufage de Paris.*

M

INSTRUCTION

Je ne mets point ici d'exemples *des Efcontes*, parce qu'ordinairement il faut fçavoir la Régle de trois pour efconter , mais auffi je les vais remplacer par une quantité d'inftruétions * très-briéves & belles avec lefquelles on peut faire divers Efcontes par la cule Divifion , & même fans fçavoir la divifion.

Efcontes qui fe peuvent faire fans fçavoir la Divifion.

Pour voir ce qu'on gagne d'Efconter.

Efconter à 10 *pour cent* prenez le *onziéme.*
Efconter à 12 *& demi* prenez le *neuviéme* *
Efconter à 16 *& 2 tiers* prenez le *feptiéme.*
Efconter à 20   prenez le *fixiéme.*
Efconter à 25   prenez le *cinquiéme.*
Efconter à 50   prenez le *tiers.*

Autres.

A 1 ¼ prenez le *neuviéme* du *neuviéme*
A 3 ⅛ prenez le *tiers*   du *onziéme.* *
A 4 ⅚ prenez le *cinquiéme* du *cinquiéme.*
A 5   prenez le *tiers*   du *feptiéme.*
A 6 ⅔ prenez le *quart*   du *quart.*

Maximes Generales.

Quand on veut efconter par le denier de l'Intéreft.

Si c'eft au Denier 10 Divifez par 11
Si c'eft au Denier 11 Divifez par 12
Si c'eft au Denier 12 Divifez par 13
Si c'eft au Denier 15 Divifez par 16
Si c'eft au Denier 16 Divifez par 17 , &c.

Esconter à 1   pour 100 Divisez par 101
Esconter à 1 *& quart*   pour 100 Divisez par 81
Esconter à 1 *& tiers*   pour 100 Divisez par 76
Esconter à 1 *& 2 tiers*   pour 100 Divisez par 61
Esconter à 2   pour 100 Divisez par 51
Esconter à 2 *& demi*   pour 100 Divisez par 41
Esconter à 3 *& huitiéme* pour 100 Divisez par 33
Esconter à 3 *& tiers*   pour 100 Divisez par 31
Esconter à 4   pour 100 Divisez par 26
Esconter à 4 *& sixiéme*   pour 100 Divisez par 25
Esconter à 5   pour 100 Divisez par 21
Esconter à 6 *& quart*   pour 100 Divisez par 17
Esconter à 6 *& 2 tiers*   pour 100 Divisez par 16
Esconter à 8 *& tiers*   pour 100 Divisez par 13
Esconter à 10   pour 100 Divisez par 11
Esconter à 12 *& demi*   pour 100 Divisez par 9
Esconter à 16 *& 2 tiers* pour 100 Divisez par 7
Esconter à 20   pour 100 Divisez par 6
Esconter à 25   pour 100 Divisez par 5
Esconter à 50   pour 100 Divisez par 3

AUTRES.

A 2 & $\frac{2}{3}$ Multipliez par 2 & Divisez par 77
A 3 & $\frac{3}{4}$ Multipliez par 3 & Divisez par 83
A 4 & $\frac{2}{3}$ Multipliez par 7 & Divisez par 157
A 6   Multipliez par 3 & Divisez par 53
A 7 & $\frac{1}{2}$ Multipliez par 3 & Divisez par 43
A 8   Multipliez par 2 & Divisez par 27
A 12   Multipliez par 3 & Divisez par 28
A 13 & $\frac{1}{3}$ Multipliez par 2 & Divisez par 17
A 14   Multipliez par 7 & Divisez par 57
A 15   Multipliez par 3 & Divisez par 23
A 16   Multipliez par 4 & Divisez par 29
A 17 & $\frac{1}{2}$ Multipliez par 7 & Divisez par 47
A 18   Multipliez par 9 & Divisez par 59
A 22 & $\frac{1}{2}$ Multipliez par 9 & Divisez par 49
A 27 & $\frac{1}{2}$ Multipliez par 11 & Divisez par 51
A 30   Multipliez par 3 & Divisez par 13

INSTRUCTION

Les deux Régles d'Efcontes cy à côté , qui font exécutées fans fe fervir de la Régle de Trois ni même de la Divifion , fe trouvent expliquées à la page précédente 134 aux deux lignes marquées d'une Etoile. *

Notez que ces fortes de briévetés font pour trouver le *PROFIT* d'Efconte fuivant *L'USAGE DE LYON* , &c. qui eft différent en fes produits à *L'USAGE DE PARIS* , comme il eft expliqué à la fin de ce Livre. *Voyez la Table.*

Mais après avoir trouvé le profit d'Efconté , il faut le fouftraire ou déduire fur la fomme entiere, le refte fera la fomme qu'on doit payer.

SUPOSEZ

Que l'on vous doive 13320 ℓ. par un Billet païable dans un an au plus , & que votre Débiteur veüille vous payer aujourd'hui en efcontant à 12 & ½ pour cent.

Par la premiere Régle cy-contre , vous trouvez 1480 ℓ. de profit d'Efconte que votre Débiteur vous payera de moins.

Oter lefdites 1480 ℓ. fur les 13320 ℓ. reftera 11840 ℓ. que le Débiteur payera à fon Créancier comptant pour s'acquiter du total de fon Billet qui n'étoit payable que dans un an au plus.

Ainfi des autres.

REGLES D'ESCOMPTES

Suivant l'usage de LYON, TOURS,

AMSTERDAM, &c.

En se servant des brievetés du feuillet
précédent.

REGLE.

L'Escompte à 12 & ½ pour 100 de 13320 ₶. sçavoir combien sera le profit dudit Escompte.
Réponse 1480 ₶.

1480 ₶. de profit d'escompte.

Autre REGLE.

L'Escompte à 3 ⅓ pour 100 de la somme de 23166 ₶.
sçavoir de combien est le profit d'Escompte.
Réponse 702 ₶.

Ce onzieme est : ~~23166~~ ₶.
~~2106~~ ₶.
Le tiers est . . . . . . 702 L. du profit d'Escompte.

438

DE LA

DIVISION

Quatriéme Régle générale.

La Division n'eſt autre choſe que chercher combien de fois un petit nombre eſt contenu dans un plus grand nombre.

Elle ſert particulierement pour partager une ſomme à pluſieurs perſonnes, & leur donner à chacune une pareille part ou portion qui leur eſt dûë.

DISCOURS

SUR LA DIVISION.

DE toutes les Sciences, il n'y en a point qui demande une plus grande habitude & pratique que l'*Arithmétique*, & de toutes les Regles de l'*Arithmétique*, il n'y en a point qui demande plus d'application que la Division.

La Division est mal aisée à pratiquer & à concevoir, & l'experience fait voir que parmi les 4 Régles generales celle-ci est la plus difficile, qu'elle est la derniere qu'on aprend & la premiere qu'on oublie, si on ne la pratique souvent, & qu'il faut presqu'autant de temps pour aprendre celle-ci, qu'il en faut pour apprendre les trois autres.

Je l'apelle l'épine de l'Arithmétique, parce qu'on la pique ordinairement par de petits coups de plume, qui percent & qui traversent toutes les figures qui la composent, & j'ose dire qu'une grande *Division* est un petit labyrinthe en lozange : & si par un méconte on s'est une fois égaré, il n'y a pas moïen de revenir par où on a commencé, à moins que de recommencer une nouvelle Régle.

Aussi cette Régle se fait au contraire des autres, car les autres se commencent de droit à gauche, & celle-ci de gauche à droit; elle se fait en plusieurs manieres, mais la plus ordinaire c'est à la Françoise,

Je ne traiterai que celle cy pour le pré-
fent, parce qu'elle eft la plus connue & la
plus commune en France.

Les Divifions ordinaires font.

La Françoife,

L'Italiene,

L'Efpagnole,

La Portugaife,

La Perfienne ou Indienne.

INSTRUCTION

La Division est composée de trois nombres ; du Nombre à *Diviser*, du *Diviseur*, & du *Produit*. Il faut séparer le nombre à diviser du Diviseur & du Produit par deux traits de plume ; l'un tiré droit & en long , l'autre courbé & à côté, ainsi qu'ils sont représentés en cette division d'une seule figure où il est question de partager 953 l. en 7 personnes.

Pour la premiere démonstration.

Ayant posé 953 Livres en chef.

Il faut poser 7 sous le 9 disant en 9 combien de fois 7 il y est une fois , vous poserez 1 au produit (& ce produit doit toujours être à côté) vous direz une fois 7 de 9 reste 2 & ce reste vous le poserez dessus en coupant le 9 & le 7.

Comme il paroît à la premiere opération.

Pour la seconde.

Après posez encore 7 sous le 5 , & considérez que le 2 qui devance & le 5 qui suit font 25. Dites donc en 25 combien de fois 7 il y est 3 fois ; vous poserez 3 au produit , disant 7 fois 3 font 21 de 25 reste 4 que vous poserez dessus le 5 en coupant le 2 le 5 & le 7.

Comme il paroît à la seconde démonstration.

Pour la troisiéme démonstration.

Posez pour la derniere fois 7 sous le 3, disant en 43 combien de fois 7 il y est 6 fois ; vous poserez 6 au produit , & direz 6 fois 7 font 42 de 43 reste 1 que vous poserez dessus le 3 en coupant le 4 le 3 & le 7.

Comme il paroît à la troisiéme démonstration.

DIVISION
Par une seule figure,
Ou Chiffre au Diviseur.

EXEMPLE.

On veut diviser 953 Livres en 7 Personnes, Et sçavoir combien vient à chacune.

Réponse 136 Livres.

Notez icy.

Que les 3 petits éxemples cy-dessous qui semblent être 3 Divisions en apparence, ne sont pourtant qu'une en effet ; mais on les dispose ainsi , afin de rendre l'instruction intelligible & claire : on la pourroit faire par une seule opération , mais la démonstration seroit trop embarassante.

Premiere   2
Démonstration 953 (1
—————————
    7

Seconde   24
Démonstration 953 (13
—————————
    77

Troisiéme   241
Démonstration 953 (136 l. & 1 livre de reste.
—————————   à partager en sept.
    777

INSTRUCTION

De trois Exemples icy à côté, qui ne font pourtant qu'une feule divifion.

Pour la premiere Démonftration.

Ayant pofé 12345 & tiré un trait deffous, il faut pofer 52 & dire en 12 combien de fois 5, il y eft 2 fois ; il faut pofer 2 au produit, difant 2 fois 5 font 10, de 12 refte 2, il faut pofer le 2 fur le 2, ou le laiffer & couper le 2 qui le devance.

Puis il faut multiplier le 2 du côté par le 2 du def-fous, difant 2 fois 2 font 4. Mais n'y ayant qu'un 3 deffus, il faut dire 4 aller à 13 il y a 9, il faut pofer 9 fur le 3 en effaçant le 3 & ôter une dixaine des deux qui devancent, & pofer 1 deffus le 2 en effaçant le 2.

Ainfi qu'il paroît en la premiere operation.

Pour la Seconde.

Cela fait il faut encore pofer 52 en reculant d'une figure fçavoir en mettant 5 fous le 2 & 2 fous le 4, & dire en 19 combien de fois 5, il y eft 3 il faut pofer 3 au produit.

Et dites 3 fois 5 font 15, de 19 refte 4 il faut po-fer 4 fur le 9 en effaçant 19.

Puis continuer & dire 3 fois 2 font 6 de 44 refte 38, il faut effacer les 44 & pofer 38 deffus.

Ainfi qu'il paroît en la feconde operation.

Pour la troifiéme.

Enfin il faut encore pofer pour la troifiéme fois le *Divifeur* 52 fçavoir 5 fous le 2 & 2 fous le 5 & dire en 38 combien de fois 5, il y eft 7, il faut mettre 7 au produit.

Et dire 7 fois 5 font 35, de 38 refte 3 deffus le 8 & effacer les 38.

Aprés dire 7 fois 2 font 14 de 15 refte 1 il faut pofer 1 fur le 5 & retenir une dixaine qu'il faut ôter des 3 qui devancent & reftera 2 qu'il faut pofer fur le 3 en éfaçant le 3. *Ainfi qu'il paroît en la troifiéme operation.*

DIVISION

DIVISION

Par deux Figures.

EXEMPLE.

La Divifion par 2 figures eſt un peu plus difficile que par une feule , parce qu'il faut ſçavoir non feulement combien de fois la premiere figure du Diviſeur eſt contenue en la fomme qu'on veut diviſer , mais encore il faut prévoir ſi la feconde dudit Diviſeur peut être multipliée par le produit de la premiere figure d'icelle.

$$\begin{array}{c} 19 \\ \cancel{12345}\ (2 \\ \hline 52 \end{array}$$

$$\begin{array}{c} 3 \\ \cancel{5} \\ \cancel{198} \\ \cancel{12345}\ (23 \\ \hline 522 \\ 5 \end{array}$$

$$\begin{array}{c} 32 \\ \cancel{43} \\ \cancel{1981} \\ \cancel{12345}\ (237 \\ \hline 522 \\ 55 \end{array}$$

N

INSTRUCTION

Des trois operations icy à côté, qui ne font pourtant qu'une feule divifion.

Pour la premiere Démonftration.

Ayant pofé 123456, & tiré un trait deffous, il faut pofer 528 & dire en 12 combien de fois 5, il eft 2 fois il faut pofer 2 au produit, difant 2 fois 5 font 10 de 12 refte 2, il faut laiffer led. 2 & couper le 1 qui devance Puis il faut multiplier le 2 du côté par le 2 du deffous difant 2 fois 2 font 4, mais n'y ayant que 3 deffus, il faut dire de 4 aller à 13 il y a 9, il faut pofer 9 fur le 3 en effaçant le 3, & ôter une dixaine des 2 qui devancent, & pofer 1 deffus le 2 en effaçant ledit 2.

Il faut derechef multiplier le 2 du côté par le 8 de deffous, & dire 2 fois 8 font 16, de 24 refte 8 qu'il faut pofer fur le 4 en effaçant ledit 4 retenir 2 dixaines qu'il faut ôter fur le 9 qui devance, reftera 7, qu'il faut pofer fur le 9 en effaçant ledit 9.

Ainfi qu'on voit en la premiere opération.

Pour la Seconde.

Cela fait, il faut encore pofer 528 en reculant d'une figure, fçavoir en mettant le 5 fous le 2, le 2 fous le 8 & le 8 fous le 5 de deffus, & dire en 17 combien de fois 5, 3, il faut porter le 3 au produit.

Et dire 3 fois 5 font 15 de 17 demeure 2, il faut porter 2 fur le 7 & effacer 17.

Après continuant le 2 d'en bas par le 3 du produit, il faut dire 2 fois 3 font 6 qu'il faut ôter du 8 reftera 2 qu'il faut porter fur le 8 en effaçant ledit 8.

Enfin il faut continuer de multiplier le 3 du produit par le 8 du Divifeur, & dire 3 fois 8 font 24, de 25 refte 1 qu'il faut pofer fur le 5 en effaçant le 5, & parce qu'on retient 2 dixaines il les faut ôter du 2 qui devance en effaçant ledit 2 & pofant un o deffus.

Ainfi qu'on voit à la feconde opération.

Pour la troifième. Je n'en donnerai pas d'inftruction mais par la méthode des deux précédentes on peut operer la 3 & derniere. *Ainfi qu'on voit à la 3. operat.*

· D I V I S I O N

Par trois Figures.

E X E M P L E S.

$$
\begin{array}{r}
7 \\
198 \\
123456 \ (\ 2 \\
\hline
528
\end{array}
$$

$$
\begin{array}{r}
20 \\
72 \\
1981 \\
123456 \ (\ 22 \\
\hline
5288 \\
52
\end{array}
$$

$$
\begin{array}{r}
4 \\
5 \\
203 \\
725 \\
19812 \\
123456 \ (\ 233 \\
\hline
52388 \\
522 \\
5
\end{array}
$$

Ainsi ayant divisé 123456 par 528 le produit donnera 233

INSTRUCTION

Après avoir fait la premiere Division , s'il reste des Livres, il les faut multiplier par 20 f. & les sous-diviser par le même Diviseur , le produit donnera des fols.

Et s'il reste encore des fols il les faut multiplier par 12 deniers, & ayant divisé pour la derniere fois le produit donnera des deniers.

Ainsi on trouvera selon l'Exemple icy à côté ; que 1 2 3 4 5 6 *Livres divisées en* 528 *personnes , parts ou portions.*

Il viendra 233 L. 16 f. 4 d. à chacun.

Ce que dessus est pour les Monnoyes.

Mais si c'étoit des *Mesures* ou *Poids* , & qu'on voulût reduire le reste en *Demy* , *Tiers* ou *Quart ,* Il faudroit multiplier par   2   3 ou 4 & sous-diviser comme par 20 selon la méthode présente , le produit donnera

un	*Demi*	si l'on multiplie par	2
des	*Tiers*	si l'on multiplie par	3
des	*Quarts*	si l'on multiplie par	4
des	*Sixiémes*		par	6
des	*Huitiemes*		par	8
des	*Douziémes*		par	12
des	*Seiziémes*		par	16
& des	*Vingt-quatriémes*		par	24

Mais si c'étoient des *Livres pesant* , ayant multiplié par 16 onces, la sous-division donnera des *Onces.*

Si c'étoient des *Setiers* , ayant multiplié par 12 Boisseaux , la sous-division donnera des *Boisseaux.*

Si c'étoient des *Toises* par 6 donnera des *Pieds.*

Si c'étoient des *Marcs* par 8 donnera des *Onces*

Si c'étoient des *Muids* par 12 donnera des *Setiers*

Ainsi des autres especes.

SOUS-DIVISION.

EXEMPLE.

On veut diviſer ou partager 123456 Livres en 528 perſonnes, parties ou portions, & ſçavoir combien chacune doit avoir. *Réponſe* 233 l. 16 ſ. 4 d.

```
       4
       5
     203
     75
    49812
   123456 ( 233 Livres
   ───────
    52888
    522
      5    20
   ───────
    8640
```

```
       1
      29
      74
     3462
     8640 ( 16 Sols.
    ───────
     5288
     52
```

```
      12
   ───────
     384
     192
   ───────
    2304
```

```
      19
     422
     2304 ( 4 Den.
   ───────
     528
```

Il y a 192 deniers de reſte qui ne ſe peuvent diviſer par 528, ce qui ne vaut pas un *demi* denier à chacun.

SOUS-DIVISION.

Prouvée par la Multiplication icy à còté.

PAR EXEMPLE.

On a acheté 130 setiers, soit bled, avoine, ou autres choses, lesquels reviennent tous frais faits à 1758 L. 5 s. On demande à combien reviendra le *Setier.*   *Réponse, à* 13 L. 10 s. 6 d. le *Setier.*

```
        ꝛ
        46
      ꝛ758 ( 13 livres.
      ꝛꝛꝯꝯ
       ꝛꝛ

           20
        .1365
       ꝛꝛ65 ( 10 Sols.
      ꝛꝛꝯꝯ
       ꝛꝛ

           12
        130
         65
        780

         ꝛ
       ꝛ80 ( 6 deniers.
      ꝛꝛꝯ
```

INSTRUCTION.

Pour faire la susdite Sous division, il faut premierement diviser 1758 l. par 130 Setiers selon la méthode précédente. Mais il se faut souvenir d'ajoûter les 5 sols qui sont après 1758 L lorsqu'on multipliera par 20 le reste de la premiere Division, autrement lesdits 5 s. manqueroient à la preuve icy à côté.

Et comme je montre pour les 5 sols, ainsi il faudroit faire pour les deniers, s'il y en avoit.

MULTIPLICATION

Prouvée par la Sous-Division icy à côté.

EXEMPLES.

On achette 130 Setiers , soit Bled , Avoine ou autre chose à 13 L. 10 s. 6 deniers le Setier.

J'ai mis la Régle & la Réponse cy-dessous , quoi qu'il ne soit plus question de la Multiplication de laquelle j'ai suffisament traité : mais j'ai été obligé de la mettre icy pour faire voir comme les opera-tions d'Arithmetique se prouvent par leur contraire. C'est un contrast nécessaire, & c'est par lui qu'on dé-couvre la perfection & la fidelité de notre science.

Je n'ai pas voulu ni dû traiter aux Multiplications de leur *preuve* par leur contraire, parce que la Divi-sion est la derniere des quatre Régles generales:ain-si il n'auroit pas été bien ordonné de la produire a-vant le tems. J'ai pourtant dit un mot de ce qu'on doit observer & de ce qu'on doit éviter touchant lesdites preuves. *Lisez le feuillet* 71.

Régle servant de preuve à la Sous-Division précédente.

```
        130 Setiers
         13 L  10 s. 6 d. le Setier.
        _____
        390
        130
         65
          3        5 s.
        _____
montent à   1758 L.  5 Sols.
```

OBSERVATIONS
Pour la Division.

Pour diviser une somme par un nombre où il se rencontre des zeros, il faut couper de la somme qu'on veut diviser, autant de figures qu'il y a de zeros au diviseur : & observez ce qui s'ensuit sur ce sujet & sur d'autres choses.

Pour diviser par 10   coupez 1 figure seulement ;
Pour diviser par 100   coupez 2 fig. } *mais la der-*
Pour diviser par 1000   coupez 3 fig. } *niere.*
Pour diviser par 10000 coupez 4 fig. *ainsi des autres*
                        (*à proportion.*

Pour diviser par 20   coupez 1 fig. prenez la *moitié*
Pour diviser par 300   coupez 2 fig. & prenez le *tiers*
Pour diviser par 4000   coupez 3 fig. prenez le *quart*
Pour diviser par 50000 coupez 4 fig. & prenez le *cin-*
                        quiéme, ainsi des autres.

Pour diviser par 2 prenez la *moitié* de la somme que
Pour diviser par 3 prenez le *tiers* } vous voulez
Pour diviser par 4 prenez le *quart* } diviser.
Pour diviser par 5 prenez le *cinquiéme*, ainsi pour 6.
                        (7. 8. 9. & 10.

Pour diviser par 12 prenez le *tiers* du *quart*.
Pour diviser par 15 prenez le *tiers* du *cinquiéme*.
Pour diviser par 16 prenez le *quart* du *quart*.
Pour diviser par 18 prenez le *tiers* du *sixiéme*, ainsi
                        (des autres, voyez le feuillet 73.

Notez.

Que par les susdites instructions on ne produit que des Livres la premiere fois, & que le reste des Livres il les faut multiplier par 20 sols pour les reduire en sols & par 12 deniers pour les réduire en deniers selon l'ordre des Sous-divisions, dont nous avons parlé cy-devant, en observant les instructions & brievetés susdites.

APPLICATION
Pour la Division.

Pour départir une somme *au Marc ou sol la Livre ;* réduisez ladite somme que vous voulez départir en sols en multipliant par 20, & divisez lesdits sols par le total ou le fonds ; c'est-à-dire par la somme capitale. *Et vous sçaurez par le produit ce qui viendra pour livre*

Pour sçavoir à combien revient par jour la *Rente* ou le *Revenu* d'une année, divisez ladite rente par 365 jours qu'il y a dans l'année. *Et vous sçaurez par le produit ce qui revient par jour.*

Pour sçavoir à combien revient la *Toise* d'un bâtiment ou d'un fossé qui a coûté de prix fait 1000 livres, & il s'y trouve de travail 128 Toises, divisez lesdites 1000 livres par 128. *Et vous sçaurez par le produit que la Toise vient à 7* livres 16 sols 3 deniers.

Pour sçavoir combien on aura de Setiers de Bled, pour 1758 L. 5 s. à raison de 13 L. 10 s. 6 d. le setier. Réduisez ces deux sommes en s. par 20, & après en deniers par 12, & divisez la grande par la petite. *Et vous sçaurez que vous aurez pour 1758 L. 5 sols* 130 Setiers.

Autres Observations

Le reste d'une Division ne doit jamais être si grand que le Diviseur, autrement la Régle est fausse.

Au produit il faut qu'il y ait autant de figures comme on a posé de fois le diviseur.

Ayant posé une fois le Diviseur & voulant continuer la Division, si le reste qui est directement dessus icelui est moindre, il faut poser un zero au produit.

Au produit il ne faut jamais poser plus haut de 9.
La preuve générale de la Division.

Est de multiplier le produit par le Diviseur, & y ayant ajoûté le reste, il faut qu'il vienne juste la somme qu'on a divisée.

REGLE
DE TROIS.

Ou de raison.

DE LA REGLE DE TROIS,

ET DE SES UTILITEZ.

CETTE Régle s'appelle ordinairement REGLE DE TROIS à caufe
qu'elle eft compofée de trois Nombres ; mais pour la nommer de fon
vrai nom , il la faudroit apeller LA
REGLE DE RAISON, parce que les pro-
pofitions y font raifonnées & refoluës
par des démonftrations convaincan-
tes. Par elle on propofe des queftions,
on les réfoud , & on tire dès confe-
quences plus affurées & plus folides
que celles de la Philofophie, nos con-
féquences font fi certaines , & nos
preuves fi véritables qu'il n'eft pas
permis d'en douter, à moins que de
renoncer au fens commun.

OBSERVATIONS
sur la Régle de Trois.

La Régle de *Trois* est composée, comme j'ai dit, de trois nombres.

Le *premier* nombre & le *troisiéme* doivent être de même espece & de dénomination, c'est-à-dire, d'une même qualité, comme par exemple.

Quand le *Premier* nombre est composé d'Aunes, le *Troisiéme* doit aussi être composé d'Aunes.

Quand le *Premier* est de Marcs, de Muids ou Toises, le *Troisiéme* doit être de Marcs, de Muids ou de Toises : ainsi des autres choses.

Pour le *Second* nombre (qui est celui du milieu) il faut qu'il soit d'une même qualité avec la *Réponse*, qui est ce que l'on cherche, & le sujet de la Régle, comme par exemple.

Quand le *Second* nombre est composé de Livres, la *Réponse doit venir de Livres aussi.*

Quand le *Second* est de Marcs, Muids, Setiers, &c. la *Réponse* doit venir de Marcs, Muids, &c.

Voilà pour former la Regle, Et voicy pour la faire.

La Régle de Trois est fort facile, pourvû qu'on sçache bien la Multiplication & la Division ; car ordinairement il n'y a qu'une Multiplication & une Division à faire.

Pour la faire, multipliez seulement les *deux derniers* nombres ensemble, & divisez ce qui viendra par le *premier*, & votre Régle sera faite.

APPLICATIONS

APPLICATIONS
de la Regle de Trois.

La *Regle de Trois* est si universelle, que par elle on resout les plus difficiles questions qui peuvent survenir sur les nombres & sur les affaires humaines : elle est facile & utile aux gens d'épée & de plume : elle est commune à toute sorte de conditions. J'en donne ici quelques démonstrations pour en faire voir la forme sur diverses matieres ; & par les Regles particulieres que j'en donne ensuite & par les instructions, on en peut faire les operations.

La Position se fait en diverses maniere, mais voici la plus ordinaire.

Si 63 aunes coûtent 105 L. comb. coûteront 441 aunes
La Regle & la Réponse font au feüillet 159.

Si 127 set. coûtent 82 L. 15 s. comb. coûteront 635 set.
La Regle & la Reponse font au feüillet 161.

Si pour 420 L. 12 s. 6 d. j'ai eu 100 livres pesant, combien pour 1500 Livres.
La Regle & la Réponse font au feüillet 163.
Si 35 Toises ⅖ coûtent 700 L. comb. coûtent 17 Toises ⅓
La Regle & la Réponse font au feüillet 171.

Pour la Preuve.

Elle se fait par une autre Regle de Trois, & il ne faut seulement que changer les termes & les nombres, c'est-à-dire.

Poser le *dernier* nombre de la Regle qu'on veut prouver, au *premier* nombre de la preuve.

Et poser le *premier* à la place du dernier, voyez aux Regles suivantes & vous en aurez l'intelligence.

O

Pour faire cette Regle de Trois en nombres entiers, ou par Livres feules , *multipliez* 441 Aunes par 105 qui font les *deux derniers nombres*, & *divifez* ce qui en proviendra par le *premier* qui eft 63. Le produit de la divifion vous donnera la Réponfe.

Ainfi vous trouverez que 441 *Aunes coûteront* 735. Livres.

Pour la Preuve.

Elle fe fait par une autre Regle de Trois , difant *Si* 441 *Aunes coûtent* 735 *Livres, combien* 63 *Aunes.* Faites comme deffus , multipliez les deux derniers nombres l'un par l'autre , & divifez ce qui viendra par le premier , comme vous voyez que j'ay fait.

Ainfi vous trouverez que 63 *Aunes coûteront* 105 Livres.

Par Livres seules.

EXEMPLES.

Si 63 aunes coûtent 105 L. comb. coûteront 441 aunes?

$$105$$

$$2205$$
$$441$$

$$46305$$

3
24
424
46405 (735 Livres.
6333
66

Preuve.

Si 441 aunes coûtent 735 L. comb. coûteront 63 aunes.

$$63$$

$$2205$$
$$4410$$

$$46305$$

22
46405 (105 Livres.
44444
444
4

Pour faire cette Régle de Trois par Livres & Sols, il faut proceder comme à la précédente & multiplier les 635 Setiers par 82 L. 15 sols. Après diviser ce qui en proviendra par 127. Le produit de la premiere divifion vous donnera 413 Livres.

Mais il y refte 95 Livres lefquelles il faut multiplier par 20 pour les réduire en fols y ajoûtant les 5 fols de la grande fomme, ainfi que vous voyez que j'ai fait, ce qui en proviendra divifez le encore par 127. il viendra 15 fols.

Ainfi vous trouverez que 635 Setiers coûteront 413 L. 15 fols.

Pour la Preuve.

Elle fe fait, comme j'ai dit, par le contraire difant.

Si 635 fetiers coûtent 413 L. 15 f. combien 117 Set.

Multipliez les deux derniers nombres l'un par l'autre comme deffus, & divifez ce qui en proviendra par le premier.

Ainfi vous trouverez que 127 fetiers coûteront 82 L. 15 fols.

REGLE DE TROIS.

Par Livres & Sols.

EXEMPLES.

Si 127 *setiers coûtent* 82 L. 15 f. *combien* 635 *setiers.*

82 L. 15 f.

```
    ⁊               1270
   ⁊9               5080
  ⁊⁊⁊               317 : 10 f.
 ⁊⁊⁊⁊⁊              158 : 15 f.
⁊⁊⁊⁊⁊⁊ ( 413 Livres.      52546 L. 5 f.
⁊⁊⁊⁊⁊
 ⁊⁊⁊
  ⁊
```

```
       20
      ────────
      1905        ⁊
                  ⁊
                  ⁊⁊
                  ⁊⁊⁊⁊ ( 15 Sols.
                  ⁊⁊⁊⁊
                   ⁊⁊
```

NOTEZ

Que pour réduire le reste des Livres cy-dessus en Sols, je ne mets pas les 95 Livres sur les 20 comme d'autres font : car puisqu'elles se trouvent en haut, il n'est pas nécessaire de les mettre en bas.

Il y a encore une meilleure méthode dont je me sers, c'est qu'au lieu de poser le produit de 20 sous le trait, je le pose un peu plus bas, afin qu'il puisse servir pour la Sous-Division, & pour n'être pas obligé de poser si souvent une même somme.

INSTRUCTION.

Pour faire cette Regle de Trois où il y a des Sols & déniers au premier nombre, il faut procéder d'une autre façon qu'aux precedentes, à cause des 12 fols 6 deniers qui se rencontrent après 420 livres: *Car en fait d'Arithmetique ce qui vaut le moins, c'est ce qui donne le plus de peine ; & une fort petite fraction donnera plus de peine qu'un grand nombre.*

Or j'ay déja dit au feuillet 156 qu'à la Regle de Trois il faut réduire le *premier* & *dernier* nombre en même dénomination, & à la moindre espece; c'est pourquoi il faut réduire tout en deniers, en multipliant premierement les livres par 20 fols pour les reduire en fols, puis par 12 deniers, pour les réduire en deniers, comme vous voyez que j'ai fait.

Cela fait, multipliez les deniers provenus de 1500 livres par 100 livres qui est le *second nombre.*

Il viendra   36000000
que vous diviserez par   100950
Et le produit de la division fera voir que pour 1500 L. on aura   356 *Livres* 9 *Onces.*

Notez.

Que   61800 *qui restent à la Division, il les faut* multiplier par 16 Onces
viendra   938800 *qu'il faut sous-diviser par* 100950
Le produit donnera 9 *Onces.*

REGLE DE TROIS
Par Livres, Sols & Deniers.

EXEMPLES.

Si pour 420 l. 12 f. 6 d. *j'ai eu* 100 l. *comb. pour* 1500 l.

20	20
8412 Sols.	30000 f
12	12
16824	60000
84126	30000
100950 deniers.	360000 d
	100
	36000000

```
        1
        62
       ꝶꝶ8
      6ꝶ0ꝶ
     5ꝶ3ꝶ50
    36000000  ( 356 L. 9 Onces.
   100950000
   100955
   1089
```

16 Onces.
370800
61800
988800

```
        2
       8075
      988800 ( 9 Onces.
     100950
```

Interest est un profit annuelle qu'on tire d'une somme qu'on a mise en constitution de *rente* ou d'*Interest* qui est une même chose, on le propose & on le tire en trois manieres.

La premiere, qui est la plus briéve, & la plus belle est celle que j'ay enseigné au feuillet 125.

La seconde, se fait en *divisant* la somme capitale par le Denier de l'Interest.

La troisiéme, se fait par la Regle de Trois.

Change est un profit qu'on tire d'une somme remise ou par lettre de Change, ou en argent comptant, mais c'est pour un temps limité, il se fait en quatre manieres.

La premiere, *la seconde & la troisiéme* sont au feüillet 131 & 133.

La quatriéme, se fait par la Regle de Trois.

Esconter est un profit qu'on rabat d'une somme dûë en venant payer *comptant* devant le temps, & devant le terme ladite somme qu'on ne devoit payer que dans un autre temps précis & limité entre celui qui a fait l'avance & celuy à qui il devoit.

On esconte ordinairement par la Regle de Trois. Mais j'en donne de belles briévetez au feüillet 135.

Intérests , Changes , Escontes.

Par Régle de Trois.

Intérests au denier 12.

Si 100 L. doivent 8 ⅓ combien devront 4971 livres?
Réponse 414 L. 5 Sols.

Changes à 6 ¼ pour 100.

Si 100 L. gagnent 6 ¼ combien gagneront 3845 livres?
Réponse 240 L. 6 sols 3 den.

Escontes à 6 ¾ pour 100.

Si 106 ¾ sont reduits à 100 liv. combien se red. 3845 l.
Réponse 3618 L. 16 s. 5 d.

La difference qu'il y a entre le Change & l'Esconte sera traitée à la fin de ce Livre. Voyez la Table.

J'appelle cette Régle , Régle de Trois extraor-dinaire , parce que la propofition n'eft pas faite comme aux précédentes ; & parce auffi qu'il faut faire une fouftraction avant que de former la Ré-gle.

Or fi vous défirez fçavoir ce qu'on gagne pour 100 en cette vente , ôtez la *fomme que la Marchandife a coûtée , de la fomme qu'elle a été venduë.*

C'eft-à-dire de 397 *Livres*
ayant été 324 L.
───────────────────────────
reftera 73 L. *de profit en tout.*

Cela fait, faites votre Régle de Trois à l'ordinai-re , & vous trouverez 22 L. 10 f. 7 d. pour 100.

'Autrement dit j'ai gagné 22 ½ pour 100 fur la-dite vente.

REGLE DE TROIS

Extraordinaire.

Si une Marchandise qui a coûté 324 Livres à été venduë 397 *Livres.*

Sçavoir combien on y a gagné pour 100.

Réponse 22 L, 10 f. 7 d.

de 397 L.
en ayant ôté 324 L. dites.

Si *fur* 324 l. on gagne 73 l. comb. gagnera-t'on *fur* 100 l.

100
————
7300

1
27
88
7922
7322 (22 Livres.
3244
32

20
————
3440

20
3440 (10 Sols.
3244
32

12
————
2400

13
362
2400 (7 deniers.
324

Plusieurs Régles de Trois

Avec leurs seules Réponses.

Si 1600 *hommes dépensent* 1900 *l. combien* 5000 *hom.*
Réponse 5937 L. 10 *s.*

Si 1 *Setier fait* 225 *Rations , combien* 43 *Setiers ?*
Réponse 9675 *Rations.*

Si pour 1 *jour il faut* 9675 *rations comb. pour* 90 *jours,*
Réponse 870750 *Rations qui font* 3870 *Setiers en*
divisant par 225 *Rations au Setier.*

Si 1000 *l. coûtent* 23 L. *de voiture , combien* 4715 *l.*
Réponse 108 L. 8 *s.* 10 d.

Si 4300 *hommes dépensent* 216 *Set. comb.* 10000 *hom.*
Réponse 502 *Setiers* 3 *Boisseaux.*
Plusieurs

Plusieurs Règles de Trois.

Avec leurs seules Réponses.

Si 80 hommes font 17 toises de fossé, combien 100 hom.
Réponse 42 toises 3 pieds.

Si en 365 jours j'ai de revenu 3000 l. comb. pour 1 jour
Réponse 8 L. 4 f. 4 d.

Si en 22 jours j'ai fait 250 lieuës combien en 365 jours,
qui est une année de voyage.　　Réponse 4147 lieuës.

Si 2750 L. profitent 209 L. combien 8000 Livres.
Réponse 608 Livres.

Si $\frac{3}{4}$ de velours valent 18 l. 15 f. combien $\frac{2}{3}$ d'aunes.
Réponse 16 L. 13 f. 4 d.

P

Pour faire cette Régle de Trois avec Fractions, il faut multiplier le *premier nombre* qui eſt 3 5 par 2 à cauſe de la *Demi* Toiſe, mais il y faut ajouter le 1 du deſſus, & feront 71.

Après il en faut faire autant du *dernier nombre*; multipliant 17 Toiſes par 3 à cauſe du *Tiers*, & y ajoûter le 1 du deſſus & feront 52.

> *Alors le premier nombre eſt réduit en Demi*
> *Et le dernier nombre   en Tiers.*

Mais parce qu'à la Régle de Trois le *premier* & *dernier* nombres doivent être d'une même dénomination & qualité, il faut de néceſſité multiplier les 71 du *premier* nombre par le trois du *dernier*, & les 52 du *dernier* par le 2 du *premier*, comme vous voyez que j'ai fait.

Et pour lors l'un & l'autre ſont d'une même eſpece & dénomination : Que ſi vous en voulez ſçavoir la définition & la qualité, ce ſont des *ſixiémes* à cauſe qu'on a multiplié par 2 & par 3, & que 2 fois 3 font 6, ainſi ce ſont aſſurement des *ſixiémes.*

Cela fait.

Faites votre Régle de Trois à l'ordinaire, c'eſt-à-dire multipliez les deux derniers nombres 104 par 700 & diviſez le produit par le premier qui eſt 213.

> *Et la Réponſe ſera 341 L. 15 ſ. 8 d.*

REGLE DE TROIS
Avec les Fractions.

EXEMPLE.

Si 35 Toises ½ coûtent 700 l. comb. coûtent 17 Toises ⅗.

2		3
71	104	52
3	700	2
213	72800	104

```
        1
        86
        857
       19987
      72800 ( 341 Livres.
      21333
       211
        2

         20
        3340

        14
        26
       6215
      3340 ( 15 Sols.
      2133
       21

        12
       290
       145
      1740

        3
       866
      1740 ( 8 Deniers.
       255
```

INSTRUCTION.

Cette regle de Trois par Fractions eſt ſi aiſée, qu'il ne faut que multiplier le *deſſus* de la Fraction par le *deſſous* de l'autre, & poſer le produit au côté d'où l'on s'eſt ſervi du deſlus(*ce qu'il faut faire des deux côtez.*)

Cela fait,faites votre Regle de Trois à l'ordinaire, c'eſt-à-dire multipliez les *deux derniers* nombres en-ſemble,& diviſez le produit par le *premier* nombre.

Exemple.

Si $\frac{3}{4}$ d'*Aulnes valent* 11 *Livres combien* $\frac{5}{6}$ d'*Aune*.
$\hspace{4cm}$ *Réponſe* 12 L. 4 ſ. 5 d.
Si $\frac{4}{7}$ de *Toiſe valent* 9 *Livres,combien* $\frac{5}{11}$ de *Toiſe*.
$\hspace{4cm}$ *Reponſe* 4 L. 15 ſ. 5 d.

Autrement.

On la peut faire comme j'ai fait ici à côté,par les Parties de 12 & de 24 qui ſont belles.

Mais les plus belles ſont celles de 60 & *de* 120.

Car on ne ſçauroit trouver aucun nombre au deſ-ſous d'iceux qui ait tant de parties égales ou alicotes.

(*De ce beau nombre de* $\hspace{1cm}$ 60)

la *Moitié*	eſt 30
le *Tiers*	eſt 20
le *Quart*	eſt 15
le *Cinquiéme*	eſt 12
le *Sixiéme*	eſt 10
le *Dixiéme*	eſt 6
le *Douziéme*	eſt 5
le *Quinziéme*	eſt 4
le *Vingtiéme*	eſt 3
le *Trentiéme*	eſt 2

Ainſi on peut s'en ſervir en diverſes rencontres.

Voyez le Traité à la fin de ce Livre où les Fractions ſont plus étenduës.

REGLE DE TROIS

Par Fractions.

Une Piece d'Etoffe ou de Toile qui n'a que ½ aune de large, ayant coûté 64 L. 10 f.

Combien coûtera une femblable piece de ⅔ d'aune de large : *Réponfe* 86 L.

Si ½ de largeur coûte 64 l. 10 f. combien ⅔ de largeur.

$$
(3 \quad \overline{\quad 258 \quad}^{4} \quad 4)
$$

$$
\underline{258} \ (\ 86 \ Livres.
$$

Autrement.

Par les Parties de 12

Prenez la moitié de 12 fera   6

& les deux tiers feront   8

Si 6 coûtent   64 L. 10 f. *combien coûteront* 8

$$
\underline{\quad 8 \quad}
$$

516 L.

$$
\underline{516} \ (\ 86 \ Livres.
$$

INSTRUCTION

La perfection de notre Art est d'être clair & court , c'est-à-dire , de donner des Instructions claires & intelligibles ; & des Méthodes briéves & faciles.

Pour faire cette Regle de Trois avec trois Fractions.

Multipliés les *deux deſſous* des deux *dernieres* Fractions par le *deſſous de la premiere,* c'est-à-dire multipliez 2 par 3 & le 6 qui en proviendra par 4 viendra 24 qui ſera Diviſeur.

Après multipliez les *deux deſſus* des *deux dernieres* Fractions par le *deſſous de la premiere* , c'est-à-dire, multipliez 5 par 2 & 10 par 3 viendra 30 *qu'il faudra diviſer.*

La Réponſe ſera 1 & ¼

Ce *Quart* vient du 6 qui reſte à la Diviſion ; parce que 6 eſt le *quart* de 24 qui eſt le *Diviſeur.*

REGLE DE TROIS
Par Fractions de Fractions.

EXEMPLE.

Si $\frac{2}{3}$ de L. gagnent $\frac{2}{3}$ de Liv. combien gagneront $\frac{5}{4}$

$$\frac{2}{6}$$
$$\frac{4}{\text{Diviseur } 24}$$

$$\frac{10}{3}$$
$$\frac{30 \text{ à diviser :}}{}$$

16
$$30 \; (\; 1 \frac{1}{4}$$
24

On peut faire la même régle,

Par nombres entiers, ou parties de 20 sols.

Si 8 sols gagnent 13 s. 4 d. combien gagneront 15 sols.

$$\frac{15}{65}$$
$$13$$
$$\frac{5}{200}$$

$$\frac{4}{200 \; (\; 25 \text{ Sols.}}$$
$$\frac{}{68}$$

Le Marc la Livre, ou sol la Livre
est une même chose.

Pour tirer le sol pour livre, il ne faut que *reduire en sols la somme* qu'on veut distribuer ou départir, & *diviser* tous lesdits sols par la somme capitale.

Après, ayant sçû par la Regle de Trois, ou par la seule division combien de sols ou deniers il appartient à chaque livre, il faut multiplier la somme de chaque particulier par lesdits sols & deniers. & ce qui viendra de la multiplication sera la portion & la part de chaque particulier.

Mais s'il n'y a que des deniers pour livre, voyez cy-dessous

A 1 Denier pour Livre Divisez la somme par 240

A 2 Deniers pour Livre   Divisez par 120

A 3 Deniers pour Livre   Divisez par 80

A 4 Deniers pour Livre   Divisez par 60

A 5 Deniers pour Livre   Divisez par 48

A 6 Deniers pour Livre   Divisez par 40

A 7 Deniers multipliez par 7 & Divisez par 240

A 8 Deniers pour Livre   Divisez par 30

A 9 Deniers multipliez par 9 & Divisez par 240

A 10 Deniers pour Livre   Divisez par 24

A 11 Deniers multipliez par 11 & Divisez par 240

A 1 SOL pour LIVRE *coupez la derniere figure de la somme & prenez la moitié*

                        ou voyez f. 59.

A 2 Sols A 3. 4. 5. 6. 7. 8. 9. Sols pour Livre, *multipliez la somme des Livres par les Sols qui viennent à chaque Livre, le produit sera le profit.*

Pour tirer

le Sol & Denier pour Livre.

C'eſt tirer les *ſols & deniers* qui viennent à chaque livre d'une *Somme totale* ou d'un fond capital
à proportion du *profit* que ledit fond a fait.

EXEMPLE.

Sſ 64100 L. *gagnent* 24839 L. *combien* 1 *Livre ;*
20 *ſols.*
————————————
496780 *ſols.*

4
7̶80
4̶9̶6̶7̶80 (7 *Sols.*
0̶4̶1̶0̶0̶
————————————

1 2
————————————
96160
48080
————————————
576960

3̶
5̶7̶6̶9̶60 (9 *Deniers.*
0̶4̶1̶0̶0̶

Réponſe 7 ſ. 9 d. *pour Livre.*

REGLE

DE

COMPAGNIE

AVIS

Cette Regle est facile à faire, parce qu'il ne faut sçavoir que la Regle de Trois, & faire autant de Regles de Trois qu'il y a de personnes en Compagnie.

Mais je vous avertis que je suppose ici qu'on sçache ladite Regle de Trois avant que d'entreprendre cette Regle de Compagnie. C'est pourquoy vous ne verrez aux feüillets suivans , que les *Instructions* , les *Questions* , les *Positions* , les *Réponses* , & les *Preuves.* Mais vous n'y verrez point les *Operations* des Regles de Trois, à cause que je suppose qu'on les sçait faire.

DE LA REGLE
DE COMPAGNIE.

POUR LES MARCHANDS & ASSOCIEZ,
Quands ils veulent partager leur profit, feuillet 181

POUR LES FINANCIERS, *lorsqu'ils veulent partager le profit qu'ils ont fait par l'avance des sommes qu'ils ont financées.* f. 183

POUR LES TRESORIERS DE FRANCE, *lors qu'ils veulent faire le département des Tailles & distribution en leurs Généralités & Elections.* f. 185

POUR LES FERMIERS GENERAUX, & *Sous-Fermiers, pour partager le profit qu'ils ont fait pour les sommes qu'ils ont avancées.* f. 187

POUR LES TRESORIERS *de l'Ordinaire & Extraordinaire des Guerres : lorsque le fonds de leur Recepte est moindre que celui de la dépense.* f. 189

POUR LES COMPTABLES, *quand le fonds n'est pas suffisant pour payer les gages des Officiers, à cause des non-valeurs.* f. 191

POUR LES COMMISSAIRES *au Châtelet, quand il faut dresser le compte des Mineurs, & que le fonds n'est pas suffisant pour payer le dû des Créanciers.* f. 193

Voyez à la fin de ce Livre ou à la Table, pour plusieurs autres Régles de Compagnie.

Pour faire cette Regle de Compagnie entre Marchands , negocians ou autres associez , il ne faut qu'ajouter les sommes qu'ils ont mises , comme vous voyez que j'ai fait.

Après formez vos Regles de Trois , & ayant multiplié la somme que chacun a mise par le profit commun qui est 6111 livres , divisez ce qui proviendra de la multiplication par le fonds capital , c'est-à-dire , par le total 20300.

Et le produit des trois divisions qu'il faut faire à chaque Regle de Trois , vous donnera la part du profit qui doit venir à chacun desdits associez.

Pour la Preuve.

Assemblez les profits qui viennent à chacun , & les ayant ajoûtez vous trouverez le profit commun. qui est 6111 Livres.

Mais il vous manquera 3 deniers à cause des restes des trois dernieres divisions. Que si vous en voulez voir la justesse , ajoutez ces trois restes , & divisez le produit par 20300 & vous trouverez justement 3 den. à partager en 4 c'est-à-dire *trois quarts de deniers* pour chaque particulier.

REGLE

REGLE DE COMPAGNIE

Pour les Marchands.

EXEMPLE.

Quatre Marchands ou autres affociez ont fait un fonds dans une bourfe commune fur lequel ils ont profité 6111 Livres fçavoir combien chacun aura de profit à proportion de la fomme que chacun a mife.

Le Premier	a mis 7000 L.	
Le Second	a mis 5400 L.	Profit 6111 Livres.
Le Troifiéme	a mis 4900 L.	
Le Quatriéme a mis 3000 L.		

20300 Livres.

Si 20300 L. gagnent 6111 L. comb. gagneront 7000 l.
Réponfe 2107 L. 4 f. 9 d.

Si 20300 L. gagnent 6111 L. comb. gagneront 5400 l.
Réponfe 1625 L. 11 f. 8 d.

Si 20300 L. gagnent 6111 L. comb. gagneront 4900 l.
Réponfe 1475 L. 1 f. 4 d.

Si 20300 L. gagnent 6111 L. comb. gagneront 3000 l.
Réponfe 903 L. 2 f. ..... d.

Preuve.

Le premier doit avoir	2107 L.	4 f.	9 d.
Le Second	1625 L.	11 f.	8 d.
Le Troifiéme	1475 L.	1 f.	4 d.
Le Quatriéme	903 L.	2 f.	d.

3 d. de refle.

6111 Livres.

Q

INSTRUCTION

Ordinairement les sommes qu'on finance & qu'on avance dans les Parties sont proportionnées aux parties de 20 sols, c'est-à-dire que de 20 parties, les uns y sont de plus, les autres y sont de moins.

Par Exemple.

Cinq personnes veulent faire un fonds de 87000 livres.

Le Premier y veut être	6 f.	
Le Second y veut être	5 f.	
Le Troisiéme	4 f.	Pour livre.
Le Quatriéme	3 f.	
Le Cinquiéme	2 f.	

Total 20 sols. Et sur ce fondement.
On demande qu'est ce que chacun doit financer.

Pour le sçavoir.

Multipliez seulement les   87000 Livres.

Par 6 f. viendra pour le premier		26100 Livres.
Par 5 f.	le second	21750 L.
Par 4 f.	le troisiéme	17400 L.
Par 3 f.	le quatriéme	13050 L.
Par 2 f.	le cinquiéme	8700 L.
20 f.		87000 Livres.

Cela fait.

Pour faire la Régle de Compagnie & partager le profit commun entr'eux, il faut faire comme dessus : C'est à-dire multiplier la somme du profit par les 6 f. du premier, il viendra juste ce qui lui appartient, après les 5 sols du second, ainsi des autres.

REGLE DE COMPAGNIE.

Pour les Financiers.

EXEMPLE.

Cinq Particuliers ont fait un fonds de 87000 Livres.

Le Premier   a mis 26100 L. ⎫
Le Second   a mis 21750 L. ⎪
Le Troisiéme   a mis 17400 L. ⎬ Ils ont profité
Le Quatriéme   a mis 13050 L. ⎪ 19003 livres.
Le Cinquiéme   a mis 8700 L. ⎭

Total 87000 Livres.

On demande combien il vient à chacun de profit.

Pour faire cette Regle.

Il n'est pas nécessaire de former des Régles de Trois (si l'on ne veut, & comme j'ai fait cy-devant) mais il ne faut seulement que multiplier 19003 livres de profit par 6 sols puis par 5 , 4 , 3 & 2 ce ne sont que de petites Multiplications , c'est pourquoy je ne mettrai point ici les Régles , lesquelles étant faites vous trouverez qu'il viendra.

Au Premier   5700 L. 18 f.
Au Second   4750 L. 15 f.
Au Troisieme   3800 L. 12 f.
Au Quatriéme   2850 L. 9 f.
Au Cinquiéme   1900 L. 6 f.

Preuve 19003 Livres de Profit.

Le courant des Régles de Compagnie pour les Financiers sera traité après les Fractions.

Voyez à la Table.

Q ij

INSTRUCTION

Le Roi mande à la Generalité de Lion d'impofer la fomme de 64200 Livres fur les 4 Elections qui en dépendent : fçavoir *Montbrifon*, *Roanne*, *Villefranche*, & *faint Etienne*.

Ordinairement on fait le partage des Tailles fur le pied de l'impofition précédente : Or fupofé que l'impofition précédente ait été

à Montbrifon	de	19750 L.
à Roanne	de	14315 L.
à Villefranche	de	10430 L.
à S. Eftienne	de	9005 L.
		53500 L.

On demande combien chacune defdites Elections doit porter d'augmentation ?

Pour faire cette Régle.

Il faut premierement voir combien cette derniere impofition eft plus grande que la premiere, & faifant une fouftraction, vous trouverez 10700 liv. lefquelles il faut réduire en fols & divifer le produit par la derniere impofition qui eft 53500 livres. Il viendra 4 fols juftes pour chaque livre qui avoit été impofée aufdites Elections.

Cela fait.

Il n'eft pas mal-aifé de faire le département : car il faut feulement multiplier par 4 fols les fufdites fommes cy-devant impofées, & viendra l'augmentation de chaque Election.

Que fi les fols ne venoient pas juftes, & qu'il y eût des *Deniers*, & même des parties de deniers, il faut obferver l'ordre & la méthode du feüillet 63.

REGLE DE COMPAGNIE
Pour les Tréforiers de France.

EXEMPLE.

Selon ledit ordre il faut impofer	64200 L.
Et felon ladite Inftruction faut ôter	53500 L.
Il fe trouve d'augmentation	10700 L.
Qu'il faut réduire en fols par	20 f.
il vienara	214000 L.

Et lefdits fols 214000 (4 *fols pour Livre.*
les divifer par 53500

Maintenant pour fçavoir l'augmentation ou la recrue de chaque Election , il ne faut que multiplier par 4 fols les fommes dont elles étoient cotifées en la derniere impofition & vous trouverez que

Pour 19750 L. *de Montbrifon viendra*	3950 L.
Pour 14315 L. *de Roanne , viendra*	2863 L.
Pour 10430 L. *de Villefranche ,*	2086 L.
Pour 9005 L. *de Saint Eftienne ,*	1801 L.
	Preuve 10700 L.

INSTRUCTION.

Cette Regle de Messieurs les Fermiers,
Est la même que celle des Financiers.

Voyez au feuillet 182.

Quelquefois les uns & les autres au lieu d'exprimer le fond de leur Parti par les Parties de 20 sols, ils se servent des termes de *Fractions*.

En voici la Démonstration.

Au lieu de dire Je suis sur	*20 sols.*
Pour 5 s. ils disent *Je suis pour*	$\frac{1}{4}$
Pour 4 s. *Je suis pour*	$\frac{1}{5}$
Pour 3 s. 4 deniers *Je suis pour*	$\frac{1}{6}$
Pour 2 s. 6 den. *Je suis pour*	$\frac{1}{8}$
Pour 2 s. *Je suis pour*	$\frac{1}{10}$
Pour 1 s. 8 den. *Je suis pour*	$\frac{1}{12}$
Pour 10 den. *Je suis pour*	$\frac{1}{24}$
Pour 8 den. *Je suis pour*	$\frac{1}{30}$
Ces sols valent 20 sols.	*Ces fractions valent 1 livre.*

Il est pourtant plus facile de s'expliquer & faire le département du profit par les parties de 20 sols que par les Fractions, parce que tous n'en ont pas l'usage. J'ai voulu néanmoins en donner ici cette démonstration, afin qu'on puisse voir l'égalité des Fractions vulgaires de la livre avec les Fractions Arithmetiques.

La Question, l'Instruction, la Réponse & la Preuve sont ici à côté. Que si vous avez la curiosité de sçavoir combien chacun a financé dans le Parti à proportion des Parties susdites.

Dites,

Si 20 sols donnent 1000000 livres, combien 5 sols ? & ainsi des autres.

REGLE DE COMPAGNIE
Pour les Fermiers Generaux.

EXEMPLE.

8. Affociez ont fait un fonds d'un *Million* pour l'entreprife d'une Ferme, à laquelle chacun y eft à proportion de fon avance & de fa finance.

Le *Premier* y eft Pour 5 fols.
Le *Second*   Pour 4 f.
Le *Troifiéme*   Pour 3 f. 4 deniers.
Le *Quatriéme*   Pour 2 f. 6 d.
Le *Cinquiéme*   Pour 2 f.
Le *Sixiéme*   Pour 1 f. 8 d.
Le *Septiéme*   Pour   10 d.
Le *Huitiéme*   Pour   8 d.

Total 20 Sols.

Sur ladite Ferme ils ont profité 123456 Livres. Sçavoir combien chacun doit avoir.

Multiplier 123456 Livres par les 5 fols du *Premier*. Après par les 4 fols du *Second*, & par les 3 fols 4 deniers du *Troifiéme*, & ainfi des autres.

Et vous trouverez que

Le *Premier* doit avoir 30864 Livres.
La *Second*   24691 L.   4 f.
Le *Troifieme*   20576 L.
Le *Quatriéme*   15432 L.
Le *Cinquiéme*   12345 L. 12 f.
Le *Sixiéme*   10288 L.
Le *Septiéme*   5144 L.
Le *Huitiéme*   4115 L.   4 f.

Preuve 123456 L.

INSTRUCTION

Cette Démonstration n'eſt que pour *l'extraordinaire* : Car pour l'ordinaire étant fixé, il eſt aiſé d'en faire le département, on départe à chaque Meſtre de Camp ce qui lui appartient à cauſe de ſon Régiment, après le Meſtre de Camp, aux Capitaines pour leurs Compagnies, & les Capitaines à leurs Officiers, Cavaliers ou Soldats.

On départ l'Extraordinaire au ſol la livre,
En prenant pour ſujet l'Exemple ici à côté dites,
Si 840910 l. donnent 714774 l. combien pour 1 Livre.
Réponſe 17 ſols pour Livre.

Pour l'Etat Major.

Je ſuppoſe

Au Meſtre de Camp,	500 Livres.
Au Sergent Major,	350 L.
A l'Aide Major,	200 L.
Au Maréchal des Logis,	130 L.
A l'Aumonier,	75 L.
Au Chirurgien,	50 L.

Pour l'Infanterie.

Au Capitaine,	300 Livres.
Au Lieutenant,	180 L.
A l'Enſeigne,	100 L.
Aux 2 Sergens	60 L.
Aux 2 Caporaux,	45 L.
Aux 2 Anſpeſſades,	33 L.
A 100 Soldats,	1500 L.
Ou à chacun	15 L.

Pour la Cavalerie.

Au Capitaine,	1200 Livres.
Au Lieutenant,	800. L.
Au Cornette,	500 L.
A 60 Maiſtres,	6000 L.
ou à chacun	100 L.

REGLE DE COMPAGNIE
Pour les Treforiers de
l'Ordinaire & Extraordinaire des Guerres.

Suppofez,

Que l'Eſtat des Apointemens des Officiers d'un corps d'armée revient juſte à la ſomme de 840910 L. & que le Tréſorier n'eût pour payer que 714774 L. pour leur diſtribuer : *Sçavoir* combien, c'eſt pour Livre. Par le ſol pour Livre, il vient 17 ſols, & ayant multiplié par 17 ſols la ſomme appointée à chaque Officier, vous trouverez

Pour l'Etat Major.

Au Meſtre de Camp,	425 *Livres.*
Au Sergent Major,	297 L. 10 ſ.
A l'Aide Major,	170 L.
Au Marechal des Logis,	110 L. 10 ſ.
A l'Aumonier,	63 L. 15 ſ.
Au Chirurgien,	42 L. 10 ſ.

Pour l'Infanterie.

Au Capitaine,	255 *Livres.*
Au Lieutenant,	153 L.
A l'Enſeigne,	85 L.
Aux 2 Sergens,	51 L.
Aux deux Caporaux,	38 L. 5 ſ.
Aux 2 Anſpeſſades,	28 L. 1 ſ.
A 100 Soldats,	1275 L.
ou à chacun	12 L. 15 ſ.

Pour la Cavalerie.

Au Capitaine,	1020 *Livres.*
Au Lieutenant,	680 L.
Au Cornette,	425 L.
A 60 Maiſtres	5100 L.
ou à chacun,	85 L.

INSTRUCTION.

Quant la Recepte du Comptable n'eſt pas ſuffiſante pour payer au juſte les Gages des Officiers d'une Generalité ou Election à cauſe des non-valeurs, il faut faire le département au Sol la Livre, ce qui eſt facile comme j'ai déja montré.

Exemple.

Supoſez que les gages des Officiers montent à 34567 L.

	A 3	*Préſidens*,	6720 L.
	A 3	*Lieutenans*,	5410 L.
	A 15	*Elûs*,	12800 L.
Sçavoir	A 1	*Procureur & Avocat du Roi*	1500 L.
	A 1	*Greffier*,	615 L.
	A 3	*Receveurs des Tailles*,	7522 L.
		Total	34567 L.

Suppoſez auſſi
Que le Comptable n'ait pour payer que 23046 Livres,
on demande combien vient à chacun au ſol la Livre.

Dites,

Si 34567 L. donnent 23046 L. Combien 1 Livre.
Réponſe 13 ſ. 4 d. pour Livre.

C'eſt-à-dire qu'il faut multiplier par 13 ſ. 4 d. la ſomme des Gages des Préſidens, Lieutenans & autres Officiers, & vous ſçaurez ce qui vient à chacun, ou bien en prenant les *deux tiers* de chaque ſomme.

Il eſt vrai qu'il reſtera à départir entr'eux 320. deniers qui ſont 26 ſ. 8 deniers, leſquels ſont de petite conſidération : car quand ils ſeroient réduits en Obole, Pite & Demi Pite, ce ne ſeroit qu'un *Centiéme de Denier* pour Livre, & cela ne vaut pas le dire.

Auſſi dans la *Chambre des Comptes*, on ne tient point de comptes de ces petites parties.

REGLE DE COMPAGNIE

Pour les Comptables

Pour les Gages des Officiers.

Suppofez

Que l'état des gages des Officiers d'une Generalité qu'on doit payer, revient jufte à 34567 Livres,
& que le Comptable n'eût pour payer que 23046 Liv.

Pour fçavoir ce qui viendra à chacun en particulier, il faut multiplier les gages ou la fomme que
chaque Officier devroit avoir par 13 f. 4 deniers,
felon l'Inftruction icy à côté, ou bien prendre *les
deux tiers*, qui eft une même chofe, ce faifant vous
trouverez

Que

Les 3 Préfidens auront	4480	Livres.
Les 3 Lieutenans,	3606	L. 13 f. 4 d.
Les 15 Elûs,	8533	L. 6 f. 8 d.
Le Procureur & Avocat du Roi	1000	L.
Le Greffier,	410	L.
Les 3 Receveurs des Tailles,	5014	L. 13 f. 4 d.
Refte	1	L. 6 f. 8 d.
Preuve	23046	L.

INSTRUCTION.

Quand le bien des Mineurs ou autres débiteurs n'est pas suffisant pour payer le deub des Créanciers, c'est-à-dire, quand le bien doit plus qu'il ne vaut, il faut sçavoir par le *Sol pour Livre* ce qu'il doit venir à chacun à proportion de la somme qui lui est dûe.

Cette Regle sert aussi pour partager
Le bien d'un Banqueroutier.

En ce département on observe exactement en justice de mettre en ordre les premieres dettes, mais les Medecins, Apotiquaires & Chirurgiens, qui ont servi le Pere ou la Mere des Mineurs, sont mis au premier rang, quoiqu'ils soient les derniers, & les frais de justice sont mis ensuite. Pour les autres Créanciers ils sont payés selon leurs dégrés, tant qu'il y a de fonds, mais les derniers perdent, lors qu'il ne reste rien pour eux.

EXEMPLE.

Un Bien n'a été vendu que   13970 Livres.
& il est deub aux 9 Articles suivans 24120 Livres.

Sçavoir,

Aux Medecins, Apotiquaires & Chirurgiens	140 L.
A la Justice pour les frais,	755 L.
Au premier Créancier,	8000 L.
Au Second,	3000 L.
Au Troisiéme,	4810 L.
Au Quatriéme,	92 L.
Au Cinquiéme,	4000 L.
Au Sixiéme,	2000 L.
Au Septiéme,	1323 L.
Total des dettes	24120 L.

REGLE

REGLE DE COMPAGNIE

Pour les Commiſſaires
du Chaſtelet.

Suppoſez donc comme j'ai dit icy à côté, qu'un bien abbondonné aux Créanciers n'a été vendu que la ſomme de 13970 Livres. & que les dettes ſe montent à 24120 Livres.

Pour ſçavoir Combien
il vient à chacun, dites
Par Regle de Trois.

Si 24120 L. doivent 13970 L. combien 1 Livre. Réponſe 11 ſ. 7 den. C'eſt-à-dire qu'il faut multiplier par 11 ſ. 7 d. toutes les ſommes dûës aux Créanciers, & on trouvera ce qu'il vient à chacun à proportion de la dette; il eſt vrai qu'il reſte 10 ſ. par deſſus leſquels il faut ajouter aux ſommes ci-deſſous : afin de voir la juſteſſe de cette operation, laquelle montrera la part de chacun :

Sçavoir,

Aux Medecins, Apotiquaires, &c.	81	L.	1	ſ.	8	d.
A la Juſtice pour les frais,	437	L.	5	ſ.	5	d.
Au Premier Creancier,	4633	L.	6	ſ.	8	d.
Au Second,	1737	L.	10	ſ.		
Au Troiſiéme,	2785	L.	15	ſ.	10	d.
Au Quatriéme,	53	L.	5	ſ.	8	d.
Au Cinquiéme,	2316	L.	13	ſ.	4	d.
Au Sixiéme,	1158	L.	6	ſ.	8	d.
Au Septiéme,	766	L.	4	ſ.	9	d.
Reſte			10	ſ.		

Total des Payemens 13970 L.

R

La Regle de Compagnie se fait en trois façons ; par la *Regle de Trois*, par *le Sol la Livre*, & par le *Tarif*, mais celle ci est la plus belle Méthode de toutes, parce qu'on pourroit faire un département à cent mille habitans, s'il étoit nécessaire.

Il faut sçavoir

Que dans toutes les Communautés on y conserve un Livre où tous les habitans & chefs de familles sont écrits & cottisés à proportion du bien qu'ils possedent dans l'étendue de la Communauté. Dans ce livre il y a une somme generale qui contient toutes les autres particulieres, supposez donc qu'elle se monte à 3025 L. *& qu'il arrive qu'on doive imposer* 10800 L. *soit pour la Taille ordinaire, soit pour quelqu'autre levée de Deniers extraordinaire.*

Pour faire cette Regle, il faut dire par Regle de 3 Si 3025 L. doivent 10800 L. combien 1 L. seule.

Réponse 3 L. 11 s. 4 d. obole. pite.

Mais parce qu'une *obole* & *pite* sont trois quarts de deniers dans cette distribution & département, on y mettroit 5 deniers au lieu de 4. Et en cela on ne surchargeroit toute la Communauté que de 36 sols, qui est de nulle considération sur un total.

Supposez donc qu'une livre doive 3 L. 11 s. 5 d. *Commencez votre Tarif comme j'ai fait, sçavoir,*

Depuis	1 livre	*jusqu'à*	10
De	10	*jusqu'à*	100
De	100	*jusqu'à*	1000

Cela fait posez droit de la premiere ligne 3 l. 11 s. 5 d. *après écrivez sur une petite liste de papier de la forme que je l'ai tracée & figurée,* * *lesdites* 3 L. 11 s. 5 d. *Et en descendant (jusqu'à* 10 L. *seulement) ajoûtez une ligne à l'autre, la derniere & la premiere écrite, & ces deux doivent composer la valeur de la ligne suivante.*

Mais à 10 L. *il faut rechanger cette petite liste, & y mettre* 35 L. 14 s. 2 d. *& continuer jusqu'à* 100. *Et à* 100 *la rechanger pour la derniere fois, & y mettre* 357 l. 1 s. 8 d. *& continuer ainsi comme dessus jusqu'à* 1000

Experimentez ceci sur un papier, & vous verrez qu'il n'y a rien de plus familier ni de plus facile.

REGLE DE COMPAGNIE.
PAR TARIF.

★ | 3 L. 11 ſ. 5 d. |

1 Livre doit	3 L. 11 ſ. 5 d.
2 Livres doivent	7 L. 2 ſ. 10 d.
3 Livres doivent	10 L. 14 ſ. 3 d.
4 Livres doivent	14 L. 5 ſ. 8 d.
5 Livres doivent	17 L. 17 ſ. 1 d.
6 Livres doivent	21 L. 8 ſ. 6 d.
7 Livres doivent	24 L. 19 ſ. 11 d.
8 Livres doivent	28 L. 11 ſ. 4 d.
9 Livres doivent	32 L. 2 ſ. 9 d.
10 Livres doivent	35 L. 14 ſ. 2 d.
20 Livres doivent	71 L. 8 ſ. 4 d.
30 Livres doivent	107 L. 2 ſ. 6 d.
40 Livres doivent	142 L. 16 ſ. 8 d.
50 Livres doivent	178 L. 10 ſ. 10 d.
60 Livres doivent	214 L. 5 ſ.
70 Livres doivent	249 L. 19 ſ. 2 d.
80 Livres doivent	285 L. 13 ſ. 4 d.
90 Livres doivent	321 L. 7 ſ. 6 d.
100 Livres doivent	357 L. 1 ſ. 8 d.
200 Livres doivent	714 L. 3 ſ. 4 d.
300 Livres doivent	1071 L. 5 ſ.
400 Livres doivent	1428 L. 6 ſ. 8 d.
500 Livres doivent	1785 L. 8 ſ. 4 d.
1000 Livres doivent	3570 L. 16 ſ. 8 d.

Pour ſe ſervir du preſent Tarif il n'eſt rien de plus facile ; car par exemple, un habitant eſt cottiſé ſur le Livre de Communauté de 29 L. il eſt aiſé de voir que
29 L. doivent   71 L. 8 ſ. 4 d.
Si de 29 il faudroit ajouter pour les 9 | 32 L. 2 ſ. 9 d.
& le tout monteroit à la ſomme de 103 L. 11 ſ. 1 d.
qu'il devroit.

INSTRUCTION

Cette Regle de Compagnie par Temps, c'eſt-à-dire, à divers Temps, eſt fort peu differente de la Regle de Compagnie ordinaire.

Il en faut ſeulement multiplier la *ſomme* de chacun par le tems que les aſſociez l'ont laiſſée en ſocieté, & ayant ajoûté les 3 produits comme vous voyez que j'ai fait par la Régle de Trois, dites :

Si 209000 gagnent 4321 L. Combien 72000
Combien 77000
Combien 60000

'Ainſi vous trouverez ce qu'il vient à chacun & ayant ajoûté leur profit, vous trouverez 4321 liv. juſte, ſi ce n'eſt 2 deniers qui ne ſe peuvent partager en trois.

REGLE DE COMPAGNIE

Par Temps.

3. Marchands ou autres ont fait Compagnie.

Le *Premier* a mis 9000 L. pour 8 mois.
Le *Second* a mis 7000 L. pour 11 mois.
Le *Troisiéme* a mis 5000 L. pour 12 mois.

Ils ont gagné 4321 Livres.

Sçavoir combien vient à chacun à proportion de *l'Argent* qu'ils ont avancé, & du Temps qu'ils l'ont laissé en Compagnie.

Réponse. Au *Premier* 1488 L. 11 f. 5 d.
Au *Second* 1591 L. 18 f. 11 d.
Au *Troisiéme* 1240 L. 9 f. 6 d.
reste 2 d.

Preuve 4321 Livres.

REGLE.

9000	7000	5000
8	11	12
72000	77000	60000
77000		
60000		
209000		

Si 209000 gagnent 4321 L. combien 72000
Réponse 1488 L. 11 f. 5 d.

Si 209000 gagnent 4321 L. combien 77000
Réponse 1591 L. 18 f. 11 d.

Si 209000 gagnent 4321 L. combien 60000
Réponse 1240 L. 9 f. 6 d.

R iij.

INSTRUCTION

Cette Régle de Compagnie avec Facteurs, Direc-teurs ou Commis, est assez facile à faire, il ne faut que chercher ou supposer un nombre auquel on puisse prendre la *moitié* & le *tiers*, la moitié pour les *Facteurs*, & le tiers d'icelle pour les serviteurs ou Commis, car le nombre supposé est pour les Mar-chands, & l'on le prend ainsi pour servir de fonde-ment & pour resoudre cette Régle.

On peut choisir tel nombre qu'on voudra, com-me 12 ou 24, ou 60, ou 120, & autres.
Ayant donc supposé 12 pour les *Marchands*.
la *moitié* de 12 fera 6 pour les *Facteurs*.
le *tiers* de 6 fera 2 pour les *Serviteurs*.

Mais parce qu'il y a		5	Marchands,	
Il faut multiplier	12 par 5		Il viendra	60
Et parce qu'il y a		3	Facteurs.	
Il faut multiplier	6 par 3		Il viendra	18
Et enfin y ayant		2	Serviteurs.	
Il faut multiplier	2 par 2		Il viendra	4

Et en tout 82

Ces 82 serviront de Diviseur pour vos Régles de Trois comme je les ai formées ici à côté, la diffi-culté est plus grande de bien concevoir l'instruc-tion que de bien faire l'operation & la Régle, non seulement de celle-cy, mais presque de toutes les Regles de l'Arithmetique ; car la pratique est ab-solument nécessaire, l'experience fait plus à cette Science que la Theorie.

REGLE DE COMPAGNIE

Avec Facteurs ou Directeurs.

5 Marchands ou *Fermiers*.
3 Facteurs ou *Directeurs*.
2 Serviteurs ou *Commis*.

Ont fait compagnie, à condition que du profit les *Marchands* en auront le *plus*, que les *Facteurs* n'auront que la *moitié* des Marchands, & que les *Commis* n'auront que le *tiers* des Facteurs.

Il arrive qu'ils ont profité 11520 livres.
On veut sçavoir ce qui leur appartient.

Réponse. Aux 5 Marchands 8429 ₶. 5 ſ. 4 d.
Aux 3 *Facteurs* 2528 ₶. 15 ſ. 7 d.
Aux 2 *Serviteurs* 561 ₶. 19 ſ.
Reſte 1 d.

Preuve 11520 ₶.

Regle ayant ſuppoſé 12.

Multipliez 12 *par* 5 Marchands *viendra* 60
la moitié qui eſt 6 *par* 3 Facteurs *viendra* 18
le tiers qui eſt 2 *par* 2 Serviteurs *viendra* 4

commun diviſeur 82

Si 82 *donnent* 11520 *livres , combien* 60
Réponſe 8429 ₶. 5 ſ. 4 d.

Si 82 *donnent* 11520 *livres , combien* 18
Réponſe 2528 ₶. 15 ſ. 7 d.

Si 82 *donnent* 11520 *livres , combien* 4
Réponſe 561 ₶. 19 ſ.

reſte 1 d.

INSTRUCTION.

Ceux qui n'entendent point les Fractions, trouvent d'abord cette question facile à resoudre, elle
l'est en effet, mais ils se trompent lorsqu'ils s'i-
maginent qu'il faut suivre & observer cette proposition à la lettre, c'est-à-dire qu'il faut prendre

La *moitié* du profit pour le *Premier.*
Le *tiers*   pour le *Second.*
Le *quart*   pour le *Troisiéme.*

Qui voudroit faire cette Regle de la façon, n'y
trouveroit pas son compte, & il y auroit de mé-
compte 500 livres sur cette seule Régle.

Mais pour la faire il faut supposer un nombre sur
lequel on puisse prendre la *moitié*, le *tiers*, & le
quart qui est ordinairement   12

Mais s'il y avoit des *Huitiémes* on prendra 24.

 & s'il y avoit des *Cinquiémes*
    des *Dixiémes*
    des *Quinziémes*
    des *Seiziémes*
    des *Quarante-huitiémes.*

On prendroit les parties de la Livre 240

dont *la Moitié*	est	120
le Tiers	est	80
le Quart	est	60
le Cinquiéme	est	48
le Sixiéme	est	40
le Huitiéme	est	30
le Dixiéme	est	24
le Douziéme	est	20
le Quinziéme	est	16
le Seiziéme	est	15
le Vingtiéme	est	12
le Vingt-quatriéme	est	10
le Trentiéme	est	8
le Quarantiéme	est	6
le Quarante-huitiéme est	5

Les Parties de 60 au feuillet 172 sont belles,
mais celles-ci de la Livre sont plus universelles.

REGLE DE COMPAGNIE

Avec Fractions.

EXEMPLE.

Trois affociez ont fait une convention dans un negoce , fçavoir que du profit qu'on y fera

Le *Premier en aura le* $\frac{1}{2}$
Le *Second en aura le* $\frac{1}{3}$ } *Ils ont profité*
Le *Troifiéme* $\frac{1}{4}$ } 6000 *livres.*

On demande combien vient à chacun en particulier.

Réponfe Au *Premier* 2769 ℂ. 4 ſ. 7 d.
Au *Second* 1846 ℂ. 3 ſ.
Au *Troifiéme* 1384 ℂ. 12 ſ. 3 d.
refte 2 d.

Preuve 6000 Livres.

Ayant fuppofé 12

la moitié eft 6
le tiers eft 4
le quart eft 3

13 *après dites par regle de trois.*

Si 13 *donnent* 6000 *livres , combien* 6
Réponfe 2769 ℂ. 4 ſ. 7 d.

Si 13 *donnent* 6000 *livres , combien* 4
Réponfe 1846 ℂ. 3 ſ.

Si 13 *donnent* 6000 *livres , combien* 3
Réponfe 1384 ℂ. 12 ſ. 3 d.

INSTRUCTION.

La Regle de *Trois inverse* se fait au contraire de la Regle de Trois ordinaire, parce qu'à celle-ci il faut multiplier les *deux premiers* nombres ensemble, & diviser ce qui viendra par le *dernier*.

Maxime generale.

Quand le PREMIER nombre est plus *grand* que le DERNIER, la REPONSE doit être plus *grande* que le SECOND nombre.

Mais si le premier est *moindre* que le DERNIER, sa REPONSE doit être moindre que le SECOND.

Et la même proposition.

Qu'il y a du SECOND au DERNIER, il y a de la REPONSE au PREMIER.

EXEMPLE.

Si dans une Place il y a 1300 hommes en garnison, qui n'ont des vivres que pour trois mois, sçavoir combien d'hommes subsisteront desdites vivres pour cinq mois.
                    Réponse 780 hommes.

Si 1300 Aunes de draps de 3 quarts de large sont suffisantes pour faire les justes-au-corps d'un Régiment combien faudra-t'il de revesche de 5 quarts de large, pour doubler tous lesdits justes-au-corps.
                    Réponse 780 Aunes.
              C'est la même chose que dessus.

Si une Compagnie a 24 Rangs de 5 files, combien aura-t-elle de Rangs de 6 files
                    Réponse 20 Rangs.

Si un double Canon a de poudre pour tirer 100 coups à 9 livres chaque coup, combien de la même poudre une Coulevrine tirera-t'elle de coups à 7 livres chaque coup.   Réponse 128 coups.

Regle de Trois

1 N V E R S E.

EXEMPLES.

Si lorſque le Bled vaut 42 livres la meſure, le Pain doit peſer 15 Onces , combien peſera ce Pain quand le Bled ne vaut que 30 livres,
Réponſe peſera 21 Onces.

REGLE.

Si 42 Livres donnent 15 Onces , combien 30 Livres.

```
     15
  _____        _____
   210              670 ( 21 Onces.
    42              300
  _____       _____
   630               3
```

Autre.

Je veux faire imprimer un Livre & en tirer 1500, chaque Livre contenant 12 feuilles , ſçavoir com-bien il faudra de Rames de papier de 500 feuilles à la Rame.   Réponſe 36 Rames.

REGLE.

Si à 1500 il faut chacun 12 feuilles combien 500 feuil

```
     12
  _____        _____
   3000              3
   1500             18000 ( 36 Rames.
  _____        5000
   18000             50
```

INSTRUCTION

A cette Regle de *Trois double*, il y a cinq nombres,
Et pour la faire.

Il ne faut que multiplier les trois derniers nombres ensemble, & ce qui en viendra le diviser par ce qui viendra de la Multiplication des deux premiers nombres, ainsi que vous voyez que j'ai fait & la division vous donnera votre réponse.

Mais Notez.

Que le PREMIER *&* QUATRIEME *nombre, doivent être de même nom & même chose.*
Que le SECOND *&* le CINQUIEME *nombre, doivent être de même nom aussi.*
Et le TROISIEME
avec la REPONSE *de même aussi.*

Pour la PREUVE il ne faut que multiplier le produit des deux premiers nombres, par le produit de la Division, & ce qui en viendra sera semblable & juste au produit des trois derniers nombres. Ces Preuves seront traitées parfaitement à la fin de ce livre. *Voyez la Table.*

EXEMPLES.

Si 10000 ℔ *pesant* pour 80 *lieuës* coûtent de voiture 150 livres, combien 7000 ℔ pour 100 lieuës.
Réponse 218 L. 15 *sols.*

Si le pain de 16 onces quand le bled coûte 28 l. vaut 2 sols, combien ce pain de 16 onces vaudra-t-il quand le bled vaudra 21 livres.
Réponse 1 *sol* 6 *den.*

Si 1000 L. en 12 mois gagnent 50 L. combien gagneront 1800 L. en 3 mois.
Réponse 22 L. 10 *sols.*
Cet Exemple familier est au denier 20.
REGLE

Régle de Trois DOUBLE.

Exemples.

Par Ordonnance de la Police, il est ordonné que quand le Bled se vend 45 livres, le pain de 10 ℔ ne doit valoir que 15 s. On demande si le Bled se vend 38 livres, combien on doit vendre le pain de 10 ℔.
Réponse 12 s. 8 deniers.

REGLE.

Si à 45 l. 10 ℔ se vendent 15 comb. à 38 l. se vend 10 ℔

10		10
450	3	380
	4	15
	1200	1900
	4700 (12 *sols*.	380
	4500	5700
	45	
		4
12		3800 (8 *deniers*.
3600		450

AUTRE.

Si 130 hommes en 8 jours font 40 toises, combien 200 hommes en 30 jours en pourront-ils faire.
Réponse 230 toises.

Si 130 hom. en 8 jours font 40 T. comb. 200 h. en 30 J.

8		30
1040	328	6000
	240200 (230 toises $\frac{3}{4}$	40
	104000	240000
	1044	
	40	
	4*	8
3200		3200 (3
		1040 4*

S

De la Régle de Trois.

DOUBLE & COMPOSE'E.

La Régle de Trois D O U B L E s'apelle ainſi parce qu'elle contient 2 Régles de Trois , elle peut être ou double *Directe* , ou double *Inverſe.*

Si elle eſt Directe les 2 premiers nombres ſont diviſeurs
Si elle eſt Inverſe les 2 derniers nombres le doivent être

Elle contient 5 nombres , comme on peut voir au feuillet précédent , & leſd. nombres ſont raportans en ordre & en eſpece à la poſition & ſituation de la Régle à laquelle elle a du rapport de nom & d'effet..

Mais la Compoſée,

Elle porte juſtement ce Titre , parce qu'elle eſt compoſée d'une Régle de Trois *Directe* & d'une Regle de Trois *Inverſe.*

A la Directe le *premier* nombre eſt Diviſeur.
A l'Inverſe le *dernier* nombre diviſe,

Mais à celle-cy c'eſt le *premier* & le *dernier* nombre multipliés enſemble qui doivent diviſer le produit des trois nombres du milieu de la Régle de Trois compoſée , ainſi que vous pouvez voir à la page à côté,

Notez.

Que le Premier *&* le Quatriéme *nombre doivent être de même Nom.*

Que le Second *&* le Cinquiéme *auſſi de même , &* le Troiſiéme ,

Avec la Réponſe *de même auſſi.*

REGLE DE TROIS COMPOSEE'.

Exemple.

Si 40000 liv. entretiennent 1000 hommes pendant 5 mois, combien 100000 L. entretiendront 5000 h.

Réponse 2 mois 15 jours.

REGLE.

Si 40000 l. 1000 H. 5 mois comb. 100000 l. 5000 H.

```
        5000                        5
   _____                _____
   200000000                    500000
        I                        1000
   500000000 ( 2 Mois.       _____
   200000000                  500000000

        30      I
   3000000000   200000000 ( 15 jours
                 200000000
                 200000000
```

AUTRE.

Si 750 Setiers de Bled fourniffent de ration à 4000 Hommes pendant 30 jours, combien 5000 Setiers en fourniroient-ils de tems à 10000 Hommes.

Réponse 80 jours.

REGLE.

Si 750 Set. 4000 Hom. 30 jours 5000 Set. 10000 H.

```
       10000                        30
   _____                _____
   75(00000                     150000
                                 4000
                              _____
                              6000(00000

        4
     6000 ( 80 jours.
      055
       7
```

Ces Régles de Trois Double compofées ou de proportion, feront traitées plus amplement après les fractions à la fin de ce Livre. Voyez à la Table.

INSTRUCTION.

Cette Regle de *Trois conjointe* s'apelle ainſi, parce que par elle on joint autant de *Régles de Trois* que l'on veut, la *Double* & même la *Compoſée*, mais à celle-cy on en peut mettre cinquante nombres, s'il étoit néceſſaire ; mais auſſi elle eſt plus excellente & plus parfaite, parce que par elle on peut réſoudre les Régles les plus difficiles qui peuvent ſurvenir dans le grand Commerce, & ſur tout pour le Pair des Places, ce qui ſe peut voir par l'exemple & la démonſtration que j'en donne icy à côté.

Il faut obſerver deux choſes.

Premierement, il faut que le *ſecond* nombre ſoit toujours de même eſpece que le *Troiſiéme*. Que le *Troiſiéme* ſoit de même que le *Quatriéme*. Que le *Quatriéme* ſoit de même que le *Cinquiéme*. Que le *Cinquiéme* ſoit de même que le *Sixiéme*. Ainſi continuer tant qu'on voudra.

Secondement, il faut que le *Penultiéme* nombre (*c'eſt-à-dire celui qui précede le dernier*) ſoit toujours de même eſpece que le *Second* nombre & que le *Dernier* nombre ſoit toujours de même eſpece que le *Premier*.

Pour la Réponſe il faut qu'elle ſoit de même eſpece que le Second & que le Penultiéme.

Pour faire cette Régle.

Il ne faut que multiplier tous les nombres qui ſont à chaque côté, l'un par l'autre, & diviſer le produit du *Dernier* par le produit du *Premier*.

CONJOINTE.

Exemple. *

Si 60 fols   de France   valent 54 den. d'Angl.
& 240 d. Sterlin   d'Angleterre val. 426 den. $\frac{2}{3}$ de Flan.
& 248 d. d. de gros   de Flandres val. 1500 Raix de Port.
& 600 Raix   de Portugal val. 73 Crut $\frac{4}{3}$ d'Ale.
& 82 Cruf. de change d'Allemagne val. 60 den. d'Angle.

Combien aura-t'on

De Deniers Sterlin d'Angleterre pour 60 fols de France.

REGLE.

60	54
240	426 $\frac{2}{3}$
2400	324
120	108
14400	216
240	18
576000	18
28800	23040
3456000	1500
600	11520000
2073600000	23040
82	34560000
4147200000	72 $\frac{4}{3}$
16588800000	103680000
1700352 (00000	241920000
	6912000
	20736000
	2550528000
	60
	153031680000
	60
	91819008 (00000

9181900 8 (54 deniers Sterlin d'Angleterre.

Cette Réponse fert de preuve
parce qu'elle répond à la premiere queftion. *

INSTRUCTION.

Cette *Regle de Troque* eſt facile à faire, puiſqu'il ne faut ſçavoir que la Multiplication & la Diviſion.

Premierement réduiſez en ſols les deux premiers Prix du ſatin qui vous ſont connus, ſçavoir 7 L. 4 ſ. l'aune argent *comptant* & à 7 L. 18 ſ. en *Troque.*

Après réduiſez auſſi en ſols le ſeul prix du drap qui eſt 13 L. 10 ſ. l'aune *argent comptant*, maintenant pour ſçavoir ce que l'on doit payer en *Troque.*

Dites par Régle de Trois.

Si 144 *ſols valent* 158 *ſols, combien* 270 *ſols.*
Réponſe 296 *leſquels il* faut réduire en Livres qui ſeront 14 L. 16 ſ. 3 d. par la ſous-diviſion.

Ainſi vous trouverez que le Drap à 13 L. 10 ſ. *comp-*
ant vaut 14 L. 16 ſ. 3 d.
en Troque.

Pour la Preuve.

Si 13 L. 10 ſ. *valent* 14 l. 16 ſ. 3 d. *combien* 7 L. 4 ſ.
Réponſe 7 L. 18 ſ.

REGLE DE TROQUE.

EXEMPLE.

Un Marchand a du *Drap* qu'il veut vendre argent comptant à 13 livres 10 ſ. l'aune , ou bien troquer avec quelqu'autre marchandiſe.

Un autre a du *Satin* qu'il veut vendre argent comptant 7 L. 4 ſ. l'aune , & en troque il en veut   7 L. 18 ſ. l'aune.

On demande combien ce *Marchand Drapier* doit aprétier l'aune de ſon *Drap* en troque à raiſon de 13 *livres* 10 *ſols comptant* , & à *proportion de ce que l'autre augmente les* 7 L. 4 ſ. *comptant*
à 7 L. 18 ſ. *en troque.*

Réponſe 14 L. 16 ſ. 3 d.

7 L. 4 ſ.	7 L. 18 ſ.	13 L. 10 ſ.
20	20	20

Si 144 l. *valent*   158 l. *combien* 270 ſ.

$$\begin{array}{r} 158 \\ \hline 2160 \\ 1350 \\ 270 \\ \hline 42660 \end{array}$$

87
483
4726
24866
42660 (296 ſ.
44444 (14 L. 16 ſ. 3 d.
444
4

12
72
36
432

24
472 ('3 d.
444

La Regle de *Tare* se fait comme la Régle d'Escompte, on s'en sert lorsqu'il se rencontre qu'une Marchandise est gâtée, & qu'il en faut diminuer du prix autant que le dommage en peut être estimé. Ou qu'elle est envelopée de toile, de corde ou caisses, pour le poids desquelles choses il faut faire de la diminution d'autant de pesant qu'en peut être le poids : on évaluë à certain nombre de livres par cent.

Suppofez donc

Qu'on ôte en pesanteur, ou en valeur 7 pour cent, c'est-à-dire, 7 ℔ pesant, ou 7 livres d'argent, il faut former votre Régle de Trois, comme on fait les Escomptes, & comme il est ici à côté.

REGLE DE TARE.

EXEMPLES.

Une Balle de Marchandiſe peſant 468 ℔ ſur laquelle on ôte 7 pour cent du Tare, ſçavoir à combien elle reviendra icy.

Réponſe 436 ℔ 6 Onces.

REGLE.

Si 107 ℔ *ne valent que* 100 ℔ , *combien* 468 ℔
100

46800

874
34898
46800 (347 ℔
80777
800
8

16 Onces.

246
41

656

14
856 (6 Onces
107

INSTRUCTION.

Pour faire cette Régle *d'Alliage* , il faut ajoûter les differentes quantitez de la Marchandife , foit de métal d'or ou d'argent, foit des Epiceries . foit de grains de bled , foit de vin , & ce qui en viendra fera votre *Divifeur*.

Après multipliez chaque chofe par fon prix particulier comme vous voyez que j'ai fait. Et ayant ajoûté ces 4 produits enfemble , il fe montera à 737 f. que vous diviferez par 70 qui eft votre *Divifeur*. Et lés deux petites Divifions donneront la réponfe de ce qu'on doit vendre l'Once ,

Qui eft 10 f. *6 deniers.*

EXEMPLE.

Un Epicier a 4 fortes d'épiceries en differente quantité & de differens prix, il les veut mêler enfemble pour en compofer d'épices afforties. Il a

32 ℔ *Gerofle* à 15 *fols l'Once.*
11 ℔ *Canelle* à 13 *fols l'Once.*
15 ℔ *Mufcade* à 6 *fols l'Once.*
12 ℔ *Poivre* à 1 *fols l'Once.*

en tout 70 ℔ *Il vent fçavoir maintenant combien il doit vendre l'Once.*

Réponfe 10 f. 6 d.

	32 ℔	11 ℔	15 ℔	12 L. pefant.
à	15 f.	à 13 f.	6 f.	2 f.
	160	33	90	24
	32	11		
	480	143		

480 f.
143 f.
90 f.
24 f.

737 f.

737 (10 fols.
7 0 0
7

12

74
37

444

2
444 (6 deniers.
7 0

Il en fera traité quelque exemple fur la matiere d'or & d'argent à la fin de ce Livre. *Voyez à la Table.*

INSTRUCTION.

La *Racine Quarrée* est fort peu differente de la Division, il faut seulement sçavoir la Table de Multiplication quarrée qui est icy à côté.

Suposez qu'il fallut extraire la racine du nombre 119029, posez led. nombre comme si vous le vouliez diviser, mais il faut faire une séparation de deux en deux figures en reculant, & venant de droit à gauche, ainsi que vous voyez que j'ai fait à ces trois Exemples, quoiqu'il ne faille qu'une seule Régle.

Il faut commencer votre régle à gauche, disant la racine de 11 est 3. Posez ledit 3 en *deux endroits, au produit pour servir de racine, & sous le 11 pour servir de Diviseur*. Disant 3 fois 3 font 9 de 11 reste 2 qu'il faut poser sur 11 en coupant ledit 11.

Voyez le premier Exemple.

Cela fait, doublez le 3 du produit & ce double 6 sera la premiere figure de votre second diviseur que vous mettrez sous le 9 disant en 29 combien de fois 6 il y est 4 qu'il faut mettre en *deux endroits, au produit pour servir de racine, & sous le 0 pour servir de diviseur*, ainsi aiant divisé 290 par 64 restera 34 en haut

Voyez le second Exemple.

Enfin, il faut toujours doubler le produit tel qu'il soit pour servir de Diviseur. Vous direz donc à 34 deux fois 4 font 8 qu'il faut poser sous le 2, & 1 fois 3 font 6 qu'il faut poser sous le 4 diviseur précédent.

Après dites en 34 combien de fois 6, il y est 5 fois qu'il faut mettre en *deux endroits, au produit pour servir de racine totale, & après le 8 pour servir au dernier diviseur*, ainsi votre derniere division étant faite, vous trouverez que 119029 auront pour racine 345.

La preuve se fait en multipliant les 345 de racine par 345 viennent en y ajoutant le 4 de reste les 119029 dont on a extrait la Racine quarrée.

DE

Racine Quarrée eſt un nombre lequel étant multiplié par ſoi-même produit ſon quafré juſte.

*Preſque tous les Auteurs qui en ont traité forment
la Table ſuivante d'une autre maniere, mais celle-cy
eſt la plus familiere & la plus facile, parce qu'elle eſt
plus conforme au livret de la Multiplication qui en
eſt le fondement, auſſi voyez au petit livret f. 40, &
au grand f. 43. & vous trouverez la racine & ſon
quarré à toutes les premieres lignes.*

Racine   Quarrée.

1 Eſt la Racine de 1
2 Eſt la Racine de 4
3 Eſt la Racine de 9
4 Eſt la Racine de 16
5 Eſt la Racine de 25
6 Eſt la Racine de 36
7 Eſt la Racine de 49
8 Eſt la Racine de 64
9 Eſt la Racine de 81

Exemples.

Maxime generale pour les reſtes, il faut mettre le
haut pour le deſſus de la Fraction & doubler le
produit 345, mais y ajoûter 1 & ſera le deſſous de la
Fraction
$$\frac{4}{}$$ qui n'eſt preſque rien.
qui ſera 691

T

AVERTISSEMENT.

LORS qu'on a entrepris de donner cette nouvelle Edition au public, on a eu deffein de la rendre plus utile & plus complette que la premiere ; dans cette vûe on a corrigé plufieurs endroits du Livre : on ne s'eft pas contenté de cette réformation, on a confidéré qu'il y avoit quantité de ces Régles qui étoient défectueufes & imparfaites; comme par exemple les Divifions, les Fractions, les Régles de Proportions, les Alliages, &c. qui ne font traitez que fuperficiellement dans le Livre ; c'eft pour fupléer à ce défaut qu'on a fait les Additions fuivantes, où on a approfondi ces matieres, & qui feront peut-être la plus utile partie de ce volume. Il eft pourtant bon d'avertir le public qu'on ne prétend pas les avoir épuifées par ces nouvelles obfervations; pour le pouvoir faire avec exactitude, il faudroit faire encore un volume aufli fort que celuici, outre qu'on s'eft affujetti à ce qui a été traité dans le Livre qu'on a feulement eu deffein de perfectionner ; on efpere que le Public fçaura quelque gré des foins qu'on s'eft donné pour qu'il tirât plus de fruit de cette nouvelle Edition que de la premiere.

INSTRUCTION.

Les trois Operations icy à côté ne font féparées que pour faciliter l'explication.

Pour la premiere démonftration ou Operation, aïant pofé fur la même ligne les 528 du Divifeur, & les 123456 nombres à divifer.

Il faut mettre trois points fous les 1234. de cet Ordre 123456, puis dire en 12 combien de fois 5 (premier chiffre du divifeur) il y en a 2 que l'on met fous le divifeur, par lequel 2 faut multiplier les 528 & commençant par le 8 viendra 1056 que l'on pofe en retrogradant fur les 3 points qui reprefentent les trois chiffres du divifeur, enfuite faire la fouftraction & mettre le refte deffous qui eft 178. *Ainfi qu'on voit à la premiere operation.*

Pour la feconde.

Il faut defcendre le 5 de la fomme à divifer, & le mettre à côté de 178. de refte, fera 1785: fous les trois derniers chiffres vous mettrez comme deffus trois points, & direz *en prenant ce qui eft deffus le premier point & ce qui devance.* En 17 combien de fois 5 premier chiffre du divifeur, il y eft 3 que l'on continue à mettre au deffous dudit divifeur par lequel 3 faut multiplier lefdits 528. en commençant toujours par le 8 & pofant fon produit fur le dernier point, viendra 1584 qui étant entierement pofé fur lefdits trois points, il refte à faire la fouftraction qui donnera 201. *Ainfi qu'on voit à la feconde Operation.*

Vous en uferez de même à la troifiéme Opération en commençant à defcendre le 6 de la fomme à divifer & les mettre à côté de 201 fera 2016, qui reftent à divifer, & faire le refte comme deffus.

Et vous trouverez que divifer 123456 par 528, vient 233 à chacun & 432 de refte.

DIVISION A L'ITALIENNE
Longue.

EXEMPLE.

On veut divifer 123456 en 528 parties , fçavoir combien il vient pour chacune

Réponfe 233.

REGLE en trois Démonſtrations.

$$528 \ldots \ldots 123456$$
$$\overline{}$$
$$2 \qquad \cdots$$
$$1056$$
$$178$$

$$528 \ldots \ldots 123456$$
$$\overline{}$$
$$23 \qquad 1056$$
$$1785$$
$$1584$$
$$201$$

$$528 \ldots \ldots 123456$$
$$\overline{}$$
$$233 \qquad 1056$$
$$1785$$
$$1584$$
$$2016$$
$$1584$$

| Refte | 432 |

Tiij

Les trois opérations ici à côté ne font féparées que pour faciliter l'explication.

Pour la premiere Démonstration ou Opération.
Ayant pofé fur la même ligne les 528 du divifeur, & les 123456, nombre à divifer.

Il faut mettre trois points fous les 1234. & dire en 12 combien de fois 5 premier chiffre du divifeur, il y eft 2 que l'on met au produit fous le divifeur (de même qu'au feuillet précédent.) Par lequel 2 faut multiplier le divifeur 528. & fouftraire fon produit en même temps fur les 1234 au commencement par les derniers chiffres, difant,

2 fois 8 font 16 de 24 (*prenant le 4 de la fomme à divifer & empruntant 2 dixaines*)refte 8 qu'il faut mettre fous le 4 & retenant les 2 dixaines empruntées.

Puis continuer à dire par le 2 du produit, 2 fois 2 font 4 & 2 de retenu font 6. ôtés du 13. (*prenant le 3. de la fomme à divifer & empruntant 1 dixaine*) refte 7 qu'il faut mettre au-deffous du 3 & retenir 1 dixaine.

Enfin continuez à multiplier ledit divifeur par le 2 du produit, difant 2 fois 5 font 10 & 1 de retenu font 11 ôtés de 12 refte 1. qu'il faut mettre au-deffous du 2. Il reftera 178 des 1234 après avoir donné 2 à chacun. *Voyez la premiere Operation cy contre.*

Pour faire la feconde Operation, il faut defcendre le 5 de la fomme à divifer à côté des 178 de refte, & fera 1785. ayant mis les trois points comme à l'ordinaire fous les 3 derniers chiffres, puis dire en 17. qui font fur le premier point, combien de fois 5, premier chiffre du divifeur, il y eft 3 qu'il faut mettre au produit fous le divifeur par lequel 3 faut commencer à multiplier le 8 des 528 & fouftraire fon produit de l'ordre cy-deffus en commençant par le 5 des 1785, il en reftera 201.

Voyez la feconde Opération.

Pour faire la troifiéme Opération, vous ferez de même, & vous trouverez que divifer 123456 en 528 parties égales, il vient 233 à chacun, & 432 de refte.

DIVISION A L'ITALIENNE
Briéve.

EXEMPLE.

On veut divifer 123456 en 528 parties, fçavoir combien il vient à chacune.

Réponfe 233.

REGLE en trois Démonſtrations.

Divifeur 528 ...... 123456 fomme à divifer,

produit 2   178

528 ...... 1234 6

23   1785

201

528 123456

233   1785

2016

Refte   432

Les trois operations ici à côté ne sont sépa-
rées que pour faciliter l'explication.

Pour faire la premiere Opération.

Il faut proposer sa somme à diviser 123456 avec
une raye à côté, & mettre les 528 du diviseur dessous, comme à la division à la françoise folio 146 &
dire de même, en 12 combien de fois 5. Il y est 2
qu'il faut mettre au produit.

A la Françoise on commence à multiplier par ledit 2, le 5 du diviseur. Et à celle-cy qui est *à l'Es-
pagnole* il faut commencer par 8 du diviseur, disant,
2 fois 8 sont 16 ôtés de 24. (*En prenant le* 4 *qui est
dessus ledit* 8. *en empruntant* 2 *dixaines* reste 8 qu'il
faut mettre sur le 4 & raïer le 4 & le 8 qui est dessous.

Ensuite, continuer à multiplier le diviseur par le
2 du produit, disant 2 fois 2 sont 4 & 2 de retenu
& emprunté sont 6. ôtés de 13 (*En prenant le* 3 *qui
est dessus en empruntant* 1 *dixaine*) reste 7 qu'il faut
mettre dessus le 3.

Enfin 2 fois 5 sont 10 & 1 de retenu & emprunté
sont 11 de 12 reste 1 qu'il faut mettre, il restera 178
sur les 1234. *Voyez la premiere Opération.*

Pour faire la seconde operation il faut reposer les
528 du diviseur, en commençant à mettre le 8 sous le
5 de la somme à diviser, & posant les deux autres
chiffres sous les premiers chiffres qui les précédent.

Le 5 du Diviseur se trouvant directement sous les
7 des 17 d'en haut, vous direz en 17 combien de
fois 5. Il est 3 qu'il faut mettre au produit.

Par lequel 3 faut multiplier le diviseur 528 en
commençant par le 8. disant 3 fois 8 sont 24 de 25
reste 1 qu'il faut mettre sur le 5. & retenir le 2. puis
dire 3 fois 2 sont 6 & 2 de retenu sont 8 ôtés de 8.
reste o qu'il faut mettre sur le 8. Enfin dire 3 fois 5
sont 15 ôtés de 17 reste 2 ainsi il restera 201. sur les
1785 & faut rayer en soustrayant les 1785 & les
528. *Voyez la seconde operation.*

Faisant la troisiéme de même, vous trouverez que
diviser 123456 en 528 il vient 233, & reste 432.

DIVISION A L'ESPAGNOLE

EXEMPLE.

On veut divifer 123456 en 528 parties égales fçavoir combien il vient pour chacun.

Réponfe 233.

R E G L E en trois Démonftrations.

178
123456 | 2
528

20
781
123456 | 23
2288
52

4
203
7812
123456 | 233
52888
522
5

Les trois Operations cy à côté ne font qu'une même Divifion , la féparation n'étant faite que pour faciliter l'explication.

Pour la pofer il faut mettre autant de points fous la fomme à divifer qu'il y a de chiffres au divifeur, & ledivifeur fous l'efpace du produit de cet ordre.

$$1 2 3 4 5 6 |$$
$$\cdots$$
$$5 2 8$$

Puis dire *comme aux autres divifions* en 1 2.(prenant le 2. qui eft fur le premier point & le 1. qui devance) combien il y eft de fois 5 premier chiffre du divifeur , vous trouverez 2. qu'il faut mettre à l'efpace du produit qui eft fur le divifeur.

Par lequel 2 faut multiplier fimplement les 528 du divifeur, en commençant par le 8. & pofer fon produit fur les points fera 1056. puis faire la fimple Souftraction , en ôtant des 1234. lefdits 1056 & rayant chiffre par chiffre dont on parle , commençant par les derniers , & mettant le refte directement deffus qui fera 178.

Voyez la premiere Opération.

Il faut enfuite remettre trois points à caufe des trois chiffres du divifeur , & comme le point qui repréfente le 5 premier chiffre du divifeur , eft directement fous le 7 des 17 de refte faut dire en 17 combien de fois 5. il y en a trois qu'il faut mettre au produit. Par lequel 3 faut multiplier comme deffus les 528. du divifeur, en commençant toujours par le 8. dernier chiffre , & pofant fon produit fur lefdits points, fera 1584 Puis faire la Souftraction fimple des 1785 reftera 201 fur lefdits 1784. qu'il faut rayer , & les 1584 auffi.

Voyez la feconde Operation.

Il faut recommencer à mettre trois points en mettant le premier que l'on pofe fous le 6 de la fomme à divifer , ou des 2016 qui reftent à divifer , & les autres points de droit à gauche de l'ordre cy-deffus.

Le dernier point pofé fe trouvera directement fous le o des 20. puis vous direz en 20 combien il y a de fois 5 premier chiffre du divifeur , feroit 4 jufte , mais comme 4 fois 528 font 2112 qui ne pourroit être payé par 2016. ce qui oblige à trancher des 4 qu'on fouhaitoit mettre au produit , où il ne faut mettre que trois qu'on executera comme deffus , & vous trouverez que divifer 123456 en 528 viendra 233 au produit & 432 de refte.

DIVISION A LA PORTUGAISE,
Qui eſt la plus facile.

EXEMPLE.

On veut diviſer 123456 en 528 parties égales, ſçavoir combien il vient pour chacune.

Réponſe 233.

REGLE en trois Demonſtrations.

```
    178
  ̶1̶2̶3̶4̶5̶6̶  | 2
  ̶1̶0̶5̶6̶    | 528
    ..
```

```
    20
   ̶1̶1̶8̶1̶
  ̶1̶2̶3̶4̶5̶6̶ | 23
  ̶1̶0̶5̶6̶4̶   | 528
   158
    .
```

```
     4
   ̶2̶0̶3̶
  ̶1̶1̶8̶1̶2̶
  ̶1̶2̶3̶4̶5̶6̶ | 233
  ̶1̶0̶5̶6̶4̶4̶ | 528
   ̶1̶5̶8̶8̶
    15
```

Notez, *Que toutes les Souſtractions ſe prouvent en ajoûtant les 432 de reſte avec les chiffres qu'on a rayés au-deſſous de la Diviſion, retrouvent juſte les 123456 qu'on a diviſé.*

Je trouve que cette Diviſion à la Portugaise *eſt la plus facile à operer lorſqu'on l'a ſeulement pratiquée deux ou trois fois, ne chargeant point la mémoire, c'eſt pourquoi je la pratiquerai & l'employerai dans toutes les Régles ſuivantes.*

REMARQUE AU SUJET
des précédentes & differentes
DIVISIONS.

Pour éviter les répetitions inutiles,
on n'a point fait fuivre chacune
des differentes Divifions de leurs
Sous-divifions & Preuves.

Lefdites Sous-divifions devant
être exécutées de même ordre
& même Méthode que celles
des feüillets 148. 149. 150. &
151.

FRACTION, autrement nommé *nombre rom-*
pu, est un nombre qui signifie une ou plusieurs parties d'un tout.

Toute fraction est composée de deux nombres que
l'on écrit l'un sous l'autre, tirant une petite ligne
ou raye entre iceux comme un $\frac{1}{3}$ c'est-à-dire, *un*
tiers ou *une troisieme partie* d'un tout.

Celui de *dessus* la petite raye s'apelle NUMERA-
TEUR, parce qu'il dénotte la quantité de la Fraction.

Et celui de *dessous* s'apelle DENOMINATEUR,
parce qu'il nomme la qualité des parties, & nous
fait sçavoir combien il faut de parties pour former
son tout ou ENTIER.

Il faut remarquer que lorsque le NUMERATEUR
ou DESSUS de Fraction est égal au DENOMINATEUR
ou DESSOUS de Fraction, *la Fraction vaut un En-*
tier.

comme on dit $\frac{trois}{tiers}$ ou $\frac{3}{3}$ $\frac{quatre}{quarts}$ ou $\frac{4}{4}$ $\frac{cinq}{cinquiemes}$ ou $\frac{5}{5}$
&c.

Et si le *Numerateur* est plus grand, la Fraction
vaut plus d'un Entier, comme si l'on disoit $\frac{5}{3}$ ou $\frac{6}{3}$.

Les Fractions sont très-utiles aux Mathematiques,
& particulierement à la GEOMETRIE *& aux* FOR-
TIFICATIONS, *on peut s'en servir sur toutes les Ré-*
gles de l'Arithmetique, c'est pourquoi on les a pouf-
fées un peu.

V

Les nombres de 12 & de 24 ne peuvent fervir de nombre commun comme aux feuillets 24. 25. 26. & 27. que nous appellons DENOMINATEUR COMMUN, pour prendre & trouver jufte & fans refte le $\frac{1}{3}$ & toutes les autres fractions.

Ainfi il faut chercher un autre DENOMINATEUR COMMUN, qui eft la difficulté de la Régle ci à côté.

Il faut pour le trouver, multiplier tous les *Denominateurs* les uns après les autres, c'eft-à-dire, 5 par 6 fera 30, par 2 fera 60, par 10 fera 600, par 3 fera 1800, par 4 fera 7200, & par 12 fera 86400 pour led. DENOMINATEUR COMMUN, fur lequel vous prendrez comme aux feuillets 24. 25. 26. & 27.

Le $\frac{1}{5}$ de 86400. fera   17280

Le $\frac{1}{6}$ de 86400. fera   14400

Le $\frac{1}{2}$ de 86400. fera   43200

Le $\frac{1}{10}$ de 86400. fera   8640

Le $\frac{1}{3}$ de 86400. fera   28800

Le $\frac{1}{4}$ de 86400. fera   21600

& Le $\frac{1}{12}$ de 86400. fera   7200

lefquels fept produits ajoûtés, font 141120. qu'il faut divifer par le D C. 86400. Viendra 1 Toife, & $\frac{54720}{86400}$, laquelle Fraction on peut mettre au produit, & ajoûter 1 Toife aux Toifes, fera 105 Toifes $\frac{54720}{86400}$ ou $\frac{19}{30}$.

L'on peut réduire $\frac{54720}{86400}$ en la Fraction de $\frac{19}{30}$ en prenant une pareille partie fur le *Numerateur* & *Denominateur* (pourvû qu'il ne refte rien) & continuant à prendre partie de partie.

Comme il eft exécuté cy à côté, ayant d'abord pris le Dixiéme, eft venu $\frac{5472}{8640}$ enfuite le Sixiéme eft venu $\frac{912}{1440}$ puis le quart eft $\frac{228}{360}$ encore le Sixiéme, eft $\frac{38}{60}$, & enfin la moitié qui donne $\frac{19}{30}$ qui vaut autant que $\frac{54720}{86400}$.

Cette methode de réduire une grande Fraction, en prenant volontairement partie de partie, n'eft ni generale, ni la plus belle. Voyez la *Generale* qui eft expliquée au feuillet fuivant.

ADDITIONS

Des Fractions irrégulieres & simples ; où
l'on trouve le DENOMINATEUR
COMMUN à plufieurs Fractions.

			86400
13	Toifes	$\frac{1}{5}$	17280
11	Toifes	$\frac{1}{6}$	14400
4	Toifes	$\frac{1}{2}$	43200
15	Toifes	$\frac{1}{10}$	8640
42	Toifes	$\frac{1}{3}$	28800
7	Toifes	$\frac{1}{4}$	21600
12	Toifes	$\frac{1}{12}$	7200
105	Toifes	$\frac{19}{30}$ ou $\frac{54720}{86400}$	141120

$$
\begin{array}{ccc}
5 & 54720 & \text{1 Toife } \frac{54720}{46080} \\
6 & \cancel{141123} & \\
\hline
30 & \cancel{86400} & 86400 \\
2 & & \\
\hline
60 & & \\
10 & & \\
\hline
600 & & \\
3 & & \\
\hline
1800 & & \\
4 & & \\
\hline
7200 & & \\
12 & & \\
\hline
14400 & & \\
7200 & & \\
\hline
86400 & \text{Denominateur} & \\
& \text{commun.} &
\end{array}
$$

INSTRUCTION.

La Methode cy à côté de réduire une grande Fraction est un peu longue, mais en recompense elle est GENERALE & PARFAITE.

Par elle on peut réduire des Fractions qui paroissent impossibles de se pouvoir réduire.

Pour la faire, il faut faire plusieurs Divisions, commençant à diviser le *Dénominateur* de la grande Fraction par son *Numerateur*, sans faire cas de tous les produits.

Ensuite continuer à faire des Divisions, en divisant toujours le *Diviseur* par le *Reste* qui a resté, & continuer à diviser de cet ordre, jusqu'à ce qu'il ne reste rien à la Division.

De cette derniere Division où il ne reste rien, vous prenez son *Diviseur* pour être le *Diviseur commun*, qui est 1880. à l'exemple cy à côté.

Par lequel 1880 vous diviserez le Numerateur & Dénominateur de la grande Fraction proposée à réduire son *Numerateur* 54720. sera réduit à 19.
Son *Denominateur* 86400. sera réduit à 30.
lesquels $\frac{19}{30}$ valent juste autant que la grande Fraction.

Notez lorsque l'on cherche le *Diviseur commun*, & qu'il est 1 à la derniere Division, pour lors il faut conclure que la Fraction proposée à réduire ne se peut réduire, il la faut laisser dans sa grandeur.

Exemple.

Les $\frac{372}{539}$ ne se peuvent réduire en plus petite, mais les $\frac{901}{1219}$ se réduisent en $\frac{17}{23}$ en divisant par 53
les $\frac{936}{4797}$ se réduisent en $\frac{8}{41}$ en divisant par 127
ce que l'on trouve en pratiquant l'ordre cy-dessus expliqué.

Pour réduire une G R A N D E F R A C T I O N
En fa plus petite Dénomination ,
fans qu'elle change de valeur ,
Ou connoître fon impoffibilité de fe pouvoir
Réduire.

Réduire $\frac{54720}{86400}$ En fa plus petite
Denomination , Réponfe $\frac{19}{30}$

R E G L E.

$$
\begin{array}{r|l}
3\,1\,6\,8\,0 & \\
8\,6\,4\,0\,0 & 1 \\
\hline
5\,4\,7\,2\,0 & 54720 \\
\end{array}
$$

$$
\begin{array}{r|l}
2\,3\,0\,4\,0 & \\
5\,4\,7\,2\,0 & 1 \\
\hline
3\,1\,6\,8\,0 & 31680 \\
\end{array}
$$

$$
\begin{array}{r|l}
8\,6\,4\,0 & \\
3\,1\,6\,8\,0 & 1 \\
\hline
2\,3\,0\,4\,0 & 23040 \\
\end{array}
$$

$$
\begin{array}{r|l}
5\,7\,6\,0 & \\
2\,3\,0\,4\,0 & 1 \\
\hline
8\,7\,2\,8\,0 & 8640 \\
\end{array}
$$

$$
\begin{array}{r|l}
2\,8\,8\,0 & \\
8\,6\,4\,0 & 1 \\
\hline
5\,7\,6\,0 & 5760 \\
\end{array}
$$

$$
\begin{array}{r|l}
5\,7\,6\,0 & 2 \\
\hline
5\,7\,6\,0 & 2880 \text{ Divifeur} \\
\end{array}
$$

commun.

Numerateur à Réduire 54720 19 Numerat. Red.
28800 2880

Dénominateur à réduire 86400 30 Denomin. red.
86400 2880

V iij.

INSTRUCTION.

Il faut multiplier le *Numerateur* de telle Fraction qu'on souhaitera avoir la VALEUR par le *Prix de son entier*, & diviser le produit par le *Dénominateur* de ladite Fraction, ce qui viendra au produit de la Division, ou sous-Division, sera la VALEUR de la Fraction proposée.

Pour trouver la valeur de la grande Fraction de Toise cy à côté, multipliez les 54720 du Numerateur par 200 liv. prix de la Toise, viendra 10944000 liv. qu'il faut diviser par le Dénominateur 86400. viendra au produit de la sous-Division 126 liv. 13 s. 4 d. pour la valeur de la grande Fraction de Toise.

De même pour trouver la valeur des $\frac{19}{30}$ d'un Entier, à raison de 200 liv l'Entier, multipliez le Numerateur 19 par 200 liv. viendra 3800 liv. qui étant divisé par le Dénominateur 30. viendra 126 l. 13 s. 4 d. pour la valeur de Fraction d'Entier.

Remarquez que la GRANDE FRACTION ne vaut pas plus au même prix que la PETITE FRACTION, chacune valant 126 liv. 13 s. 4 den. ce qui sert de preuve à l'operation du feuillet précédent, où j'ai réduit la grande Fraction $\frac{54720}{86400}$ en la petite $\frac{19}{30}$.

Pour trouver la VALEUR d'une grande ou petite Fraction, par la connoiſſance du Prix de ſon ENTIER.

EXEMPLES.

J'ay les $\frac{54720}{86400}$ d'une Toiſe de Place à bâtir, ſçavoir combien vaut ladite fraction, à raiſon de 200 livres la Toiſe.

Réponſe | 126 l. 13 ſ. 4 d.

J'ay les $\frac{19}{30}$ d'un Entier, à raiſon des 200 liv. l'Entier, ſçavoir combien vaut ladite Fraction.

Réponſe | 126 l. 13 ſ. 4 d.

REGLES.

```
54720
 200 liv.
──────────
10944000 liv.

   5
  577
 2306600
 10944000 │ 126 L.
  8640000 │ 86400
  172800
  5184
       20
──────────
  1152000

  28
  288800
 1152000 │ 13 ſ.
  8640000│ 86400
  259200
       12
──────────
   57600
   28800
──────────
   345600

 345600 │ 4 den.
 345600 │ 86400
```

```
   19
  200 liv.
──────────
   3800

  220
 3800 │ 126 L.
 3800 │ 30
   68
    4
      20
──────────
   400

  110
  400 ( 13 ſ.
  380 ( 30
    9
       12
──────────
   120

  120 │ 4 den.
  120 │ 30
```

INSTRUCTION.

Pour trouver le DENOMINATEUR COMMUN, abregé de toutes les Fractions cy à côté.

Il faut marquer par une Etoille * le plus grand Dénominateur qui est à la Régle cy-contre. *

Sur lequel 12 faut voir tous les autres Denominateurs qui pourront s'y prendre juste, vous trouverez le 6. le 2. le 3. & le 4. c'est-a-dire qu'on peut prendre juste sur 12. *le sixiéme*, *la moitié*, *le tiers*, *& le quart*, lesquels vous pointerez comme cy à côté.

Il vous reste le ⅔ & le 1/10 qui ne s'y peuvent prendre ; il faut pareillement étoiller le plus grand qui est 10 *

Et voir sur ledit 10 si le 5. ou *cinquiéme* peut s'y prendre juste, le trouvant il le faut pointer.

Ainsi il n'y a que 10 & 12. desdits *Dénominateurs* qui ne se peuvent prendre l'un sur l'autre, qu'il faut seulement multiplier, viendra 120 pour *Dénominateur commun*, sur lequel vous prendrez toutes vos Fractions, comme aux feuillets 24. 25. 26. 27. 230 & 231.

Lesdits 120. pour Denominateur commun, vous rendra la même justesse que celui de 86400. dit feuillet 231.

Il faut faire ensuite l'exécution de ladite addition comme audit feuillet 231.

ADDITION.

Des Fractions irrégulieres, simples,

Où le Dénominateur Commun est *ABREGE'*.

		120
13 Toises $\frac{1}{3}$.		24
11 Toises $\frac{1}{6}$.		20
4 Toises $\frac{1}{2}$.		60
25 Toises $\frac{1}{10}$.*		12
42 Toises $\frac{1}{3}$.		40
7 Toises $\frac{1}{4}$.		30
12 Toises $\frac{1}{12}$.*		10
105 Toises $\frac{19}{30}$ ou $\frac{76}{120}$	196	

$$76$$
$$\cancel{196}$$ | 1 Toise $\frac{76}{120}$.

10* $\cancel{120}$ | 120

12*

          ou $\frac{22}{30}$

20

10

120 Dénominateur Commun.

Il faut chercher le Dénominateur commun comme au feuillet précédent.

Vous trouverez qu'il n'y a dans l'Addition cy à côté que les Dénominateurs 10. & 12. qui ne se peuvent prendre l'un sur l'autre, lesquels étant multipliez feront 120 pour D. C.

Sur lequel vous prendrez les $\frac{4}{5}$ en prenant le *Cinquiéme* de 120. sera 24. qu'il ne faut pas mettre dessous lesdits 120. mais à côté sur la même ligne.

Lequel 24. faut ensuite multiplier par le *Numerateur* 4 des $\frac{4}{5}$ viendra 96 qu'il faut en même temps poser sous ledit D. C. 120 comme il est executé cy-contre.

Il faut pareillement pour les $\frac{5}{6}$ prendre le sixiéme des 120 sera 20. qu'il faut ensuite multiplier, par le 5 sera 100 qu'il faut poser comme dessus, & de l'ordre qu'il se voit à la Régle.

Continuant de même pour les autres Fractions, il faut ensuite faire l'Addition de tous les produits qui sont au dessous du D. C. 120. viendra 560. qu'il faut diviser par lesdits 120 pour sçavoir combien il y a d'Entiers viendra 4 Entiers & $\frac{80}{120}$ ou 4 Entiers $\frac{2}{3}$ pour le montant desdites sept Fractions.

ADDITION

Des Fractions irregulieres composées.

$$120$$

		96	24
Ajouter $\frac{4}{5}$		96	24
$\frac{5}{6}$		100	20
$\frac{1}{2}$		60	
$\frac{7}{10}$		84	12
$\frac{2}{3}$		80	40
$\frac{3}{4}$		90	30
$\frac{5}{12}$		50	10

Total. 4 Entiers $\frac{2}{3}$ ou $\frac{80}{120}$ 560

10		80	4 Entiers $\frac{80}{120}$
12		560	$\frac{8}{12}$
		480	120 ou $\frac{2}{3}$

10

120 Dénominateur
Commun,

Ayant ajoûté ou additionné de l'ordre des feuil-
lets précédens , les $\frac{1}{6}$. $\frac{2}{3}$. $\frac{3}{10}$. $\frac{1}{2}$. & $\frac{1}{3}$ d'Entiers ,
& trouvé 1 Entier $\frac{41}{60}$ ou 1 Entier $\frac{7}{10}$

Pour prouver cette addition , il faut faire une
nouvelle Addition d'autant de Fractions , chacune
étant formée de ce qu'il manque à chaque Fraction
de fa Régle pour achever un Entier à la preuve, fça-
voir ; à $\frac{1}{6}$ de la Regle , il faut $\frac{5}{6}$ à la preuve pour
                           achever un Entier.
à $\frac{2}{3}$ de la Régle , il faut $\frac{1}{3}$ à la Preuve.
à $\frac{3}{10}$ de la Régle , il faut $\frac{7}{10}$ à la Preuve.
à $\frac{1}{2}$ de la Régle , il faut $\frac{1}{2}$ à la Preuve.
Et à $\frac{1}{3}$ de la Régle , il faut $\frac{2}{3}$ à la Preuve.
. Enfin pour former lefdites Fractions de la Preu-
ve , il ne faut que remplir dans les deux *Numerateurs* d'une parcille qualité de Fraction , la quantité
de fon *Dénominateur* , attendu 6 *Sixiémes* ou 5 *Cinquiémes* , &c. font un Entier ; comme il eft dit au
feuillet 229.

Après avoir formé les Fractions de la Preu-
ve $\frac{5}{6}$. $\frac{1}{3}$. $\frac{7}{10}$. $\frac{1}{2}$ & $\frac{2}{3}$. Il faut les ajoûter enfemble
comme à la régle ; viendra 3 Entiers $\frac{3}{10}$ auquel pro-
duit faut ajoûter celui de la Regle qui eft 1 Entier $\frac{7}{10}$ feront en tout 5 *Entiers juftes*..

Lefquels 5 Entiers dénotent la quantité de Fractions qui font dans la Régle d'Addition propofée,
ce qui en fait la Preuve.

ADDITION PROUVE'E

Des Fractions irregulieres compofées.

	REGLE.			PREUVE.	
	60			60	
Ajoûté $\frac{1}{6}$*	10		$\frac{5}{6}$	50	$\cancel{12}$
$\frac{2}{5}$	24	$\cancel{12}$	$\frac{3}{5}$	36	$\cancel{12}$
$\frac{3}{10}$*	18	$\cancel{6}$	$\frac{7}{10}$	42	$\cancel{6}$
$\frac{1}{2}$	30		$\frac{1}{2}$	30	
$\frac{1}{3}$	20		$\frac{2}{3}$	40	$\cancel{20}$
1 Entier $\frac{42}{60}$	102		3 Entiers $\frac{3}{10}$	198	

6*	42	1 Entier $\frac{42}{60}$ $\cancel{198}$	18	3 Entiers $\frac{12}{60}$
10*	$\cancel{102}$			
60 D. C. $\cancel{42}$	60	ou $\frac{7}{10}$ $\cancel{198}$	60	ou $\frac{1}{10}$

Les 3 Entiers $\frac{3}{10}$ de la Preuve.
avec le 1 Entier $\frac{7}{10}$ de la Régle à prouver.

font jufte 5 Entiers, qui eft autant d'entiers
qu'il y a de Fractions à la Régle ; ce qui fait
la preuve parfaite.

X

INSTRUCTION.

Il faut chercher un Dénominateur commun en multipliant les deux Dénominateurs 7 & 9, sera 63. pour D. C.

Sur lequel D. C. 63. vous prendrez comme à l'Addition précédente les $\frac{5}{7}$ sera 45. & les $\frac{2}{9}$ sera 14.

Il reste à faire la simple Souftraction, c'eft-à-dire, de 45 foixante-troifiémes, ôter 14 foixante-troifiémes.

Refte 31 foixante-troifiémes.

Puis venant aux Toifes de 43 ôtant 18. refte 25. Toifes $\frac{31}{63}$.

Il faut faire de même à la feconde Souftraction cy à côté, & vous trouverez ; fçavoir, que les $\frac{3}{5}$ font 24. quarantiémes, & que les $\frac{7}{8}$ font 35. quarantiémes, Mais comme les 24. ne peuvent payer 35 ; il faut emprunter un Entier.

qui vaut 40. quarantiémes ; qui avec les 24.

font 64. quarantiémes, En ôter 35. quarantiémes,

Refte 29. quarantiémes ; Puis venant aux 20 Entiers qui ne valent plus que 19. à caufe de l'emprunt, en ôter 7. refte 12. Entiers $\frac{29}{30}$.

Des Fractions irrégulieres , tant Simples que Compofées.

$$
\begin{array}{l}
\phantom{\text{De 43 Toifes }} 63 \\
\hline
\text{De } 43 \text{ Toifes } \tfrac{5}{7} \ldots 45 \ldots 9 \\
\text{ôter } 18 \text{ Toifes } \tfrac{2}{9} \quad\; 14 \quad\; 7 \\
\hline
\text{Refte } 25 \text{ Toifes } \qquad \tfrac{31}{60} \\
\hline
\phantom{\text{De 43 }} 7 \\
\phantom{\text{De 43 }} 9 \\
\hline
\phantom{\text{De 4}} 63 \text{ Dénominateur} \\
\phantom{\text{De 43 To}} \text{Commun.}
\end{array}
$$

$$
\begin{array}{ll}
\phantom{\text{De 10 Entiers }} 40 \\
\hline
\text{De } 10 \text{ Entiers } \tfrac{5}{5} \quad 14 \quad 8 \\
\text{ôter } 7 \text{ Entiers } \tfrac{7}{8} \quad 35 \quad 5 \\
\hline
\text{Refte } 12 \text{ Entiers } \quad \tfrac{29}{40} \\
\hline
\phantom{\text{De 10 En}} 5 \qquad\qquad\qquad 40 \\
\phantom{\text{De 10 En}} 8 \qquad\qquad\qquad 14 \\
\hline
\phantom{\text{De }} 40 \text{ Denominateur} \quad \text{de } 64 \\
\phantom{\text{De 10 E}} \text{Commun} \qquad \text{ôter } 35 \\
\hline
\phantom{\text{De 10 Entie}} 29
\end{array}
$$

Pour faire la Preuve defdites Souftractions , il faut faire une Addition des Entiers & Fractions à part , ajoûter le nombre qu'on ôte avec celui qui refte , il faut qu'ils viennent pour la preuve ; les Entiers & Fractions qui font au nombre d'enhaut de votre Souftraction,

INSTRUCTION.

Pour faire la premiere Multiplication , il faut commencer à multiplier 156 par 17. & pour le $\frac{1}{3}$ prendre le *Cinquiéme* des 17 d'enbas (à caufe que la Fraction eft à côté des Entiers d'enhaut) viendra 3 Entiers qu'il faut mettre directement fous le 7 des 17. mais pour le 2 qui refte font $\frac{2}{3}$ *attendu qu'on prend le Cinquiéme , fi l'on prenoit le fixiéme , les 2 de refte feroient $\frac{2}{6}$ &c.*

Lefquels 3 $\frac{2}{3}$ étant pofés en fon rang & ajoûtés avec les autres Entiers , feront en tout 2655 Entiers $\frac{2}{3}$ pour le produit de 156 $\frac{1}{3}$ multiplié par 17.

A l'égard de la derniere Multiplication , après avoir multiplié comme deffus les 373. par 55. Il faut enfuite prendre les $\frac{8}{9}$ d'*enbas* fur les 373. Entiers *d'enhaut.*

Commençant à prendre pour $\frac{1}{9}$ *le Neuviéme* def-dites 373. fera 41. $\frac{4}{9}$.

Et pour les $\frac{7}{9}$ reftant , faut multiplier par 7 lefdites 41 $\frac{4}{9}$ en commençant par la Fraction , difant 7 fois 4 Neuviémes font 28 Neuviémes qui eft 3 Entiers $\frac{1}{9}$, il faut mettre ladite Fraction $\frac{1}{9}$ en fon rang , & retenir 3 Entiers pour les ajoûter en continuant à multiplier par 7 les 41 Entiers : Viendra 290 $\frac{1}{9}$ pour le montant des 7 Neuviémes.

Enfuite faire l'Addition du tout , & vous trouverez que multiplier 373 par 55 $\frac{8}{9}$ montent à 20846 $\frac{5}{9}$.

MAXIME GENERALE.

Pour prendre les Fractions dans les Multiplications.

Quand la Fraction eft à côté des Entiers d'en-haut , il la faut prendre fur les Entiers d'enbas.

Et quand la Fraction eft en bas , il la faut pren-dre fur les Entiers d'enhaut.

d'Entiers & Fractions par Entiers
tant simples que composées.

$$156 : \tfrac{2}{3}$$
$$\text{par } 17 :$$
$$1092$$
$$156$$
$$3 \ \tfrac{2}{3}$$
$$2655 \ \tfrac{2}{3}$$

$$234. \ \tfrac{4}{7}$$
$$\text{par } 31.$$
$$234.$$
$$702$$
$$4. \ \tfrac{3}{7} \ \text{par } 3$$
$$13 \ \tfrac{2}{7}$$
$$7271. \ \tfrac{5}{7}$$

$$\text{Multiplier } 373$$
$$\text{par} \quad 55 \ \tfrac{8}{9}$$
$$1865.$$
$$1865$$
$$41. \ \tfrac{4}{9} \ \text{par } 7$$
$$290. \ \tfrac{1}{9}$$
$$20846. \ \tfrac{5}{9}$$

INSTRUCTION.

En fuivant la *Maxime Generale* du Feuillet précédent.

Après avoir multiplié 474 par 83. il faudroit prendre enfuite les $\frac{19}{37}$ fur les 83, mais pour faciliter il faut multiplier à part le nombre 83 (fur lequel la fraction doit être prife) par le Numerateur de la Fraction 19. viendra 1577 *qui font tous de trente feptiémes*, qui étant réduits en Entiers, en divifant par le Dénominateur 37e viendra 42 Entiers $\frac{23}{37}$ qu'il faut pofer en fon rang, l'Addition donnera 39384 $\frac{23}{37}$.

A la feconde Multiplication après avoir multiplié les 1734 par 31 Entiers, il faut prendre les $\frac{73}{117}$ qui font en bas fur les 1734 d'enhaut de l'ordre cy-deffus.

En multipliant à part les 1734 par 73 & divifant les 126582 du produit par 117 donnera 1081 $\frac{105}{117}$ qu'il faut ajoûter en fon rang. L'addition du tout donnera 54835 $\frac{105}{117}$ ou $\frac{35}{39}$.

MULTIPLICATIONS
comme les précédentes, où les
fractions font plus compofées.

Multiplier 474. $\frac{10}{37}$
par 83

$\quad\quad$ 1422
$\quad\quad$ 3792
$\quad\quad\quad\quad$ 42. $\frac{23}{37}$

montent 39384. $\frac{23}{37}$

$\quad\quad$ 83
$\quad\quad$ 19

$\quad\quad$ 747
$\quad\quad$ 83

$\quad\quad$ 1577
$\quad\quad\quad$ 2

$\quad\quad$ 93
$\quad$ 2 5 11 $\quad$ | 42. $\frac{23}{37}$
$\quad$ 2 4 8 4 . | 37
$\quad\quad$ 8

Multiplier 1734.
$\quad\quad$ par 31. $\frac{73}{117}$
$\quad$ 1734.
$\quad$ 5202
$\quad$ 1081. $\frac{105}{117}$

montent 54835. $\frac{105}{117}$ ou $\frac{35}{39}$

$\quad$ 1734
$\quad\quad$ 73

$\quad$ 5202
$\quad$ 12138

$\quad$ 126582
$\quad\quad$ 10

$\quad$ 9225
$\quad$ 2 2 0 5 8 2 | 1081. $\frac{105}{117}$
$\quad$ 2 1 1 5 6 11 | 117.
$\quad$ 9 2 2

INSTRUCTION.

Le mot de *Multiplier* par Fraction fimple feroit mieux exprimé par le mot de *prendre*.

Voulant *prendre* $\frac{1}{5}$ de 179 $\frac{3}{7}$.

Après avoir pris le Cinquiéme de 179, il eft venu 35, il refte 4,

Par lequel 4 faut toujours multiplier le Dénominateur 7 fera 28. auquel produit faut auffi toujours ajoûter le Numerateur 3 viendra 31 pour le Numerateur de la Fraction de la réponfe.

Et pour former fon Dénominateur, il ne faut que multiplier les deux Dénominateurs 7 & 5 fera 35 qu'il faut mettre au-deffous de fon Numerateur 31.

Et vous trouverez que le $\frac{1}{5}$ de 179 $\frac{3}{7}$ eft jufte 35 $\frac{31}{35}$

Lorfque l'on prend la Fraction fur les Entiers, & qu'il ne refte rien, comme à la feconde Multiplication où le $\frac{5}{9}$ des 477 eft jufte 53 Entiers, c'eft à-dire, prendre le $\frac{1}{9}$ des $\frac{139}{313}$.

Il ne faut que defcendre le *Numerateur* 139 pour le *Numerateur* de la Fraction de la Réponfe.

Et pour fon *Dénominateur*, il faut multiplier le *Dénominateur* 313 par la Fraction, ou partie qu'on rend, c'eft-à-dire, par 9 viendra 2817.

Ainfi le $\frac{1}{9}$ de 477 $\frac{139}{313}$ eft jufte 53 Entiers $\frac{139}{2817}$

MULTIPLICATIONS
D'Entiers & Fraction par Fraction Simple.

$$\begin{array}{r} \text{Multiplier } 179\ \tfrac{3}{7} \\ \text{par} \qquad \tfrac{1}{5} \\ \hline \text{vient} \quad 35\ \tfrac{31}{35} \\ \hline \end{array}$$

$$\begin{array}{r} \text{Multiplier } 477.\ \tfrac{110}{113} \\ \text{par} \qquad \tfrac{1}{9} \\ \hline \text{vient} \quad 53.\ \tfrac{113}{113 \cdot 9} \\ \hline \end{array}$$

Il faut premierement prendre le $\frac{1}{7}$ des 473 $\frac{4}{7}$ de l'ordre du feuillet précédent, viendra 67 Entiers $\frac{24}{35}$ pour le montant d'un septiéme.

Mais comme nous cherchons le montant des 3 septiémes, il faut multiplier lesdits 67 Entiers $\frac{24}{35}$ par 3. en commençant par le Numerateur de la Fraction, disant 3 fois 24 est 72 qui sont 72 *trente-cinquiémes* qui étant divisé à part par 35 feront 2 Entiers $\frac{2}{35}$.

Après avoir mis les $\frac{2}{35}$ en leur rang, il faut continuer à multiplier les 67 Entiers par le 3 des 3 *septiémes*, en y ajoûtant les 2 Entiers retenus, viendra pour la Réponse de la Multiplication 203 Entiers $\frac{2}{35}$

Vous en uferez de même à la feconde Multiplication cy à côté, & vous trouverez que multiplier 359 Entiers $\frac{3}{11}$ par $\frac{8}{9}$ d'Entiers, ou prendre les $\frac{8}{9}$ de 359 Entiers $\frac{3}{11}$ est jufte 319 Entiers $\frac{35}{99}$

D'Entiers & Fractions par Fractions
Compoſées.

Multiplier 473 $\frac{4}{5}$
par $\frac{3}{7}$
—————————————————————
Le ſeptiéme eſt   67 . $\frac{24}{35}$ par 3
montent . . 203 : $\frac{2}{35}$

$$\begin{array}{c|l} \overset{2}{7\!\!\!/2} & \text{2 Entiers } \frac{2}{35} \\ \hline 7\!\!\!/0 & 35 \end{array}$$

Multiplier 359 $\frac{3}{11}$
par $\frac{8}{9}$
—————————————————————
Le neuviéme eſt 39. $\frac{81}{99}$ par 8.
montent   319. $\frac{35}{99}$

$$\begin{array}{c|l} \overset{35}{7\!\!\!/28} & \text{7 Entiers } \frac{35}{99} \\ \hline 69\!\!\!/3 & 99 \end{array}$$

Il faut commencer par réduire chacun des nombres à multiplier en la Fraction qui en dépend, multiplier ensuite ses deux produits des réductions l'un par l'autre, & diviser ce qui en vient par le montant des deux Dénominateurs des deux Fractions multipliées, le produit de la division donnera les Entiers de la Réponse, & le reste avec le Diviseur formeront le Numérateur & Dénominateur de la Fraction.

En suivant la premiere Multiplication cy à côté, il faut réduire les 39 $\frac{1}{7}$ en septiémes, viendra 276.

De même réduire les 23 $\frac{5}{8}$ en huitiémes, viendra 189.

Ensuite multipliez les 276 par 189 viendra 52164 qu'il faut diviser par 56 qui est le produit des deux Dénominateurs 7 & 8 multipliés.

Viendra au produit de la Division 931 Entiers & 28 de reste qui sont $\frac{28}{56}$ ou $\frac{1}{2}$

Ainsi multiplier 39 $\frac{1}{7}$ par 23 $\frac{5}{8}$ viendra 931 Entier $\frac{1}{2}$

Vous en userez de même à la seconde Multiplication, & vous trouverez que multiplier 137 $\frac{2}{3}$ par 3 $\frac{171}{239}$ viendra 513 Entiers $\frac{35}{239}$

MULTIPLICATIONS 253
D'Entiers & Fraction, par Entiers
& Fraction.

$$\text{Multiplier } 39 \tfrac{3}{7} \quad \text{par} \quad 23 \tfrac{5}{8}$$

$$\begin{array}{c} 276 \\ 189 \end{array} \qquad \begin{array}{c} 189 \\ 23\tfrac{5}{8} \end{array}$$

$$\times$$

$$56$$

```
 276
 189
-----
2484
2208
 276
-----
52164
```

```
        2
      ‡‡88
      52164 | 931 Entiers ²⁸/₅₅ ou ⁸/₅
      50486 | 56
      165
```

$$\text{Multiplier } 137. \tfrac{4}{3} \quad \text{par} \quad 3 \tfrac{173}{239}$$

$$\begin{array}{c} 689 \\ 890 \end{array} \qquad \begin{array}{c} 890 \\ 3\tfrac{173}{239} \end{array}$$

$$\times$$

$$1195$$

```
 689
 890
------
62010
5512
------
613210
```

```
        1
       3‡
      ‡5‡75
      6‡‡‡‡ | 513 Entiers ¹⁷⁵/₁₂₉₅
      5‡‡‡‡‡ | 1195  ou ¹⁵/₂₃₉
      ‡‡98
      3 5
```

Par cette Méthode l'on peut faire toutes les autres Multiplications, où il y a des Fractions de même qu'à la Méthode suivante qui est aussi générale.
Si l'on a donné les autres méthodes, c'est qu'elles
deviennent utiles dans les différentes applica ions
Y

Il n'y a point de Régle plus facile à faire, puis qu'il ne faut que multiplier les deux Numerateurs des deux Fractions , pour former le Numerateur de la Fraction de la Réponse , & pour former son Dénominateur ; il ne faut que multiplier les deux Dénominateurs.

Et suivant la derniere Multiplication cy-contre, il ne faut que multiplier les deux Numerateurs 3 & 1. l'un par l'autre viendra 3. pour le Numerateur de la Réponse.

Et pour son Dénominateur , Multiplier les deux Dénominateurs 4 & 2. viendra 8.

Ainsi multiplier $\frac{3}{4}$ par $\frac{1}{2}$ il vient pour Réponse $\frac{3}{8}$ Autrement d'y prendre les $\frac{3}{4}$ d'un $\frac{1}{2}$ ou le $\frac{1}{2}$ de $\frac{3}{4}$ est $\frac{3}{8}$.

Mais quand les Fractions sont composées de deux ou plusieurs chiffres aux Numerateurs & Dénominateurs des Fractions , il faut les multiplier à part , comme il se voit à la derniere Régle cy à côté,

De Fraction par Fraction, ou prendre une Fraction d'une autre.

$$\text{Multiplier } \tfrac{3}{4} \text{ par } \tfrac{1}{2} \text{ Réponse } \tfrac{3}{8}$$

$$\text{prendre les } \tfrac{4}{5} \text{ de } \tfrac{3}{7} \text{ Réponse } \tfrac{12}{35}$$

$$\text{Multiplier } \tfrac{17}{49} \text{ par } \tfrac{113}{239} \text{ Réponse } \tfrac{1921}{11711}$$

17	49
113	239
51	441
17	147
17	98
1921	11711

INSTRUCTION.

Pour faire les Divisions cy à côté il faut reduire les nombres à diviser & Diviseurs, en la Fraction qui est à côté, y ajoûtant le Numerateur de la Fraction au produit du nombre où ladite Fraction est attachée. Ensuite diviser le total de la réduction du nombre à diviser par celui du diviseur. Le produit donnera des Entiers, & le reste avec le diviseur forment le *Numerateur & Dénominateur* de la Fraction.

Et suivant la premiere Régle cy à côté, ayant réduit les 317 en neuviémes, en multipliant par 9 y ajoûtant le 4 du Numérateur, viendra 2857 pour le nombre à diviser.

Et pour former son Diviseur, il faut pareillement le réduire en neuviémes, viendra 207.

Puis diviser 2857 par 207 viendra 13 Entiers, & 166 dé reste qui sont $\frac{166}{207}$.

Ainsi diviser 317 $\frac{4}{9}$ en 23 parties, vient juste 13 Entiers $\frac{166}{207}$ pour chacune.

Notez, que s'il se rencontroit qu'il y eût pareille qualité de Fractions, tant au nombre à diviser qu'au Diviseur, il faudroit operer ladite Division de même que dessus.

DIVISIONS

Avec Fraction , au nombre à diviser ,
Ou au Diviseur.

EXEMPLE.

Diviſer 317 $\frac{4}{9}$ par   23.
　　　　9　　　　　9
　　――――――　　　――――――
　　　2857　　　　　207

16
786
285h　　　13 Entiers $\frac{166}{207}$
――――――
2874　207
6z

AUTRE.

Diviſer 173 par   11 $\frac{3}{5}$
　　　　5　　　　　5
　　――――――　　　――――――
　　　865　　　　　58

5
283
865　　　14 Entiers $\frac{4}{5}$
――――――
582　58
28

INSTRUCTION.

Il faut réduire le nombre à diviser & celui du Diviseur en pareille dénomination.

En commençant à réduire chacun en la Fraction qui se trouve à côté, c'est à-dire suivant la premiere Division cy à côté, réduire les 113 $\frac{4}{7}$ en septiémes, sera 795 septiémes.

Pareillement les 2 en neuviémes, sera 23 neuviémes.

Le nombre à diviser étant des septiémes, il les faut multiplier par 9 à cause des neuviémes du diviseur sera 7155 pour le nombre à diviser.

Les 13 neuviémes du diviseur il les faut multiplier par 7 à cause des septiémes qui font au nombre à diviser, sera 161 pour le Diviseur,

Pour lors l'on est assuré que les 7155 & 161 sont de méme dénomination, chacun ayant été multiplié par 9 & par 7, ou par 7 & par 9.

Il reste à diviser lesdits 7155 par 161 viendra pour la Réponse 44 Entiers $\frac{71}{161}$.

Ainsi diviser 113 Entiers $\frac{4}{7}$ par 2 & $\frac{5}{9}$ vient 44 Entiers $\frac{71}{161}$.

Ou bien dans 113 Entiers $\frac{4}{7}$ il y a 44 fois les 2 & $\frac{5}{9}$ du Diviseur, & $\frac{21}{161}$ du nombre à diviser.

DIVISIONS
D'Entiers & Fraction, par Entiers & Fraction.

Diviser $113\frac{4}{7}$ par $2\frac{5}{9}$

$$7 \qquad 9$$

$$795 \qquad 23$$
$$9 \qquad 7$$

$$7155 \qquad 161$$

$$\begin{array}{c|l}
7 & \\
\not{7} \not{1} \, 1 & \\
\not{7} \not{1} \not{5} \not{5} & \text{44 Entiers } \frac{71}{161} \\
\hline
\not{0} \not{4} \not{4} \not{4} & 161 \\
\not{0} \not{4} &
\end{array}$$

AUTRE.

Diviser $29\frac{7}{10}$ par $\frac{11}{13}$

$$10$$

$$297 \qquad 11$$
$$13 \qquad 10$$

$$891 \qquad 110$$
$$297$$

$$3861$$

$$\begin{array}{c|l}
1 & \\
\not{5} \not{6} \, 1 & \\
\not{3} \not{8} \not{6} \not{1} & 35 \ \& \ \frac{11}{110} \ \text{ou} \ 35\frac{1}{10} \\
\hline
\not{3} \not{3} \not{0} \not{0} & 110 \\
\not{5} \not{5} &
\end{array}$$

Pour divifer $\frac{7}{8}$ par $\frac{1}{4}$ il ne faut que multiplier le *Numerateur* 7 de la premiere Fraction par le *Denominateur* 4 de la feconde Fraction, fera 28 pour le nombre à divifer.

Et pour former fon Divifeur, il ne faut que multiplier le *Dénominateur* 8 de la premiere Fraction par le *Numérateur* 1. de la feconde Fraction, fera 8.

Enfuite divifant les 28. par 8 viendra pour la Réponfe 3 & $\frac{4}{8}$ ou 3 & $\frac{1}{2}$.

Autrement dit que dans $\frac{7}{8}$ il y a *trois fois le Divifeur & demi*, c'eft-à-dire, que dans $\frac{7}{8}$ il y a *trois fois un quart*, & $\frac{1}{2}$ *d'un quart*.
Ainfi des autres.

Divifer $\frac{17}{18}$ par $\frac{2}{3}$ ou fçavoir combien il y a de fois $\frac{2}{3}$ dans $\frac{17}{18}$ *Réponfe il y a* 2 *fois* & $\frac{11}{36}$.

Divifer $\frac{3}{29}$ par $\frac{5}{31}$ ou fçavoir quelle portion $\frac{3}{29}$ eft de $\frac{5}{31}$ *Réponfe*, *les* $\frac{93}{145}$.

DIVISIONS.

De Fraction par Fraction.

$$\overset{28}{} \qquad \overset{8}{}$$

Diviser $\frac{28}{8}$ par $\frac{8}{4}$

$$\begin{array}{c|c} 4 \\ 28 & 3 \ \& \ \frac{4}{8} \ \text{ou} \ \frac{1}{2} \\ \hline 24 & 8 \end{array}$$

$$\overset{85}{} \qquad \overset{36}{} \qquad\qquad \overset{93}{} \qquad \overset{145}{}$$

Diviser $\frac{17}{18}$ par $\frac{2}{3}$ Diviser $\frac{3}{29}$ par $\frac{5}{1}$

$$\begin{array}{c|c} 13 \\ 85 & 2 \ \& \ \frac{13}{36} \\ \hline 72 & 36 \end{array} \qquad \text{Réponse } \frac{93}{145}$$

Après avoir multiplié 13 Entiers $\frac{4}{5}$ par 3 Entiers $\frac{2}{7}$ de l'ordre du feuillet 253 & trouvé pour réponse 45 Entiers $\frac{12}{35}$

POUR FAIRE LA PREUVE
de cette Multiplication.

Il faut diviser sa Réponse 45 Entiers $\frac{12}{35}$, par l'un des nombres qui a multiplié pour retrouver l'autre juste.

Divisant par les 13 Entiers $\frac{4}{5}$ du premier nombre qui a servi à la Multiplication, faisant ladite Division comme au feuillet 259. vous trouverez qu'il viendra les 3 Entiers de l'autre nombre qui a multiplié, il reste à trouver les $\frac{2}{7}$, pour ce, faut réduire en Septiémes les 690 de reste de la Division des Entiers viendra 4830. Septiémes qui étant divisés par le même Diviseur qui a servi à la premiere division, donnera juste 2 Septiémes, ainsi divisant par 13 Entiers $\frac{4}{5}$ *il vient juste* 3 *Entiers* $\frac{2}{7}$

Et si l'on avoit divisé les 45 Entiers $\frac{12}{35}$ par 3 Entiers $\frac{2}{7}$ *il seroit venu* 13 *Entiers* $\frac{4}{5}$ ce qui auroit pareillement fait la PREUVE.

MULTIPLICATION
Avec FRACTION PROUVE'E
Par la DIVISION.

REGLE.

$$69 \qquad 23$$

Multiplier 13 $\frac{4}{3}$ par 3 $\frac{2}{5}$

```
 69              X
 23              35
─────
 207      1 |
 138    182 |
─────   158 |  45 Entiers 12/35 pour la Réponſe.
1587    ───────
        1405| 35
          10|
```

PREUVE.

Diviſer 45 $\frac{12}{35}$ par 13 $\frac{4}{3}$

```
     35              5
  ───────         ───────
    225              69
    135              35
     12            ───────
  ───────            345
   1587              207
      5            ───────
  ───────           2415
   7935
```

```
   690 |
  7935 | 3 Entiers & 2/7 pour la Freuve.
 ──────
  7245 | 2415
par  7 |
 ──────
  4830
```

```
        4830| 2 Septiémes.
        ─────────
        4830| 2415
```

Après avoir divisé les 134 Entiers $\frac{2}{3}$ par 4 Entiers $\frac{4}{5}$ de l'ordre du feuillet 259. & trouvé 28 Entiers $\frac{1}{18}$ pour la Réponfe.

POUR FAIRE LA PREUVE
de cette Divifion,

Il faut *multiplier* le produit de la Divifion 28 Entiers $\frac{1}{18}$ par le Divifeur 4 Entiers $\frac{4}{5}$ de l'ordre du feuillet 253 vous trouverez qu'il viendra jufte au produit de cette Divifion de la *Preuve* le nombre qui a été divifé à la *Régle* qui eft 134 Entiers $\frac{2}{3}$ & par conféquent la *Preuve*.

DIVISION avec FRACTIONS
Prouvée par la Multiplcation.
REGLE.

Divifer $134\frac{2}{3}$ par $4\frac{4}{5}$

$$3 \qquad 5$$

$$404 \qquad 24$$
$$5 \qquad 3$$

$$2020 \qquad 72$$

584 |
2020 | 28 Entiers $\frac{1}{18}$ pour Réponfe.
1446 | 72
58 |

$$\frac{4}{72} \text{ ou } \frac{1}{18}$$

PREUVE.

$$105 \qquad 24$$

Multiplier $28\frac{1}{18}$ par $4\frac{4}{5}$

28   X
18   90

224
28
1

505

505
24

2020   46
1010   3420
        12120 | 134 entiers $\frac{2}{3}$ pour la preuve
12120   8820 | 90
         270 |
         3 |

3   180 | 2 tiers.

180.   120 | 90

Z

INSTRUCTION

Il faut premierement réduire le premier & dernier nombre en même dénomination comme à la Régle de Trois, feuillet 171. ou comme à la divifion feuillet 259. viendra 175. pour le premier nombre, & 285 pour le dernier, & feront tous deux de *vingt-uniéme*, ayant chacun été multiplié par 3 & par 7 & par conféquent de même dénomination.

Il faut préfentement exécuter la Régle de trois en multipliant les 285. du dernier nombre par les 5 & $\frac{5}{8}$ du nombre du milieu de l'ordre du feuillet 245 viendra 162 $\frac{1}{2}$ qu'il faudroit divifer par 175.

Mais à caufe du $\frac{1}{2}$ il faut réduire l'un & l'autre en demy, en multipliant par 2 viendra 3325 pour le nombre à divifer, & 350 pour le divifeur, enfuite la Divifion vous donnera 9 Entiers $\frac{175}{350}$ ou 9 Entiers $\frac{1}{2}$ pour la Réponfe.

POUR LA PREUVE.

Il faut la pofer de l'ordre de la Régle de Trois ordinaire comme au feuillet 159.

Enfuite faire l'opération ou exécution de l'ordre cy-deffus, il viendra jufte au produit, les 5 Entiers & $\frac{5}{8}$ du nombre du milieu de la Régle, ce qui eft la preuve.

REGLE DE TROIS PROUVE'E
Avec Fractions à tous les Nombres.
REGLE.

Si 8. $\frac{1}{3}$ donne 5 Entiers $\frac{5}{6}$ combien donneront 13. $\frac{4}{7}$

3	7
25	95
7	3

175 même dénomination que 285

2	5. $\frac{5}{6}$
350	1425.

17		47 $\frac{3}{6}$
3325	9 Entiers $\frac{5}{6}$	190
3150	350	1662. $\frac{1}{2}$
35		2
70		3325.
7		
14		
1		

PREUVE.

Si 13 $\frac{4}{7}$ donne 9 entiers $\frac{1}{2}$ combien donneront 8 $\frac{1}{3}$

7	3
95	25
3	7
285	175
2	9 $\frac{1}{2}$
570	1575 $\frac{1}{2}$

47		87
3325	5 Entiers $\frac{5}{6}$	1662 $\frac{1}{2}$
2850	570	2.
par	6	3325
2850	2850	5 Sixièmes.
	2850	570

Cette Régle de Trois toute par Fractions, est pareille & se fait de même que celle au feuillet 175.

Elle se fait en multipliant le Dénominateur 7 de la premiere Fraction par le Numerateur 3 de la seconde Fraction, les 21 qui en reviennent les poser dessus ladite seconde Fraction de l'ordre cy à côté.

Puis multiplier le N. 4 de la premiere Fraction par le D. 8 de la seconde, les 32 qui en reviennent les poser dessous ladite Fraction du milieu.

Ensuite multiplier les 21 d'enhaut par le N. 5 de la troisiéme Fraction, viendra 105 pour le *Numerateur* de la Réponse.

Et pour son *Dénominateur*, multiplier les 32 d'en bas par le D. 9 de ladite troisiéme Fraction viendra 288.

Ainsi si $\frac{4}{7}$ donne $\frac{3}{8}$ les $\frac{5}{9}$ donneront à proportion $\frac{105}{288}$ ou $\frac{35}{96}$ *qui est la Réponse.*

Il faut disposer la preuve de l'ordre ordinaire, & faire l'execution comme cy-dessus, & vous retrouverez $\frac{3}{8}$ qui est la Fraction du milieu, ce qui en fait la Preuve.

REGLE DE TROIS PROUVE'E
toute par Fractions.

REGLE.

$$\overset{21}{\underset{32}{\text{Si }\tfrac{4}{7}\text{ donne }\tfrac{1}{8}\text{ comb. }\tfrac{5}{9}\text{ Réponse }\tfrac{105}{288}}}$$
ou $\tfrac{35}{96}$

PREUVE.

$$\overset{315}{\underset{480}{\text{Si }\tfrac{5}{9}\text{ donne }\tfrac{35}{96}\text{ comb. }\tfrac{4}{7}\text{ Réponse }\tfrac{1260}{3360}}}$$
ou $\tfrac{126}{336}$
ou $\tfrac{21}{56}$
ou $\tfrac{3}{8}$

MAXIME GENERALE.

L'on pourroit operer toutes les Régles de Trois de l'ordre cy-dessus, en réduisant les Entiers en Fractions.

Exemple sur la Régle de trois du feuillet précédent, Au lieu de dire,

Si $8\tfrac{1}{3}$ donne $5\tfrac{5}{8}$ combien $13\tfrac{4}{7}$, dites ;
Si $\tfrac{25}{3}$ donne $\tfrac{35}{6}$ combien $\tfrac{26}{7}$, faisant ensuite l'operation comme cy-dessus, viendra $\tfrac{9275}{1050}$ & en divisant, donnera pour la Réponse 9 Entiers $\tfrac{525}{1050}$ ou 9 Entiers $\tfrac{1}{2}$.

Ainsi de tout autre.

Il faut premierement voir si les Toises & Fractions que chacun prend de ladite Place, font juste ensemble les 247 Toises $\frac{11}{45}$ quarrée., en faisant l'Addition comme au feuillet 239 l'ayant trouvé ou autre nombre.

Faut ensuite faire autant de Régles de Trois qu'il y a de personnes en ladite Compagnie, & les exécuter de l'ordre du feuillet 171.

Mais mettre pour le *premier* Nombre de chacune Régle de Trois les 247 Toises $\frac{11}{45}$

Pour le *second* nombre de chacune Régle de Trois les 22252 livres qu'on doit payer.

Et pour le *troisiéme* Nombre de la premiere Regle de Trois, mettez les 59 Toises $\frac{1}{3}$ que la premiere personne a pris de ladite Place, & vous trouverez au produit de ladite Régle de Trois 5380 livres que le premier doit payer desdits 22252 livres.

Faisant de même pour la seconde Personne, vous trouverez que les 103 Toises $\frac{4}{5}$ en doit payer 9342 livres.

Et les 83 Toises $\frac{2}{3}$ de la Troisiéme personne, en doit payer 7530 livres.

Et pour la PREUVE il faut que lesdites trois sommes qui viennent aux produits desdites trois Régles de Trois, montent juste à ladite somme de 22252 livres.

Voyez la disposition desdites Régles de Trois, & leurs Réponses cy à côté.

REGLE DE COMPAGNIE
Avec Fractions.

Trois perſonnes ont acheté une Place à bâtir, de 247 Toiſes $\frac{11}{45}$ quarré , la ſomme de 22252 liv. ils demandent combien ils en doivent chacun payer à proportion de ce qu'ils en ont pris ; ſçavoir ,

le premier en a pris   59 T. $\frac{7}{9}$ en doit payer 5380 l.
le ſecond   en a pris 103 T. $\frac{4}{3}$ en doit payer 9342 l.
le troiſiéme . . . . . .   83 T. $\frac{2}{3}$ en doit payer 7530 l.
Total de la Place . . 247 T. $\frac{11}{45}$ PREUVE 22252 L.

REGLE.

Pour le Premier.

Si 247 Toiſes $\frac{11}{45}$ coûtent 22252 liv. combien coûteront 59 Toiſes $\frac{7}{9}$ Réponſe 5380 liv.

Pour le Second.

Si 247 Toiſes $\frac{11}{45}$ coûtent 22252 liv. combien coûteront 103 Toiſes $\frac{4}{3}$ Réponſe 9342 liv.

Pour le Troiſiéme.

Si 247 Toiſes $\frac{11}{45}$ coûtent 22252 liv. combien coûteront 83 Toiſes $\frac{2}{3}$ Réponſe 7530 liv.

INSTRUCTION.

Il faut se fonder qu'il faut toujours conserver la proportion de la Mere aux Enfans , & faire une supofition en commençant par la moindre , c'est a-dire par la Fille.

Supofant 3 *portions* (ou autre nombre) *pour la Fille* on est forcé de donner 4 *portions à la Mere* , par raport à sa Fille , la Meré ayant $\frac{4}{3}$ qui est un tiers en fus plus que sa Fille.

Il reste à faire la pofition du Fils par raport à sa Mere.

Ayant donné 4 *portions* à la Mere qui se trouvent pour ses $\frac{2}{3}$ par raport au Fils , elle a par conféquent 2 *portions* pour chaque *Cinquiémes.*

Ainsi le *Fils* doit avoir 6 *portions* pour ses $\frac{3}{3}$, le Fils ayant moitié en fus plus que sa Mere qui n'a que 2 Cinquiémes.

& lui a 3 Cinquiémes.

La portion de la Mere aux Enfans se trouvant conservée en donnant

3 portions à la Fille.
4 portions à la Mere.
& 6 portions au Fils , qui font

Ensemble 13 portions.

Il reste à faire 3 petites régles de Trois , en les difpofant comme cy à côté , & vous trouverez que des 100000 livres.

La Fille aura la fomme de 23076 liv. 18 : 5 d. $\frac{7}{13}$ la Mere ayant *un tiers en fus* plus que sa Fille , ledit tiers montant à 7692 liv. 6 : 1 d. $\frac{11}{13}$ qui avec autant de 23076 liv. 18 : 5 d. $\frac{7}{13}$ font ensemble 30769 liv. 4 : 7 d. $\frac{5}{13}$ *pour la mere.*

La mere ayant 30769 liv. 4 : 7 d. $\frac{5}{13}$ & fon Fils devant avoir *moitié en fus* plus que sa Mere.

Ladite moitié montant à 15384 liv. 12 ; 3 d. $\frac{9}{13}$ qui avec autant de 30769 liv. 4 : 7 d. $\frac{5}{13}$ font ensemble 46153 liv. 16 : 11 d. $\frac{1}{13}$ *pour le Fils.*

Lefquels produits font conformes aux trois des trois Régles de Trois cy à côté , qui fait une double PREUVE.

REGLE TESTAMENTAIRE,
Ou Régle de Compagnie par Fractions
CURIEUSE.

Un Homme mourant laiffe fa Femme groffe, & 100000 livres de fon chef d'Acquets.

Il ordonne par fon Teftament que fi fa Femme accouche d'un *Garçon*, qu'il en aûra les $\frac{3}{5}$ & fa Mere les $\frac{2}{5}$.

Et que fi elle accouche d'*une Fille*, qu'elle n'aura que les $\frac{3}{7}$ & fa Mere les $\frac{4}{7}$.

Il arrive qu'elle accouche *d'un Garçon & d'une Fille*, fçavoir combien chacun doit avoir defdites 100000 liv. en confervant toujours la proportion de la Mere aux Enfans.

REGLE.

Supofé 3 *Portions pour la Fille.*
Il faut 4 *Portions pour la Mere.*

Et par raport au Fils ladite Mere, ayant 4 portions pour fes $\frac{2}{5}$ qui eft 2 Portions pour chaque Cinquiéme.

Sur ce pied le Fils ayant $\frac{3}{5}$ doit avoir 6 Portions.

Et les *6 Pour le Fils.*

font 13 *Portions.*

Si 13 Portions donnent 100000 l. comb. 3 Portions donneront *pour la Fille*, 23076 l. 18 : 5 d. $\frac{2}{13}$

Si 13 donnent 100000 l. comb. 4 Portions, donneront *pour la Mere*, 30769 l. 4: 7 d. $\frac{5}{13}$

Si 13 donnent 100000 l. comb. 6 Portions, donneront *pour le Fils*, 46153 l. 16: 11 d. $\frac{1}{13}$

L'Addition donne la PREUVE 100000 l.

Pour ajoûter les Fractions, & Fractions de Fraction lorfque la derniere Fraction eft Fraction de
l'unité de la précédente.

Il ne faut que multiplier le Numerateur de la
premiere Fraction par le Dénominateur de la feconde, y ajoûtant fon Numerateur de ladite feconde Fraction, vous aurez le *Numérateur* de la Fraction de la Réponfe.

Et pour fon *Dénominateur*, il ne faut que multiplier les deux Dénominateurs des deux Fractions,
viendra ledit Dénominateur de la Fraction de la
Réponfe.
Pour faire la premiere propofition cy à côté, où
l'on veut *ajoûter* $\frac{3}{4}$ *d'Entiers* & $\frac{1}{2}$ *d'un defdits quarts*.
Multipliez le Numérateur 3 de la premiere Frac-
tion par le Dénominateur 2. de la feconde, fera
6. avec le Numerateur 1 viendra 7 pour le *Numérateur de la Fraction de la Réponfe.*

Et pour fon *Dénominateur* il ne faut que multiplier
les deux Dénominateurs 4 & 2 viendra 8. Ainfi *les*
$\frac{3}{4}$ *d'Entier* & $\frac{1}{2}$ *d'un defdits quarts eft jufte* $\frac{7}{8}$ d'Entier.

POUR LA SECONDE PROPOSITION.

Il faut faire du même ordre en commençant par
les dernieres Fractions.

C'eft-à-dire, ajoûter premierement $\frac{2}{3}$ & $\frac{4}{5}$ d'un
Cinquiéme, viendra de l'ordre cy-deffus $\frac{11}{15}$.
Il faut enfuite ajoûter le $\frac{4}{7}$ d'entiers avec le $\frac{21}{45}$ d'un
defdits Septiémes en fuivant toujours le même or-
dre, viendra $\frac{111}{315}$ *d'Entier pour la Réponfe de la fe-*
conde Propofition.

Des FRÀCTIONS, & FRACTIONS
de FRACTIONS fur l'unité.

J'ai les $\frac{3}{4}$ d'un Entier & $\frac{1}{2}$ d'un quart, fçavoir combien lefdites deux Fractions, font en une feule.
Reponfe $\frac{7}{8}$

J'ai les $\frac{4}{7}$ d'un Entier & $\frac{1}{3}$ d'un Septiéme, & $\frac{4}{9}$ d'un defdits Cinquiémes, fçavoir combien lefdites trois Fractions font en une feule.
Réponfe $\frac{211}{315}$

REGLE.

$$\frac{7}{\text{Ajoûtez } \frac{3}{4} \text{ \& } \frac{1}{2} \text{ d'un quart.}}{8} \qquad \text{Réponfe } \frac{7}{8}$$

L'AUTRE QUESTION.

Ajoûter $\frac{4}{7}$ & $\frac{1}{3}$ d'un Septiéme, & $\frac{4}{9}$ d'un defdits Cinquiémes.   Réponfe $\frac{211}{315}$

$$\frac{31}{\text{Les } \frac{1}{3} \text{ \& } \frac{4}{9} \text{ d'un Cinquiéme.}}{45}$$

$$\frac{211}{\text{Les } \frac{4}{7} \text{ \& } \frac{31}{45} \text{ d'un Septiéme.}}{315}$$

Cette Régle eft utile en plufieurs rencontres & particulierement pour parvenir à faire toutes fortes de Multiplications de telle nature qu'elles foient, & ce par les Multiplications des Fractions.

Pour multiplier 17 ſ. 11 d. par 12 ſ. 7 d. regardant *le ſol pour l'Entier*.

Il ne faut que multiplier 17 $\frac{11}{12}$ par 12 $\frac{7}{12}$ regardant les deniers comme douziémes de ſols.

Faiſant ladite Multiplication par Fractions comme au feuillet 253 *viendra pour la Réponſe* 225 ſ. & $\frac{65}{144}$ *de ſol*.

AUTREMENT.

Regardant les 17 ſ. 11 d. & 12 ſ. 7 d. comme partie de la livre, & *la livre pour l'Entier*.

Pour faire cette Multiplication, il faut conſidérer que 17 ſ. font $\frac{17}{20}$ de la livre, & les 11 d. pour $\frac{11}{12}$ d'un vingtiéme, ainſi les $\frac{17}{20}$ & $\frac{11}{12}$ d'un vingtiéme étant ajoûté comme au feuillet précédent feront $\frac{215}{240}$ de la livre.

Pareillement les 12 ſ. 7 d. ou $\frac{12}{20}$ & $\frac{7}{12}$ d'un vingtiéme font $\frac{151}{240}$ de la Livre.

Il reſte à multiplier leſdites $\frac{215}{240}$ d'une livre ou d'un Entier par $\frac{151}{240}$ de l'ordre du feuillet 255 viendra $\frac{32465}{57600}$ ou $\frac{6493}{11520}$ d'une livre pour la Réponſe.

Et ſi l'on ſouhaite ſçavoir la valeur de ſes Réponſes ou Fractions par raport à leurs Entiers, en ſuivant l'ordre du feuillet 235.

Multiplier le N. 65. des $\frac{65}{144}$ par 12 deniers, & diviſant ſon produit par le D. 144. viendra 5 d. $\frac{5}{12}$.

Ainſi multiplier 17 ſ. 11 d. par 12 ſ. 7 d. regardant le ſol pour l'Entier, *viendra* 225 ſ. 5 d. $\frac{5}{12}$ pour la Réponſe.

Pareillement pour l'autre Réponſe, multipliant le N. 6493. des $\frac{6493}{11520}$ par 20 ſ. & le reſte par 15 d. diviſant par le D. 11520. viendra 11 ſ. 3 d. $\frac{13}{48}$.

Ainſi multipliant 17 ſ. 11 d. par 12 ſ. 7 d. par raport à la livre pour l'Entier, *viendra* 11 ſ. 3 d. $\frac{13}{48}$ pour la Réponſe.

DES APPLICATIONS DE FRACTIONS.

Premierement.

Sur les petites Multiplications des Parties de 20 f.
propofées au feuillet 175.

EXEMPLE.

*Pour multiplier 17 f. 11 d. par 12 f. 7 d. regardant
le fol pour l'Entier.*

Réponfe 225 f. $\frac{65}{144}$

ou 225 f. 5 d. $\frac{5}{12}$

Et en regardant la livre pour l'Entier.

Réponfe $\frac{6495}{11520}$ d'une livre.

ou 11 f. 3 d. $\frac{13}{48}$ d'une livre.

REGLE.

Multiplier 17 $\frac{11}{12}$ par 12 $\frac{7}{12}$

$$\begin{array}{c} 215 \\ 151 \end{array} \qquad \begin{array}{c} 151 \\ \times \\ 144 \end{array}$$

215	76	
1075	868 5	
215	3246 5	225 f. $\frac{65}{144}$ pour Réponfe.
32465.	28880	144
	282	
	0	

AUTRE REGLE.

$$\frac{215}{\frac{17}{20} \ \& \ \frac{11}{12} \text{ d'un 20.}} \qquad \frac{151}{\frac{12}{20} \ \& \ \frac{7}{14} \text{ d'un 20}^e}$$

240   240

$$\frac{32465}{\text{Multiplier } \frac{215}{240} \text{ par } \frac{151}{240}} $$

57600

215	240	
151	240	
215	9600	Réponfe $\frac{32465}{57600}$ ou $\frac{6495}{11520}$
175	480	d'une livre.
25	57600	
32465		

A a

INSTRUCTION.

En suivant l'ordre de la seconde Régle du feuillet précédent, ou comme au feuillet 275. Pour faire la multiplication de 12 liv. 11 ſ. 5 d. il faut premierement réduire en Fraction de la livre les 11 ſ. 5 d. sera $\frac{137}{240}$ d'une livre.

Puis multipliez comme au feuillet 253 les 12 liv. $\frac{137}{240}$ par 12 liv. $\frac{137}{240}$ réduiſant chacun en 240-tiéme, viendra 3017 pour chacun desdits deux nombres qu'il faut multiplier enſemble, donneront 9102289 liv. pour le nombre à diviſer. Et pour ſon diviſeur multipliant les deux dénominateurs 240 ſera 57600.

Par lequel 57600 diviſant les 9102289 liv. viendra 158 livres.

Et les 1489 liv. reſtans réduits en ſols par 20. ſera 29780 ſ. qui ne ſe peuvent diviſer par 57600.

Il faut les réduire en denier par 12 ſera 357360 d. qu'il faut continuer à diviſer par 57600 viendra 6 d. & 11760 de reſte, qui forme avec le diviſeur la Fraction de denier $\frac{11760}{57600}$ ou $\frac{49}{240}$ étant réduite.

Ainſi multipliez 12 liv. 11 ſ. 5 d. par 12 liv. 11 : 5 d. viendra juſte 158 liv. 0 ſ. 6 d. $\frac{49}{240}$ pour Réponſe.

NOTTEZ *que cette* METHODE *eſt* GENERALE, *même pour les Multiplications du toiſé de l'arpentage,* &c.
Supoſé qu'on eut multiplié 12 Toiſes $\frac{137}{240}$ les 158 du produit ſeroit des Toiſes. Ainſi il faudroit réduire en pieds les 1489. Sçavoir,

Pour avoir des pieds quarrés, il faudroit multiplier par 36 Pieds quarrés, dont la Toiſe quarrée eſt compoſée.

Ou bien par 216 Pieds qui ſe trouvent dans la Toiſe Cube, pour avoir des Pieds Cubes, & le reſte en Pouces, enſuite en Lignes, &c. pour avoir la juſteſſe parfaite.

DEUXIEME APPLICATION

Des Fractions.

Sur la Multiplication des *C. r.* & den. par
C. r. & den. proposée au feuillet 175.

EXEMPLE.

Pour multiplier 12 livres 11 *r.* 5 deniers par
12 liv. 11 *r.* 5 d. Réponse 158 liv. o *r.* 6 d. $\frac{48}{240}$

$$\begin{array}{c} 137 \\ \hline \frac{11}{20} \ \& \ \frac{5}{12} \\ 240 \end{array} \quad \text{R E G L E.}$$

$$\begin{array}{cc} 3017 & 3017 \\ \hline \end{array}$$

Multiplier 12 liv. $\frac{137}{240}$ par 12 liv. $\frac{137}{240}$

12		240
240	57600	240
480	14	9600
24	45228	480
137	3342289	
	9422289	158 l. o r. 6 d. $\frac{48}{240}$ 57600
3017	57602202 57600	
3017	288020	
21119	4608	
3017	20 r.	
90510	29780 r.	
9101289	12 d.	
	59560	
	29780	
	357360 d.	
	11760	
	257360	6 den. $\frac{11760}{57600}$
	357600 57600	$\frac{32}{1920}$
		$\frac{41}{240}$

A a ij

INSTRUCTION.

Pour multiplier briévement les 17 ſ. 11 deniers par 12 ſ. 7 den. il faut commencer à multiplier par les 12 ſ. d'en bas (*en se servant du petit livret de 12*) tout ce qui est en haut, disant 12 fois 11 den. font 132 den. qui valent 11 ſ. qu'il faut retenir, continuant à dire 12 fois 7 ſ. des 17 ſ. en ajoûtant au produit les 11 ſ. de retenu sera 215 ſ. pour le montant des 17 ſ. 11 den. par 12 ſ.

Et pour les 7 deniers d'enbas qui restent à multiplier par tout le haut, faut prendre pour 6 deniers la moitié des 17 ſ. 11 den. sera 8 ſ. 11 den. ½.

Et pour le 1 denier restant desdits 7 deniers, faut prendre le sixiéme desdits 8 ſ. 11 deniers, viendra 1 ſ. 5 den. & reste 5 d. ⅓ dont il faut encore prendre le sixiéme de l'ordre du feuillet 249, ce qui se fait en multipliant les 5 den. ou 5 Entiers restans par le D. 2. sera 10. à quoi faut ajouter le N. 1. & sera 11 pour le N. de la Fraction du denier. Et pour son Dénominateur, multiplier par 6 (*à cause que l'on prend le sixiéme*) le D. 2 sera 12 qui fera $\frac{11}{12}$.

Ensuite ajoûtez les 215 ſ. avec les 8 ſ. 11 den. ½ & 1 ſ. 5 den. $\frac{11}{12}$ comme à l'ordinaire viendra 225 ſ. 5 den $\frac{5}{12}$ pour la *Réponse de ladite Multiplication.*

Pour multiplier les 12 liv. 11 ſ. 5 den. par 12 liv. 11 ſ. 5 d. il faut suivre exactement l'ordre cy-dessus, c'est-à-dire, après avoir multiplié les 12 liv. 11 ſ. 5 den. d'enhaut par 12 liv. d'enbas, & trouvé 150 liv. 17 ſ.

Il faut ensuite prendre par les parties allicottes de la livre les 11 ſ. 5 den. d'enbas sur tout les 12 l. 11 ſ. 5 d. d'enhaut : en traitant les deniers restans & Fractions (*en prenant lesdites parties allicotes de la livre*) de l'ordre dudit feuillet 249, & comme il est pratiqué à la Régle cy à côté : puis faire l'addition, & vous trouverez *que* 12 liv. 11 ſ. 5 den. *par* 12 liv. 11 ſ. 5 den. *montent juste à* 158 liv. 0 : 6 den. $\frac{40}{144}$

SUITE DES APPLICATIONS

Des Fractions.

Pour faire les Multiplications des feuillets
277 & 279 plus briévement.

REGLES.

Multiplier 17 r. 11 den.
par 12 r. 7 den.

Pour les 12 r. vient 215 r.				
Pour les 6 den....8 r. 11 den. $\frac{1}{2}$ $\frac{12}{0}$				
Pour le 1 den....1 r. 5 den. $\frac{11}{12}$ 11				
Total..... 225 r. 5 den. $\frac{5}{12}$				

Multiplier 12 liv. 11 r. 5 den.
par 12 liv. 11 r. 5 den.

pour les 12 l. vient 150 liv. 17 r.	240	
pour les 10 r. ...6 liv. 5 r. 8 den. $\frac{8}{3}$	120	
pour le 1 r.... 12 r 6 den. $\frac{17}{20}$	204 $\not{12}$	
pour les 4 den. 4 r. 2 den. $\frac{17}{60}$	68 $\not{3}$	
pour le 1 den. 1 r. 0 den. $\frac{137}{740}$	137 $\not{1}$	
Total... 158 liv. 0 r. 6 den. $\frac{49}{740}$	529	

$$
\begin{array}{c|c}
49 & \\
\cancel{529} & 2 \text{ d. } \frac{49}{740} \\
\cancel{480} & 240
\end{array}
$$

Ces deux Régles font de pareils produits qu'aux
feuillets 277 & 279, ce qui pourroit dans une néceſſité ſervir de preuve l'une à l'autre.

A a iij.

INSTRUCTION.

Il ne faut que multiplier les 135 *pieds de long* par les 38 *Pieds de large*, viendra 5130 *pieds quarrez* que contient ledit quarré long.

Pour réduire lefdits Pieds quarrés en Toife quarrée, il faut les divifer *par* 36 *qui eſt la quantité de Pieds que contient la Toife quarrée*, viendra au produit de la divifion 142 *Toifes &* 18 *pieds quarrés*.

POUR LE CUBE OU SOLIDE.

Et fi ledit quarré long qui a 5130 Pieds quarrés avoit d'*épaiſſeur* 17 *Pieds* pour fçavoir combien ledit Corps folide contient de Pieds ou Toife Cube.

Il faudroit multiplier par les 17 Pieds d'épaiſſeur les 5130 Pieds de fuperficie qui donnera 87210. *Pieds Cube*.

Pour réduire lefdits Pieds Cube en Toife Cube, il faut les divifer par 216 *Pieds Cube que contient la Toife Cube*, viendra 403 *Toifes &* 162 *Pieds Cube*.

Le fondement de ces réductions eſt que la Toife quarrée a 6 Pieds de long fur 6 Pieds de large qui font 36 Pieds quarrés.

Et que la Toife Cube outre qu'elle a 6 Pieds de long fur 6 Pieds de large ou 36 pieds quarrés, elle a 6 pieds d'épaiſſeur qui font 216 pieds Cube que contient la Toife Cube.

Attendu que 6 fois 6 font 36
& 6 fois 36 font 216

A l'égard des parties de la Toife quarrée les 18 Pieds font la $\frac{1}{2}$ Toife, & les 9 Pieds le $\frac{1}{4}$

à l'égard de la Toife Cube, les 108 Pieds Cube font la $\frac{1}{2}$ Toife, & les 54 Pieds font le $\frac{1}{4}$

MULTIPLICATIONS

PAR PIEDS SIMPLES POUR LES SUPERFICIES ET SOLIDES.

Sans Parties Allicotes en se servant de la Division.

EXEMPLE.

Un quarré long ou Paralelograme Rectangle à 135. *Pieds de long* & 38. *Pieds de large*, sçavoir, combien il y a de Toises & Pieds quarrés.

Réponse 142 *Toises* ½ *quarrées.*

Supposé que ledit quarré long eût d'épaisseur 17 *Pieds*, sçavoir combien cedit Corps contient de Toises Cubes.

Réponse 403 ¼ *Cube.*

REGLES.

```
        135  Pieds de long.
fur      38  Pieds de large.      1
       ----                      1598
       1080                      5130   142 T. 18 P.
        405                      ----
      ----                      3042 39    quarrés.
font   5130  Pieds quarrés.      540

lesdits 5130  Pieds quarrés.
fur       17  Pieds d'épaiss.
        ----
       35910                       1
        5130                      862
      ------                    87210 403 T. 162 P.
font  87210  Pieds Cube.        ----
                                86448 216    Cube,
                                  6
```

Il faut commencer à multiplier par les 5 Pieds d'enbas les 13 pieds 6 pouces d'enhaut, disant 5 fois 6 font 30 pouces qui font 2 pieds 6 pouces, posez 6 pouces & retenez les 2 pieds, puis dire 5 fois 13 pieds font 65 pieds, & 2 de retenu font 67 Pieds, qu'il faut poser en son rang comme à la Régle.

Et pour les 8 pouces d'enbas qui restent à multiplier, prenez pour 4 pouces (qui font le ⅓ du Pied) le tiers de 13 pieds 6 pouces d'enhaut.

Disant le tiers de 13 est 4 Pieds qu'il faut poser directement dessous, il reste 1 Pied qui vaut 12 pouces, & 6 qui font à côté font 18 pouces, dont le tiers est 6 pouces, Ainsi les 4 pouces multipliez par les 13 Pieds 6 Pouces d'enhaut, produisent 4 Pieds 6 Pouces.

Et pour les 4 autres pouces d'enbas remettre le même produit de 4 Pieds 6 Pouces.

L'addition de ces trois lignes donnera 76 Pieds 6 Pouces, ou 76 *Pieds & ½ quarré* que contient ladite surface.

POUR LE CUBE OU SOLIDE.

Supposant que ladite surface ait 4 Pieds 10 pouces d'épaisseur.

Il faut commencer comme dessus en multipliant par les 4 pieds d'enbas les 76 Pieds 6 Pouces d'enhaut, viendra 306 Pieds.

Et pour les 10 pouces d'enbas qui restent à multiplier, prenez pour 6 & pour 4. Pour 6 prenez la moitié de 76 Pieds 6 Pouces, fera 38 Pieds 3 Pouces. Et pour le 4 prenez le tiers desdits 76 Pieds 6 pouces, fera 25 Pieds 6 Pouces, étant calculé & exposé de l'ordre expliqué cy-dessus, l'addition de ces trois lignes donnera 369 pieds 9 Pouces, ou 369 Pieds ¾ Cube que ladite Pierre ou Marbre contient.

Ces 369 Pieds ¾ Cube font une Toise ½ & 45 Pieds ¾ Cube.

MULTIPLICATIONS

DES PIEDS ET POUCES
Sur PIEDS & POUCES.

Utiles
Aux Superficies & Solides.

EXEMPLES.

Une Pierre taillée ou un Marbre qui de surface a 13 pieds 6 pouces de long & 5 pieds 3 pouces de large, sçavoir combien ladite surface contient de pieds quarrés en superficie.   Réponse 76 pieds ½ quarrés

Et de Pieds Cube ayant 4 pieds 10 pouces d'épaisseur.   Réponse 369 pieds ¾ Cube.

REGLES.

13 Pieds	6 Pouces de long.	
sur 5 Pieds	8 Pouces de large.	
67 Pieds	6 Pouces.	
4 Pieds	6 Pouces.	
4 Pieds	6 Pouces.	
76 Pieds	6 Pouces.	

lesdits 76 Pieds	6 Pouces en superficie.	
sur 4 Pieds	10 Pouces d'épaisseur.	
306 Pieds.		
38 Pieds	3 Pouces.	
25 Pieds	6 Pouces.	
369 Pieds	9 Pouces.	

Pour faire par Toifes les mêmes Multiplications du feuillet 283 au lieu de 135 pieds mettre 22 T. 3 pi.

au lieu de 38 pieds mettre 6 T. 2 pi.

& au lieu de 17 pieds mettre 2 T. 5 pi.

Pour faire la Multiplication des 22 T. 3 pi. fur 6 T. 2 p.

Il faut commencer à multiplier par les 6 Toifes d'enbas les 22 Toifes 3 Pieds d'enhaut, en commençant par les Pieds.

Difant 6 fois 3 Pi. font 18 Pi. qui font 3 T. qu'il faut retenir & continuer à dire 6 fois 2 font 12 & 3 de retenu font 15 T. pofez 5 & retenez 1 dixaine, & 6 fois 2 font 12 & 1 de retenu font 13 dixaines qui étant pofées fera 135 Toifes pour le quarré de 22 Toifes 3 Pieds fur 6 Toifes.

Il refte à multiplier les 2 Pieds d'enbas, pour lefquels il faut prendre le tiers de 22 T. 3 Pieds d'enhaut fera 7 T. 3 Pi. puis l'addition de ces deux lignes donnera 142 *Toifes* 3 *Pieds* ou 142 *Toifes* ½ *quarrées* que contient en fuperficie ledit Mur.

Pour le Cube ou Solide.

Ayant d'épaifleur audit mur 2 Toifes 5 Pieds,

Il faut commencer comme deffus à multiplier par les 2 Toifes d'enbas les 142 Toifes 3 Pieds d'enhaut, viendra 285 Toifes.

Et pour les 5 Pieds d'enbas il faut prendre pour 3 & pour 2.

p. 3 pren. la *moit.* des 142 T. 3 Pi. fera 71 T 1 p 6 p & p. 2 pren. le *tiers* des 142 T. 3 P. fera 47 T 3 pi.

L'addition enfuite defdites 3 lignes donnera pour la *Réponfe* 403 T. 4 Pi. 6 Po. ou 403 *Toifes* ¾ Cube que contient ledit Mur.

Notez à *ces fortes de Produits les Pieds* font toujours de 6 à la Toife.

Donc les 4 Pieds 6 Pouces font les ¾ de la Toife.

les 4 Pieds. . . . . . . font les ⅔ de la Toife.

les 3 Pieds. . . . . . . font la ½ de la Toife.

les 2 Pieds. . . . . . . font le ⅓ de la Toife.

le 1 Pied . . . . eft le ⅙ de la Toife.

de la qualité des T. foit Courante, Quarrée ou Cube.

MULTIPLICATIONS

Des *TOISES* & *PIEDS*,
Par *TOISES* & *PIEDS*,

BRIE'VES

Par les Parties Allicotes.

EXEMPLES.

Un Mur a 22 *Toises* 3 *Pieds* de long sur 6 *Toises* 2 *Pieds* de haut, sçavoir combien il y a de Toises quarrées.   Réponse 142 *Toises* ½ quarrées.

Et si ledit Mur avoit 2 *Toises* 5 *Pieds* d'épaisseur, sçavoir combien il y auroit de Toises Cube de Maçonnerie dans ledit Mur.

Réponse 403 *Toises* ¼ Cube.

REGLES.

```
        22 Toises 3 Pieds de long.
Sur      6 T.      2 Pi.    de haut.
       ─────────────────────────────
        155 T.
          7 T.      3 Pi.
       ─────────────────────────────
Font   142 T.       3 Pi.


lesdits 142 T.      3 P. de superficie.
Sur       2 T.      5 Pi. d'épaisseur.
       ─────────────────────────────
        285 T.
         71 T.      1 P. 6 Pouces.
         47 T.      2 Pi.
       ─────────────────────────────
Font    403 T.      4 Pi. 6 Pouces.
```

Pour multiplier 135 *Toises* 5 *Pieds* 6 *Pouces* de long. par 4 *Toises de large.*

Il faut multiplier par les 4 Toises d'enbas tout le haut, en commençant par les Pouces.

Disant 4 fois 6 Pouces font 24 Pouces qui font 2 Pieds qu'il faut retenir, puis dire 4 fois 5 Pieds font 20 & 2 de retenu font 22 qui est 3 Toises 4 Pieds, faut poser les 4 Pieds, & retenir les 3 Toises qu'il faut ajoûter en multipliant les 135 T. par ledit 4 viendra pour la *Réponse* 543 Toises 4 Pieds.

ou 543 Toises ⅔ quarrées.

Pour multiplier 12 *Toises* 3 *Pieds* 9 *Pouces* de long par 5 *Toises* 2 *Pieds* de large.

Il faut commencer à multiplier par les 5 Toises d'enbas tout le haut de l'ordre cy-dessus, viendra 63 Toises o Pieds 9 Pouces.

Et pour les 2 Pieds d'enbas qui restent à multiplier, il faut prendre le tiers de 12 T. 3 Pi. 9 Po. viendra 4 T. 1 P. 3 Po. qui étant ajoûtés avec les 63 T. o P. 9 Po. donnera la *Réponse* 67 Toises 2 Pieds.

ou 67 Toises ⅓ quarrées.

Pour multiplier 105 *Toises* o *Pieds* 8 *Pouces* de long par 3 *Toises* 4 *Pieds* 6 *Pouces* de large.

Après avoir multiplié tout le haut par les 3 T. d'enbas, & trouvé 315 Toises 2 Pieds.

Il faut ensuite calculer les Pieds & Pouces d'enbas, en prenant pour 3 Pieds la moitié des 105 T. o Pi. 8 Po. viendra 52 T. 3 P. 4 Po.

Et pour le 1 Pied 6 Pouces restans des 4 Pieds 6 Pouces d'enbas, prenez la moitié desdites 52 T. 3 Pi. 4 Po. sera 26 T. 1 Pi. 8 Po. (*attendu qu'un Pied & demi est la moitié de 3 Pieds*) ensuite faire l'addition desdits trois produits, donnera pour la *Réponse* 394 Toises 1 Pied ou 394 *Toises* ½ *quarrées.*

MULTIPLICATIONS BRIE'VES

Des TOISES, PIEDS & POUCES.

Par *Toiſes*
Par *Toiſes & Pieds.*
& Par *Toiſes , Pieds & Pouces.*

R E G L E.

    135 Toiſes 5 Pieds 6 Pouces de long.
ſur   4 Toiſes . . . . de large.
montent 543 Toiſes 4 Pieds.

    12 Toiſes 3 Pieds 9 Pouces de long.
ſur   5 Toiſes 2 Pieds. . . . . . de large.
    63 Toiſes 0 Pieds 9 Pouces.
    4 Toiſes 1 Pied 3 Pouces.
montent 67 Toiſes 2 Pieds.

    105 Toiſes 0 Pieds 8 Pouces de long.
ſur   3 Toiſes 4 Pieds 6 Pouces de large.
    315 Toiſes 2 Pieds 0 Pouces.
    52 Toiſes 3 Pieds 4 Pouces.
    26 Toiſes 1 Pied 8 Pouces.
montent 394 Toiſes 1 Pied.

INSTRUCTION.

Pour fuivre cette méthode generale, il faut réduire les deux nombres à multiplier en leurs plus petites dénominations & pareilles , c'eft-à-dire, en pouces s'il y a des pouces à l'un defdits nombres, enfuite
multiplier les produits l'un par l'autre , ce qui en
vient pour être divifé par le quarré de l'unité de l'entier, c'eft-à-dire , par la quantité des Pouces quarrés
que contient la Toife quarrée , le produit de cette
Divifion ou Sous-Divifion donnera la Réponfe.

En fuivant l'Exemple cy-contre.

Il faut réduire les 105 T. o Pi. 8 Po. & les 3 T.
4 pi. 6 po. en pouces, en multipliant les Toifes par 6
y ajoûtanr les Pieds ; enfuite par 12 y ajoûtant les
pouces, viendra 7568 po. & 270 po. qui étant multipliés l'un par l'autre, donneront 2043360 po. quarrés
qu'il faut réduire en Toifes quarrées , en les divifant
par 5184 po. quarrés que contient 1 *Toife quarrée,*
viendra 394 *Toifes quarrées.*

A l'égard des 864 Pouces de refte on peut les
réduire en Pieds quarrés par *deux méthodes.*

La *premiere* fe fait en multipliant par 36 Pieds
(dont la T. quarrée eft compofée) les 864. viendra
31104 qui étant divifés par le Divifeur ordinaire
5184 viendra 6 *Pieds quarrés.*

La *feconde* méthode feroit de divifer lefdits 864
Po. quarrés reftans par 144 Pouces quarrés que le
Pied quarré contient , viendra 6 *Pieds quarrés.*

Ainfi *multipliez* 105 T. o Pi. 8 Po. par 3 T. 4 Pi.
6 Po. vient pour la Réponfe 394 T. 6 *Pieds quarrés.*

Pour trouver la quantité de *Pouces quarrés* , il faut
fçavoir ce qui compofe la *Toife quarrée.*

La *Toife courante* ayant 6 Pi. & le Pied 12 Po.
Elle a 72 Pouces de long, & 72 Pouces de large
quand elle eft quarrée, lefquels 72 fois 72 font 5184
Pouces quarrés que contient la *Toife quarrée.*

Ainfi , fi l'on fouhaite multiplier les Lignes &
Parties de lignes , on peut fe fervir de cette Méthode qui eft GENERALE ET PARFAITE.

MÉTHODE GÉNÉRALE
Pour faire les
MULTIPLICATIONS des Toifes, Pieds & Pouces
Par Toifes, Pieds & Pouces.
Utiles aux SUPERFICIES & SOLIDES.
EXEMPLE.

L'on veut multiplier 105 Toifes 0 Pi. 8 Pouces
par 3 Toifes 4 Pieds 6 Pouces.

Réponfe 394 *Toifes* 6 *Pieds quarrés,*

REGLE.

105 T. 0 Pi. 8 Po.	3 T. 4 Pi. 6 Po.	1 Toife.
6	6	6
630 Pi.	22 Pi.	6 Pi.
12	12	12
1260	44	72 Po.
630	22	par 72 Po.
8	6	
7568 Po.	270 Po.	144
7568		504
270	8	5184 Po.
529760	2166	
15136	488804	
2043360	2043360	394 Toifes quarrées.
	1555260	5184
	46653	
	207	
	par 36	

5184   31104 (6 Pieds quarrés
2592   31104 (5184
31104

J'avouë que cette Méthode eft longue, mais cette
longueur eft effacée par fa facilité n'ayant point de
parties Allicotes à prendre,& pouvant fervir parfaitement à toutes les Multiplications d'Arpentage, de
Toifés & même à celles de livres, fols & deniers des
feuillets 177. 179. & 281.

Il faut premierement réduire les 8 *Pouces* EN FRACTION DE TOISES, de mémie les 4 pieds 6 *Pouces* en se servant de l'ordre du feuillet 275.

Vous trouverez que 8 *Pouces* ou $\frac{2}{3}$ de Pied est le 1 $\frac{2}{3}$ de 6-sième de Toise, qui est $\frac{2}{16}$ ou $\frac{1}{9}$ *de Toise.*

Pareillement que les 4 *Pieds* 6 *Pouces* sont $\frac{2}{3}$ & $\frac{1}{4}$ de sixiéme de Toise, font en une seule Fraction $\frac{9}{12}$ ou $\frac{3}{4}$ *de Toise.*

Il faut ensuite mettre à côté des 105 *Toises* le $\frac{1}{9}$ & à côté des 3 *Toises* les $\frac{3}{4}$.

Puis les multiplier de l'ordre cy à côté, qui est de même qu'au feuillet 253, viendra au produit 394 *Toises*, & $\frac{6}{15}$ ou 394 *Toises* $\frac{1}{2}$ *quarré*, pour la *Réponse* de ladite Multiplication.

, Notez, Cette Régle sert de Preuve à la Régle du feuillet précédent, & à la troisiéme du feuillet 289.

Des Toifes, Pieds & Pouces par Toifes, Pieds & Pouces, exécutée par FRACTIONS.

EXEMPLE.

Multiplier 105 T. 0 pi. 8 po. par 3 T. 4 pi. 6 pouces
Réponfe 394 Toifes $\frac{1}{8}$ quarrées.

$$\overset{2}{\frac{2}{6} \& \frac{2}{3} \text{ d'un Sixiéme.}} \qquad \overset{9}{\frac{4}{6} \& \frac{1}{2} \text{ d'un Sixiéme.}}$$

18   12

$\frac{2}{48}$ ou $\frac{1}{9}$ $\frac{9}{12}$ ou $\frac{3}{4}$

$$\overset{946}{} \qquad 15$$

Multiplier 105 T. $\frac{1}{9}$ par 3 T. $\frac{3}{4}$

$$X$$

946	36
15	

4730
946

14190

3356

394 Toifes $\frac{1}{8}$ quarré.

36

$\frac{6}{36}$ ou $\frac{1}{8}$

INSTRUCTION

Il faut pour multiplier les 53 *Per*, 7 *Pi*. 6 *Po*. de *longueur* par 6 *Per*. 9 *Pi*. *de large*, faire comme au feuillet 289, à la différence que l'ENTIER ou la *Toise* y est comptée de 6 Pieds, & ici l'ENTIER ou la *Perche* est comptée de 18 Pieds.

Disant en multipliant tout le haut par les Perches d'enbas, 6 fois 6 Pouces font 36 Pouces qui font 3 Pieds qu'il faut retenir.

Puis dire 6 fois 7 Pi. font 42 & 3 de retenu font 45 Pi. qui est 2 Per. & 9 Pi. posez 9 Pi. au rang des Pieds, & retenez les 2 Perches.

Et continuant à multiplier les 6 Perches par les 53. d'enhaut, il y faut ajoûter les 2 de retenues, sera 320 *Per*. 9 *Pi*. pour le montant des 53 Perches 7 Pieds 6 Pouces sur 6 Perches.

Mais pour les 9 Pi. (ou demi-Perche) qui font à côté des 6 Per. il faut prendre la *moitié* des 53 Per. 7 Pi. 6 Po. disant la moitié de 53 est 26 Per. reste 1 Per. avec les 7 Pi. font 25 Pi. La moitié desdits 25 Pi. est 12 Pi. qu'il faut mettre à côté des 26 Per.

Il reste 1 Pied avec 6 Po. font 18 Po. dont la moitié est 9 Po. Ainsi les 9 Pi. d'enbas produisent 26 Perches 12 Pieds 9 Pouces.

L'Addition de ces produits donnera pour la *Réponse* 347 *Perches quarrées*, à l'égard des 3 Pieds 9 Pouces qui ne font point quarrés, qui étant réduit donnera 67 Pieds ½ quarrés.

Pour réduire lesdits 3 pieds 9 po. en pieds quarrés, il les faut multiplier par 18, ou par 3 fois 6, ou par 2 fois 9.

$$\text{Les 3 pieds 9 pouces.}$$
$$\text{par . . . . 2}$$
$$\overline{\qquad\text{7 pieds 6 pouces.}}$$
$$\text{par . . . . 9}$$
$$\overline{\qquad\text{67 pieds 6 po. ou 67 } \textit{Pieds } \tfrac{\mathbf{1}}{\mathbf{2}}}$$
quarrez. Ainsi des autres.

MULTIPLICATION D'ARPENTAGE
Par les Parties Allicotes.

L'Arpent de Paris a 100 Perches.
La Perche . . . . a 18 Pieds de long.

REGLE.

Un quarré a 53 Perches 7 pieds 6 po. de long.
fur   6 Perches 9 pieds   de large.
_____
     320 Perches 9 pieds -
p. 9 pi. d'enbas 16 Per.   12 pieds 9 pouces.
_____
montent. . . 347 Perches 3 pieds 9 pouces.

AUTRE.

           137 Per. 11 pi.   9 po.
fur   4 Per.   7 pi.   6 po.
_____
      550 Per. 11 pi.   0
p. 6 pi. d'enbas   45 Per. 15 pi. 11 po.
p. 1 pi. 6 po. d'enbas 11 Per.   8 pi.   5 po. 9 lig.
_____
montent . . . 607 Per. 17 pi.   4 po. 9 lig.

RÉPONSES DES SUSDITES REGLES.
la premiere produit 347 per.   67 pi. $\frac{1}{2}$ quarré.
la feconde   produit 607 per. 313 pi. $\frac{1}{8}$ quarré.
      ou 6 arp. 07 per. $\frac{3}{4}$70 pi. $\frac{1}{8}$ quarré.

INSTRUCTION.

Quand les Multiplications d'Arpentage font compofées de plufieurs Entiers , c'eft à-dire , de plufieurs chiffres aux perches , il les faut operer d'une autre façon que cy-devant.

En commençant à multiplier les perches par les perches , puis prendre les pieds & autres parties d'enbas (par les Parties Allicotes de la perche) fur les perches d'enhaut feulement.

Et les pieds d'enhaut les prendre par les parties Allicotes de la perche , fur tout le nombre d'enbas, enfuite faire l'addition pour avoir la Réponfe qu'on cherche.

Et fuivant la Régle cy-contre après avoir multiplié les 73 perches par les 57 per. il faut prendre les 13 pieds d'enbas fur les 73 perches d'enhaut, prenant

pour 9 pi. la moitié des 73 perches   fera 36 pe. 9 pi.
pour 3 pi. le tiers   des 36 per. 9 pi. fera 12 pe. 3 pi.
pour 1 pi. le tiers   des 12 per. 3 pi. fera   4 pe. 1 pi.

Il refte à prendre les 10 pieds d'enhaut fur les 57 perches 13 pieds d'enbas ; pour ce , prenez
     pour 9 pi. la moit. des 57 per. 13 pi.
          fera 28 per. 15 pi. 6 po.
& pour 1 pi. le neuf. des 28 per. 15 pi. 6 po.
          fera 3 per. 3 pi. 8 po. & 8 lignes.

Enfuite l'addition vous donnera pour *Réponfe* 4245 *per.* 14 *pi.* 2 po. 8 lig. ou 42 *arp.* 45 *per.* & $\frac{3}{4}$ & 12 *Pieds quarrés* que contient en fuperficie un quarré long , qui a 73 perches 10 pieds de long fur 57 perches 13 pieds de large mefure de Paris.

AUTRE MULTIPLICATION D'ARPENTAGE.

Par les Parties Allicotes.

REGLE.

		73 Perches 19 pieds de long;
fur		57 Perches 13 pieds de large;

511 Perches.

365

9 pi. d'enbas	36 per.	9 pieds.
3 pi. d'enbas	12 per.	3 pieds.
1 pi. d'enbas	4 per.	1 pied.
9 pi. d'enhaut	28 per.	15 pi. 6 po.
1 pi. d'enhaut	3 per.	3 pi. 8 po. 8 lignes.

Total.. 4245 per. 14 pi. 2 po. 8 lignes.

INSTRUCTION.

Suivant la méthode generale du feuillet 291. Il faut réduire en pieds *qui eſt la plus petite partie, les* perches & arpens s'il y en avoit , vous trouverez que les 73 *per.* 10 *pieds* font 1324 *pieds* & les 57 *per.,* 13 *pieds* font 1039 *pieds.* leſquels pieds étant multipliés donneront 1375636 *pieds quarrés* qu'il y a dans ledit quarré long.

Pour réduire ces pieds en perches quarrées, il faut les diviſer par les 324 *pieds quarrés* que contient la perche quarrée de Paris , viendra 4245 *perches, &* 256 pi. *quarrés* ou 42 *arpens* 45 *per.* ¾ & 13 *pieds quarrés* pour la *réponſe que l'on cherche.*

Si vous êtes en peine pour ſçavoir la quantité de pieds quarrés qu'il y a dans une perche quarrée.

Pour le trouver , vous n'avez qu'à ſçavoir que la perche a 18 pieds de long , & que la quarrée en a autant de long que de large ; ainſi multipliant 18 pi. *de long.* par 18 *pieds de large* , vous trouverez 324 *pieds quarrés* qu'il y a dans la *perche quarrée.*

Si l'on vouloit ſçavoir combien il y a de pouces quarrés, il faudroit réduire les 18 pieds en pouces, ſeroit 216 *po.* multipliez par 216 *po.* donneront 46656 *pouces quarrés* qu'il y a dans ladite *Perche quarrée.*

MULTIPLICATION D'ARPENTAGE.
Faite par la *Méthode generale.*
du feüillet 291.

Un Plan ou quarré long à 73 *perches* 10 *pieds de long* fur 57 *perches* 13 *pieds de large* , fçavoir combien il contient d'arpens , perches,& pieds quarrés.
Réponfe 4145 *perches* 256 *pi. quarrés.*
ou 42 *arp.* 45 *per.* ¾& 13 *pi. quarrés.*

REGLE.

73 per. 10 pi.	57 per. 13 pi.	1 per.
18	18	18

584	456	18 pi.
73	57	par 18 pi.
10	13	
1324 pi.	1039 pi.	144 pi.
		18

     1324
     1039
     ─────
    11916
     3972
    13240
    ─────
  1375636 pi. quarrés.

                      324 pi. quarr̃

            82
           1485
          79876
         4375636   4245 per. & 256 pi. qu:̃
        1290860 324
         5492
          826
           4

le ½ de 324 eſt 162.
le ¼ de 324 eſt 81.

les ¾ de per. eſt 243. pieds quarrés.

INSTRUCTION.

Il faut réduire en *Fractions de perches* les 7 *pieds* 6 *pouces*, de même les 9 *pieds*, en se servant de l'ordre des Fractions de Fractions du feuillet 275.

Vous trouverez que 7 *pieds* 6 *pouces* sont les $\frac{7}{18}$ & $\frac{1}{2}$ d'un 18-tiéme de perche qui est en une seule Fraction $\frac{15}{36}$ ou $\frac{5}{12}$ de perches.

Pareillement que les 9 *pieds* sont la $\frac{1}{4}$ d'une perche.

Il faut ensuite mettre à côté des 53 *perches* les $\frac{5}{12}$ & des 6 *perches* le $\frac{1}{4}$.

Pour faire la Multiplication de l'ordre cy à côté, qui est de même qu'au feuillet 253, viendra au produit 347 *perches* $\frac{5}{24}$ *quarrées* pour la *Réponse* ou 3 *arpens* 37 *perches* $\frac{5}{24}$ *quarrées* que ledit quarré long contient en superficie.

Un plan ou quarré long a 53 *perches 7 pieds 6 pouces.*
de long sur 6 perches 9 pieds de large, sçavoir combien
il contient d'arpens & perches quarrées.

Réponse 347 *Perches* $\frac{5}{24}$ quarrées.

ou 3 arp. 47 per. $\frac{5}{24}$ quarrées.

REGLE.

$\frac{\overset{15}{7}}{\underset{36}{18}}$ & $\frac{1}{2}$ de Dix-huitiéme.

$\frac{15}{36}$ ou $\frac{5}{12}$

$$\overset{641}{\text{Multiplier 53 per. } \tfrac{5}{12} \text{ par}} \qquad \overset{13}{\text{6 per. } \tfrac{5}{2}}$$

641   24
13

1923	$\cancellated$	
641		347 perches $\frac{5}{24}$ quarrées.
8333		24

INSTRUCTION.

Tous les Bois de charpente qui font quarré s'achetent & se vendent par Pieces de Bois.

La Piece de Bois dont on entend parler est une piece de Bois qui a 2 Toises de long & 6 pouces de large sur 6 pouces de grosseur ce qui contient 5184 Pouces Cube.

Présentement pour mesurer toutes sortes de Bois quarré, il faut réduire la *longueur, largeur & épaisseur* en *pouces*, sera suivant l'exemple cy à côté 324 po. de long, 26 po. de large & 18 po. de haut ou d'épaisseur qu'il faut multiplier les uns par les autres, viendra 151632 Pouces Cubes que la poutre proposée contient.

Pour la réduire en *pieces de bois*, Divisez lesdits 151632 par 5184, viendra 29 Pieces de Bois, & 1296 de reste qui est juste le *quart* des 5184.

Ainsi il vient pour *Réponse* 29 Pieces $\frac{1}{4}$ de Bois que ladite Poutre contient.

Régle pour trouver la quantité de Pouces Cube qu'il y a dans une Piece de Bois.

Les   2 Toises de long.
a   6 pi.

---

font 12 pi.
a   '12 po.

   14
   12

---

font 144 po. de long.
sur   6 po. de large.

---

   864 po. quarrés.
Et sur 6 po. d'épaisseur,

---

font 5184 po. Cube que la *Piece de Bois* contient.

CALCUL DES BOIS DE CHARPENTE
OU BOIS QUARRE'.

EXEMPLE.

Une poutre a 4 *Toifes* 3 *pieds* de long fur 2 *pieds*
2 *po.* de large & 1 *pied* 6 *pouces* de haut ou d'épaif-
feur, fçavoir combien ladite poutre contient de
Pieces de Bois.

Réponfe 29 pieces ¼ de Bois.

REGLE.

4 Toifes 3 pieds	2 pi. 2 po.	1 pi. 6 po.
6	12	12
27 pi.	26 po.	18 po.
12		

54
27

324 po.

324 po. de long.
par 26 po. de large.

1944
648

8424 po. de fuperficie.
fur 18 po. de haut.

67392
8424 —

151632 po. Cube.

129
47656
151632

29 pieces ¼ de Bois.

151632 | 5184

INSTRUCTION.

Pour faire cette méthode briéve , il faut commen-
cer par multiplier les pouces de large par les pouces
d'épaiſſeur ou hauteur , le Total le multiplier par les
Toiſes de longueur , & le dernier produit le diviſer
toujours par 72 ce qui viendra au produit de la Di-
viſion ſera autant de Pieces de Bois *& par con-*
ſéquent la Re'ponse.

Voyez la Table ou la fin de ce Livre , où je donne
d'autres briévetés.

Et ſuivant le premier Exemple cy à côté , après
avoir multiplié les *26 pouces de large* par les *18 pou-*
ces d'épaiſſeur , donnera 468. qu'il faut multiplier
par les 4 Toiſes 3 Pieds.

Les 4 Toiſes donneront 1872. & pour les 3 pieds
la moitié deſdites 468. ſera 234 , l'addition de ces
deux produits donnera   2106 pour le nombre à
diviſer par 72 viendra pour la *Réponſe* au produit de
la Diviſion 29 pieds & $\frac{18}{72}$ ou $\frac{1}{4}$.

C'eſt-à-dire que la Poutre propoſée contient
juſte 29 *Pieces* $\frac{1}{4}$ *de Bois.*

L' A U T R E.

Une Pille de ſolives , poutre ou ſoliveau qui a
5 pieds   ou 60 pouces de large ,
4 pieds 8 pouces ou 56 pouces de haut ,
leſquels 60 po. étant multipliés par 56 po. donneront 3360 qui étant multipliés par les 7 Toiſes 5
pieds de long , de l'ordre cy-deſſus , viendra 26320
qu'il faut toujours diviſer par 72 , le produit de la
diviſion donnera pour *Réponſe* 365 *Pieces* & $\frac{5}{9}$ de
Bois qu'il y a dans ladite Pille.

CALCUL DES BOIS DE CHARPENTE
PLUS BRIEFS
que celui du feuillet précédent.

EXEMPLES.

Une poutre de 4 *Toiſes 3 pieds de long* ſur 26 po. de large & 18 *pouces de haut ou d'épaiſſeur.* ſçavoir combien elle contient de PIECES DE BOIS.

Réponſe 29 *pieces* $\frac{1}{4}$

Une Pille a 7 *Toiſes 5 pieds de long*, ſur 5 *pieds de large*, & 4 *pieds 8 pouces de haut*, ſçavoir combien ladite Pille contient de PIECES DE BOIS.

Réponſe 365 *pieces* $\frac{5}{9}$

REGLE.

26 po. de large.
ſur 18 po. d'épaiſſeur.

208
26
───
468
par 4 Toiſes 3 pi.
─────
1872
234
───
2106

1
568
2106 29 Pieces $\frac{1}{4}$
1848 72
58

$\frac{18}{72}$ ou $\frac{1}{4}$

L'AUTRE.

5 pi. ou 60 po.
4 pi. 8 po. ou 56 po.

3360
par 7 Toiſes 5 pi.
─────
23520 :
1680 :
1120 :
─────
25320 :

54
8730
26320 365 Pieces $\frac{5}{9}$
436 72
5

$\frac{40}{72}$ ou $\frac{5}{9}$

INSTRUCTION.

Il faut à la premiere Multiplication cy à côté, multiplier simplement la quantité de 29 Pieces de Bois par le prix de la piece qui est 5 liv. 10 ſ. comme au feüillet 55. & pour le ¼ de piece, prenez le quart du prix de la Piece, c'est-à-dire, des 5 liv. 10 ſ. comme au feuillet 89, & vous trouverez que 29 Pieces ¼ de Bois à 5 liv. 10 ſ. la piece, valent 160 liv. 17 ſ. 6 den.

Pour la seconde Multiplication cy à côté, qui est pour l'arpentage, Après avoir multiplié par le 3. des arpens les 217 liv. 10 ſ. prix de l'arpent en commençant par les sols, & trouvé 652 liv. 10 ſ.

Il faut ensuite prendre les 47 perches par les parties allicotes de 100, l'arpent ayant 100. perches de l'ordre du feüillet 101, prenant

p. 25 per. le quart des 217 l. 10 ſ. fera 54: 7: 6 d.
p. 20 per. le Cinqme des 217 l. 10 ſ. fera 43: 10 ſ.
p. 2 per. le Dixme des 43 l. 10 ſ. fera 4 l. 7 ſ.
p. 1 per. supposée pour faciliter le calcul des Fractions prenez la moitié, des 4 l. 7 ſ. fera 2 l. 3 ſ. 6 d. qu'il faut rayer.

p. $\frac{4}{24}$ qui sont le sixiéme de l'Entier.
prenez le sixiéme des 2 l. 3 ſ. 6 d. fera 7 ſ. 3 d.
p. $\frac{1}{24}$ le quart des $\frac{4}{24}$ ou des 7 ſ. 3 d. fera 1 ſ. 9 d. ¾
Puis faire l'addition des six lignes, n'y comprenant point la valeur de la perche rayée, viendra 755 liv. 3 ſ. 6 den. ¼ pour la valeur des 3 arpens 47 perches $\frac{5}{24}$ quarrez, à raison de 217 liv. 10 ſ. l'arpent.

A l'égard des calculs des valeurs des Toises courantes, quarrées & cubes. Voyez les feüillets 83 & 85.

Pour calculer les Valeurs.

DES TOISAGES ET ARPENTAGES

REGLES.

29 Pieces ¼ de Bois de charpente
à 5 liv. 10 r. la Piece.

145 liv.	
14 liv. 10 r.	
P. ¼ .... 1 liv. 7 r. 6 den.	
160 liv. 17 r. 6 den.	

3 Arpens 47 perches ⁵⁄₂₄ quarrées.
à 217 liv. 10 r. l'arpent.

P. 3 arp..... 652 liv. 10 r.
P. 25 perch.... 54:   7: 6 d.
P. 20 per..... 43:   10:
P. 2 per..... 4:   7:
P. ¼ per. suppofé 2:   3: 6 den.
P. ⁴⁄₂₄ de per. .... 7 r. 3 den.
P. ¹⁄₂₄ de per. 1   9 den. ¾

montent   755 liv. 3: 6 den. ¾

INSTRUCTION.

Pour diviser 394 *Toises ⅛ par 3 Toises 4 pieds 6 pouces*, Il faut réduire lesdits deux Nombres en leur derniere dénomination , c'est-à dire , en *pouces*. en multipliant les Toises par 6. y ajoutant les pieds, Ensuite par 12 y ajoûtant les pouces viendra
    28380 pouces pour le nombre à diviser ,
&   270 pouces pour le Diviseur.

Divisant lesdites 28380. par 270. viendra 105 *Toises* , & 30 Toises de reste , qui réduit en pied en multipliant par 6 ne sera que 180 pieds qui ne peuvent être divisez par 270.

Ce qui oblige de les réduire en pouces , en les multipliant par 12 , lesdits 180 pieds donneront 2160 pouces , qui étant divisez par le même Diviseur 270. donnera 8 *pouces*.

Ainsi le QUARRE' LONG *qui a en superficie* 394 *Toises ⅛ quarrées sur 3 Toises 4 pieds 6 pouces de large , doit avoir suivant la Réponse cy-dessus* 105 *Toises 8 pouces de long.*

Cette operation est la véritable preuve des multiplications des feüillets 289. 291. & 293. & autres.

Ire DIVISION COMPOSE'E

Ou *preuve Generale*.

Des Multiplications compofées.

E X E M P L E S.

Un quarré long qui a 3 Toifes, 4 pieds 6 pouces de large, 394 Toifes $\frac{1}{8}$ quarrées en fuperficie, fça-voir combien il y a au jufte de longueur.
Réponfe 105 *Toifes* 0 *pi.* 8. *po. de* long.

R E G L E.

divifer 394 *Toifes* $\frac{1}{8}$ par 3 *Toifes* 4 *pi.* 6 *po. de* large.

6	6
2365	22
12	12
4730	44
2365	22
28380	6
	270

$$\begin{array}{l} \mathbf{7330} \\ \mathbf{28380} \end{array} \bigg| \; 105 \; Toifes \; 0 \; pi. \; 8 \; po. \; de \; long.$$

$$\begin{array}{l} \mathbf{27050} \\ \mathbf{77} \end{array} \bigg| \; 270$$

$$6$$

$$180 \, pi.$$
$$12$$

$$360$$
$$180$$

$$2160 \, po.$$

$$\mathbf{2160} \bigg| \; 8 \; po.$$
$$\mathbf{2160} \bigg| \; 270$$

INSTRUCTION.

C'est une maxime generale qu'on ne peut jamais diviser par un diviseur composé.

Mais pour l'operer, il faut reduire ledit diviseur composé en sa derniere dénomination, & comme le diviseur augmente en nombre, l'on est obligé d'augmenter la somme du nombre à diviser, afin de garder la proposition.

Et suivant l'exemple cy à côté, le diviseur étant 3 arpens 47 perches $\frac{5}{24}$, il faut le reduire en 24-triéme de perches qui est la plus petite dénomination.

En multipliant les 3 arp. par 100 perches dont l'arp. est composé, y ajoutant les 47 per. sera 347 perches qui multipliez par 24. y ajoutant les 5. vingt-quatriémes, sera 8333 *pour Diviseur.*

Ayant multiplié ou augmenté le diviseur de 100 fois 24 qui est 2400 fois plus grand en nombre qu'il n'étoit.

Cela oblige de multiplier ou d'augmenter la somme de 755 l. 3. ſ. 6 d. $\frac{3}{4}$ qui est à diviser de 2400. fois plus qu'elle n'est, ce qui se fait par une simple multiplication, viendra 1812427. liv. 10 ſ. pour la *somme à diviser.*

Laquelle étant divisée par 8333. viendra au produit de la sous-division 217 liv. 10 ſ. pour la *Réponse ou la valeur de l'arpent quarré.*

NOTTEZ *deux choses,* la PREMIERE *à l'égard du produit d'une Division, est d'ordinaire toujours de la qualité de la somme à diviser qui en celle-cy contre des livres, sols & deniers.*

LA SECONDE, *est que ledit produit est toujours le prix de l'unité du diviseur, l'Entier de ce diviseur est un arpent: ainsi c'est la valeur d'un arpent qui est 217 liv. 10 ſ.*

2ᵐᵉ *DIVISION COMPOSE'E*
EXEMPLE.

J'ai acheté une piece de terre contenant 3 *arpens* 47 *perches* $\frac{5}{24}$ *quarrées* en superficie la somme de 755 l. 3 : 6 d. $\frac{3}{4}$ sçavoir combien me revient l'arpent quarré.　　*Réponse* 217 liv. 10 ſ. *l'arpent.*

R E G L E.

```
 3 arp. 47 per. 5/24        2400. ou 100 fois 24 :
        100          par        755 liv. 3 ſ. 6 d. 3/4
    ─────────                ─────────────────────
        347                      12000 liv.
         24·                     12000
    ─────────                    16800
      ·1388
       694                       240 : liv.
         5                       120 :
    ─────────                     60 :
      ·8333                       30 :
                                   5 :
                                   2 : 10 ſ.
                            ──────────────────
                            1812427 : 10 ſ.
```

```
    41
    62+6
   145896
  1812427  | 217 liv.
 ─────────
  166661  |8333
   8333
    581
     20 ſ.
 ─────────
    83320 ſ.
       10 ſ.
 ─────────
    83330 ſ.
```

```
   ·83330 |  10 ſ.
 ─────────
   8333.  | 8333
   ...
```

Cette operation est la veritable preuve de la seconde Regle du feüillet 307, ainſi des autres.

INSTRUCTION.

Cette operation eſt faite par la Diviſion en Diſme que je n'ai eſtimé mettre en ce livre.

Pour la faire il faut multiplier par 10. les 237 liv. 17 ſ. 5 den. ³⁄ en commençant par la Fraction de denier, continuant aux deniers, & la ſuite ſuivant l'ordre du feüillet 73 viendra

2378 liv. 14: 8 den. *pour* 10 *fois le diviſeur.*

Derechef multiplier par 10 leſdites 2378 liv. 14: 8 den. ſera 23787 liv. 6 ſ. 8. den. *pour* 100 *fois le diviſeur.*

(Si l'on voyoit enſuite que la ſomme à diviſer fut encore plus de 10 fois plus forte que ce dernier produit 23787 liv. 6. 8. den. l'on le multiplieroit par 10 qui donneroit 1000 fois la valeur dudit diviſeur.

Autant de fois que 23787 liv. 6 ſ. 8 den. ſe pourra prendre dans la ſomme à diviſer 31797 liv. 17: 7 d. ¼ ce ſera autant de fois 1 cent qu'il vient au produit ce qui s'execute en faiſant la ſouſtraction à rebours de l'ordre, qu'elle eſt executée dans la diviſion à l'Eſpagnole, feüillet 225.

Ôtant 1 fois 23787 l 6ſ 8d ſur leſd. 31797 l 17: 7d¼
reſtera 8010 l 10: 11 d. ¼ à diviſer.
Ôtant 3 fois 2378 l 14: 8 d ſur leſd. 8010 l 10: 11 d ¼
reſtera 874 l 6: 11 d. ¼ à diviſer.
& ôtant 3 fois 237 l 17: 5 d. ⅓ ſur leſd. 874 l 6 ſ 11 d ¼
reſtera 160 l 14: 6 d. ⁹⁄₂₀

La Réponſe ſera qu'il y a 133 *fois* 237 l. 17 ſ. 5 d. ⅓ *dans* 31797 liv. 17 ſ. 7 d. ¼
Et qu'il reſte 160 liv. 14: 6 d. ⁹⁄₂₀

TROISIE'ME

TROISIE'ME DIVISION COMPOSE'E.

BRIEVE.

L'on veut fçavoir dans la fomme 31797 l. 17 : 7 d. ¾ combien il a de fois 237 liv. 17 : 5 d. ⅗ & combien il refte.

Réponfe 133 fois
Et il refte 160 liv. 14 : 6 d. $\frac{9}{20}$

REGLE.

1 divifeur 237 l 17 5 d. ⅗
10 divif. 2378 : 14 : 8 d. |
100 divif. 23787 : 6 : 8 d. | 133. pour Rèponfe.

___

fom. à div. 31797 l 17 : 7 d. ¼ ôtant 1 fois 23787 l. 6 : 8 d
Refte 8010 : 10 : 11 d. ¾ ôtant 3 fois 2378 l. 14 : 8 d
Refte 874 : 6 : 11 d. ⁵⁄₄ ôtant 3 fois 237 l. 17 : 5 d : ⅗

___

Refte 160 l 14. 6 d. $\frac{9}{20}$ qui ne peuvent former un divifeur.

INSTRUCTION.

Pour compofer & difpofer une Regle de Trois d'une Multiplication propofée des plus compofées.

Il faut mettre 1 pour le *premier Nombre*.

Le prix ou la valeur de l'Entier pour le *fecond Nombre*.

Et pour le *troifieme Nombre* de ladite Regle de Trois, mettez la quantité d'Entiers & partie ou le nombre d'enhaut de la multiplication.

Et fuivant la Regle cy à côté, dites :

Si 1 l. donne 12 l. 11 f. 5 d. comb. donne. 12 l. 11 f 5 d.

La pofition étant faite, il la faut exécuter de l'ordre du feuillet 163. qui eft de même que cy à côté, viendra pour la *Réponfe* 158 liv. 0 f. 6 den $\frac{19}{340}$

AUTRE EXEMPLE.

L'on veut multiplier 3 arpens 47 perches $\frac{5}{24}$ quarrées à raifon de 217 liv. 10 f. l'arpent.

Dites par Regle de Trois,

Si 1 Arpent vaut 217 liv. 10 f. comb. 3 Arp. 47 per. $\frac{5}{24}$

La pofition étant ainfi faite, reduifez le *premier & dernier nombre* en perches, & en 24me de perche, en multipliant par 100. & par 14. viendra 2400 pour le *premier*, & 8333 pour le *dernier*.

Enfuite faites votre Regle de Trois comme à l'ordinaire, en multipliant lefdites 8333 par 217 liv. 10 f. le produit le divifant par 2400. vous trouverez pour la *Réponfe* de votre queftion de multiplication *la fomme de* 755 liv. 3 f. 6 den. $\frac{3}{4}$

Ce qui eft la preuve ou pareil produit de la feconde multiplication du feuillet 306.

PAR REGLE DE TROIS
Faire toutes les MULTIPLICATIONS les plus difficiles.

EXEMPLES.

Multiplier 12 liv. 11 : 5 d. par 12 liv. 11 : 5 d
Réponse 158 liv. 0 ſ. 6 d. $\frac{48}{240}$

REGLE.

Si 1l donne 12 l. 11 : 5 d. comb. donnera 12 l. 11 : 5 d.

20	20
20	251
12	12
40	502
20	2515
240	3017

par 12 l. 11 : 5 d.

6034
3017
1508 : 10 ſ.
150 : 17 :
50 : 5 : 8 d.
12 : 11 : 5 d.
37926 l. 4 : 1 d.

158. 0 ſ. 6 d. $\frac{48}{240}$
240

124 ſ.
12

248
124
1

1489

49
1489 | 6 den.
1440 | 240

Cette Regle de Multiplication ſe trouve, ou ſe peut réſoudre de quatre façons differentes. Voyez les feuillets 279. 281. 291 & celle-cy 315.

D d ij

INSTRUCTION.

Pour compofer ou difpofer une Regle de
trois d'une divifion compofée, ou autre.

Il faut mettre le DIVISEUR pour le *premier*
Nombre, LA SOMME A DIVISER pour le *fecond*
Nombre.

Et pour le *troifiéme Nombre* faut mettre 1 ENTIER
de la qualité de ceux du Divifeur.

Et fuivant la Regle cy à côté, dites :
Si 3 *arp.* 47 *per.* $\frac{5}{24}$ *coût.* 755 l 3 f 6 d. $\frac{3}{4}$ *comb.*1 *arp.*

La pofition étant ainfi faite, réduifez (commè
à l'ordinaire de la Regle de Trois) le premier & le
dernier ou troifiéme nombre, en leur derniere
dénomination, c'eft-à-dire, En vingt-quatriéme
de perches fera

8333 pour le premier Nombre,
& 2400 pour le dernier ou troifiéme Nombre,

Cela fait, continuez l'execution de la Regle de
Trois, en multipliant les 2400 ou dernier Nombre
par les 7 ; 5 liv. 3: 6 den. $\frac{1}{4}$ du nombre du milieu, ou
fecond nombre, viendra 1812427 liv. 10 f. qu'il
faut divifer par 8333. du premier Nombre.

La Sous-divifion vous donnera jufte 217 liv. 10 f.
aux produits, pour la valeur de l'arpent, qui eft la
Réponfe qu'on cherche.

PAR LA REGLE DE TROIS
faire toutes les DIVISIONS COMPOSE'ES.

EXEMPLES.

Diviser 755 l. 3 : 6 den : $\frac{3}{4}$ que coûte une piece de terre par 3 arpens 47 perches $\frac{5}{14}$ quarrées qu'elle contient en superficie, & ce pour sçavoir combien me revient l'arpent quarré.

Réponse 217 l. 10 ſ. *l'arpent quarré.*

REGLE.

Si 3 arp. 47 per. $\frac{5}{14}$ coût. 755 l. 3 : 6 d. $\frac{3}{4}$ comb. 1 arp.

100		100
347		100
24		24
1388		400
694		200
5		2400
8333		par 755 l. 3 ſ. 6 d. $\frac{3}{4}$
41		12000 liv.
6246		12000
44589 6		16800
48124277	217 liv. 10 ſ.	240 liv.
16666744 8333		120 :
8333		60 :
583		40 :
20		5 :
83320		2 : 10 ſ.
10 ſ.		1811427 : 10 ſ.
83330 ſ.	83330 | 10 ſ.	
	8333. | 8333	

· · ·

Cette operation est la preuve pareille à celle du feuillet 311. de la Regle de Multiplication du feuillet 307.

INSTRUCTION

Il faut divifer le 5 19800 liv. par le denier d'intereft 13 ¾

Pour faire cette divifion il faut reduire en quarts lefdits deux Nombres, en les multipliant par 4. commme au feuillet 257, viendra 79200 liv. pour le nombre à divifer, & 55 pour le divifeur, & la divifion donnera 1440 liv. pour un an.

Laquelle valeur d'année 1440 liv. faut multiplier par 4 ans 5 mois 6 jours de l'ordre des feuillets 87. & 127 viendra pour la *Réponfe* 6384 liv. *pour l'intereft de 4 ans 5 mois 6 jours au denier 13 ¾ de 19800 de principal.*

POUR LA PREUVE.

Il faut achever de calculer autant d'années que le denier d'intereft eft fort, & ce fuivant l'ordre dudit feuillet 127.

Le denier d'intereft étant au d. 13 ¾
Il faut achever de calculer . . . . 13 ans 9 mois
defquels faut ôter les 4 ans . . . . 5 mois 6 jours,
reftera 9 ans 3 mois 24 jours à calculer, à raifon de 1440 liv. par an . . vous trouverez
que 9 ans 3 m. 14 jours montent 13416 liv.
& que 4 ans 5 m. 6 jours montent 6384 liv.

Ainfi 13 an 9 mois à caufe du denier 13 ¾ vous redonne jufte les 19800 liv. de principal, ce qui fait la Preuve.

EXEMPLE.

Il m'eft dû l'intereft de 19800 liv. au den. 13 ¾ pour 4 ans 5 mois 6 jours, fçavoir combien il m'eft dû d'intereft.

Réponfe 6384 liv.

REGLE.

Divifer 19800 liv.   par   13 ¾

       4   4

  79200   55

```
2
24
79280 | 1440 liv.
5500 | 55
222
2
```

                  1440 pour 1 an.

      pour   4 ans 5 m. 6 J.

          5760 liv. pour 4 ans

          480:   pour 4 mois

          120:   pour 1 mois

           24:   pour 6 jours

         6384 liv.

PREUVE.

    de 13 ans 9 mois

ôter   4 ans 5 m. 6 J.

    9 ans 3 m. 24 J.   1440 liv. pour 1 an

                  9 ans 3 m. 24 J.

          12960 liv. pour 9 ans

          240:   pour 2 mois

          120:   pour 1 mois

           80:   pour 20 jours

           16:   pour 4 jours

les 9 ans 3 m. 24 j. montent 13416 liv.

les 4 ans 5 m. 6 j. montent 6384 liv.

les 13 ans 9 mois montent   19800 liv. ce qui eft la preuve.

INSTRUCTION.

Il faut faire une Regle de Trois, difant, fi 14 *m.* 21 *jours donne* 3598 liv. 8: 9 den. *combien* 12 *mois ou un an*, la pofition étant ainfi faite, reduifez en jours les 14 mois 21 jours, & les 12 mois viendra 441 jours pour le *premier nombre*, & 360 jours pour le *troifiéme.*

Enfuite multiplier les deux derniers nombres l'un par l'autre, c'eft à-dire, 360 par 3598 liv. 8: 9 den. viendra au produit de ladite multiplication 1295437 l. 10 ſ. qu'il faut divifer par le premier nombre 441. viendra pour la *Réponfe* 2937 liv. 10 ſ.. *pour interêts pour* 1. *an.*

POUR LA PREUVE.

Il faut calculer pour 1 an 2 mois 21 jours à raifon de 2937 liv. 10 ſ. par an de l'ordre des feuillets 87: 127. ou 129. & vous trouverez qu'il viendra jufte les 3598 liv. 8: 9 den. qui ont été propofées & par conféquent la preuve.

DES INTERESTS PARTICULIERS

EXEMPLE.

Reçû 3598 liv. 8 : 9 d. pour les interêts ou arrérages des 14 mois 21 jours , fçavoir de combien eft la rente ou l'intérêt pour un an.

Réponfe 2937 liv. 10 r. pour un an.

REGLE.

Si 14 m. 21 jo. donnent 3598 l. 8:9 d. comb. 12 mois.
30   30 jours.

441 jours   360 jours.
                         3598 18:9 d.

     72   215880
   16 72   10794
  413520   144
1295437 | 2939 liv. 10 r.   18
 8829 37 | 441   9
 3968   4:10 r.
  130   1295437 | 10 r.
    3   20
    4400
     10 r.
    4410 r.   4410 | 10 r.

              441 | 441

PREUVE

pour 1 an . . . . 2937 liv.	10 r.	
pour 2 mois . . . . 489 :	11 :	8
pour 15 jours 122 :	7 :	11 :
pour 6 jours 48 :	19 :	2 :

Total & preuve p. 14 m. 21 jo. 3598 liv.   8 : 9 d.

Cette Régle se pourroit décider de deux façons la PREMIERE en trouvant la valeur de l'année de l'ordre du feuillet précédent , disant si 5 ans 5 m. 10 jours donnent 12641 liv. 3 ſ. 8 d. comb. 1 an, vous trouveriez 2321 liv. 17 ſ pour 1 an.

Il faudroit ensuite voir combien cette somme de 2321 liv. 17 ſ. ou valeur d'une année , se trouvent contenues dans les 37149 liv. 12 ſ. ce qui se fait par une division composée , & vous trouveriez 16 fois , c'est-à-dire , 16 ans , ou au denier 16.

La SECONDE , c'est par une seule Régle de Trois, comme cy à côté, disant , Si 12641 liv. 3 : 8 den. est pour 5 ans 5 m. 10 jours , pour comb. 37149 l. 12 ſ viendra au produit de ladite Régle de Trois 16 ans , qui veut dire au denier 16.

Attendu que tous les principaux sont composés d'autant d'années d'interêt , que le denier d'intérêt est fort, la raison est qu'au denier 20 de 20000 liv. de principal on auroit 1000 liv. par an.

Lesquels 1000 liv. par chacun an pendant 20 ans (*à cause du denier vingt*) donnent 20000 liv. d'intérêt qui est autant que le principal.

Ainsi au den. 20 dans 20 ans.
au den. 18 dans 18 ans.
au den. 16 dans 16 ans.
On aura autant d'intérêt que le principal est fort.

EXEMPLES.

. Reçû 12641 liv. 3 : 8 d. ponr l'intereſt de 5 ans 5 mois 10 jours de la ſomme principale de 37149 l. 12 ſ ſçavoir à quel denier d'intereſt on a reçù la ſuſdite ſomme.

Réponſe au denier 16.

REGLE.

Si 12641 l. 3 : 8 d. eſt po. 5 ans 5 m. 10 j. p. combien
37149 : 12 ſ.

20		20
252823		742992
12		12
505654		1485984
252823		742992
3033884		8915904

5 ans 5 m. 10 j.

		44579510 ans
p. 4 m.		2971968
p. 1 m.		742992
p. 10 jours.		247664
		48542144 ans

48203̶3̶0̶		
48542144	16 ans	
3033884	3033884	
48203̶3̶0̶		

La preuve ſe fait en prenant l'intérêt des 37149 l. 12 ſ. de principal au denier 16 pour 5 ans 5 mois 10 jours de l'ordre des feuillets 127 & 129 vous trouverez qu'il viendra juſte les 12641 liv. 3 ſ. 8 d. d'intérêt de la queſtion cy-deſſus.

Il faut faire une Regle de Trois & mettre pour le prèmier nombre les 7 années 4 mois 15 jours qui font dûs avec 15 années (à caufe du denier 15) attendu que l'on a reçû les 60000 liv. pour ces deux chofes, difant :

Si 22 ans 4 m. 15 j. donnent 60000. liv. combien 15 ans, viendra au produit de ladite Regle de trois 40223 liv. 9 f. 3 den. *pour la valeur du principal, ce qui eft la Ré-ponfe.*

POUR LA PREUVE.

Il faut prendre l'interêt comme il a été cy-devant enfeigné, defdites 40223 liv. 9: 3 den. de principal fur le pied du denier 15. pour 7 ans 4 mois 15 jours, vous trouve-rez qu'ils monteront à 19776 liv. 10 f. 9 den. d'intereft.

Laquelle fomme de 19776 liv. 10 f. 9 den. jointe à fondit principal de 40223 liv. 9 : 3 den. monteront aufdites 60000 liv. ce qui fait la PREUVE.

DES

DES RACHAPTS OU REMBOURSEMENT
des Rentes, &c.

EXEMPLE.

On doit un principal & 7 ans 4 mois 15 jours d'intereſt ſur pied du denier 15.

L'on a payé 60000 liv. pour le tout, ſçavoir la valeur en particulier du principal.

Réponſe 40223 liv. 9: 3 den.

REGLE.

7 ans 4 m. 15 jours
avec 15 ans.

Si 22 ans 4 m. 15 j. donent 60000 l. comb. 15 ans.

12		12
48		30
22		15
268		180
30		30
8055 jours		5400 jour
		60000 liv.
		324000000

3.
12177
1889935
324000000 | 40223 liv. 9 r. 3 den.
322224005 | 8055
161116
1041
2

20

74700   2205
              74700 9 r.
              12495 | 8055
              12

4410   2295
2205   26460 3 den.
26460   24865 | 8055

E e

INSTRUCTION.

Il faut ajouter les trois deniers d'intereſt ,
Sçavoir 20 ans pour le principal au den. 20
        16 ans pour le principal au den. 16
  &. 14 ans pour le principal au den. 14
feront 50 ans pour leſquels vous avez reçû 96900
livres.

Il reſte à faire trois petites Regles de trois ſimples , diſant , pour trouver le premier principal au
denier 20.

Si 50 ans donnent 96900 liv. combien 20 ans ;
    faiſant la Regle de trois comme à l'ordinaire;
    viendra 38760 l. *pour le principal au denier 20.*

Il faudra enſuite comme cy à côté, diſpoſer deux
autres Regles de trois de même que deſſus , mettant 16 au dernier nombre, & 14 à l'autre.

Et celle de 16 vous donnera pour *Réponſe* 31008
livres *pour le principal au denier 16.*
    & celle de 14 vous donnera
pour *Réponſe* 27132 l. *pour le principal au denier 14.*

POUR LA PREUVE.

Il faut premierement ajoûter les trois principaux
de 38760 liv. 31008 liv. & 27132 liv. pour retrouver les 96900 liv.

Enſuite il faut voir ſi leſdits principaux produiſent
ſuivant leurs deniers d'intereſt, chacun une pareille
rente, on trouvera ſuivant l'exécution cy à côté, qui
eſt ſuivant l'ordre du feuillet 125 que chacun produit 1938 liv. de rente par an , ce qui fait la Preuve parfaite.

ÉXEMPLE.

Reçu 96900 liv. pour le remboursement de trois principaux, chacun produisant une pareille Rente, l'un au denier 20. l'autre au denier 16, & le troisiéme au denier 14, sçavoir la valeur én particulier de chacun desdits principaux.

Réponse 38760 liv. *pour celui au den.* 20
31008 liv. *pour celui au den.* 16
& 27132 liv. *pour celui au den.* 14
Total 96900 liv.

20 ans
16 ans   *R E G L E.*
14 ans

Si 50 ans donnent 96900 l. comb. donneront 20 ans
Réponse 38760 liv.
Si 50 ans donnent 96900 l. comb. donneront 16 ans
Réponse 31008 liv.
Si 50 ans donnent 96900 l. comb. donneront 14 ans
Réponse 27132 liv.

P R E U V E.

L'intereſt au den 20. | L'intereſt au den. 16.
de 38760 liv. | de 31008 liv.
Eſt 1938 liv. *pour 1 an.* | le $\frac{1}{4}$ eſt 7752 liv.
| le $\frac{1}{4}$ eſt 1938 l. *pour 1 an.*

L'intereſt au den. 14.
de 27132 liv.
la $\frac{1}{2}$ . . . 13566 liv.
le $\frac{1}{7}$ . . . . . 1938 liv. *pour 1 an.*

INSTRUCTION

Il faut premierement prendre le change ou l'interêt pour un an à 7 ½ pour 100 des 1600 liv. viendra 120 liv. en suivant l'ordre des feuillets 131 & 133.

Puis faire une Regle de Trois disant, Si 120 l. est l'interêt pour 12 mois, combien 56 l.

Faites ensuite la Regle de Trois comme à l'ordinaire, mais en sous-divisant par mois & jours, viendra 5 *mois* 18 *jours pour la Réponse que l'on cherche.*

POUR LA PREUVE.

Il faut calculer lesdits 5 mois 18 jours; à raison de 120 liv. par an, viendra 56 liv. qui étant ajouté aux 1600 liv. du Billet, vous retrouverez les 1656 liv. pour la valeur que vous l'avez pris.

DES CHANGES PARTICULIERS

Pour les Billets de Monnoye.

EXEMPLE.

L'on ma donné un Billet de Monnoye de 1600 l. que j'ai pris pour 1656 liv. à cauſe de l'intereſt échû à raiſon de 7 ½ pour 100 par an.

Sçavoir pour combien de temps l'intereſt ou le Change y eſt compris.

Réponſe pour 5 mois 18. jours.

REGLES.

```
        1600 liv.
    à      7 ½
    ─────────────
       11200 liv.
         800 liv.
    ─────────────
      120. 00
```

Si 120 liv. eſt pour 12 mois, pour comb. 56 liv.

```
                              12 mois.

      72                      112
     672| 5 mois               56
    ─────────            ───────────
     600|120              672 mois.
      30            9
    ─────────     ─────────
    2160 jours    2160| 18 jours
                  8800|120
                   96|
```

PREUVE.

```
          120 liv. par an
         ─────────────────
pour  4 m. . 40 liv.
pour  1 m. . 10 liv.
pour 15 j. . . 5 liv.
pour  3 j. . . 1 liv.
─────────────────────
l'Inter. mo.  56 liv.
avec les ... 1600 liv. du Billet.
font les ... 1656 liv. pour quoy je l'ay pris.
```

E e iij

Pour retirer ou feparer les trois deniers pour liv. compris dans les quittances des Officiers d'armée ès mains des Tréforiers.

Il faut faire une Regle de Trois,
& mettre pour le PREMIER NOMBRE 243 d.
Compofé de 240 den. qui font dans la livre payée
à l'Officier.
& des 3 den. retenus pour l'entretien
des Invalides.

Pour le SECOND NOMBRE les 240 den.
payé comptant à l'Officier.

Et pour le TROISIEME NOMBRE le montant ou total des valeurs des quittances qui eſt 757350 liv. en cette propofition.

Puis faire la Regle de Trois comme à l'ordinaire, ainfi qu'il eſt executé cy à côté, viendra 748000 liv. *pour l'argent comptant effectif que le Tréforier a débourfé* pour lefdites quittances, ce qui eſt la *Réponfe.*

POUR LA PREUVE.

Il ne faut que calculer ou prendre les 3 deniers pour livre des 74800 liv.

En prenant lefdits 3 den. (par les parties de 24. de l'ordre du feuillet 67, c'eſt-à-dire) après avoir retranché le dernier chiffre, prendre le huitiéme de 74800 : qui précedent, viendra 9350 liv. pour la valeur que ledit Tréforier doit payer ou retenir pour les Invalides, qu'il faut ajouter aufd. 748000 liv. & vous retrouverez les 757350 liv. total des quittances & par confequent la Preuve.

REGLE POUR LES TROIS DENIERS

pour livre en dedans.

EXEMPLE.

Un Tréforier de l'Extraordinaire des Guerres a pour 757350 liv. de quittances d'Officiers d'Armée, fur lefquels il a retenu les 3 DENIERS pour liv. pour l'entretien des Invalides, fçavoir combien ledit Tréforier a débourfé d'argent comptant.

Réponfe 748000 liv.

REGLE.

quittance   d'argent   quittances.
Si 243 den. *donnent* 240 den. *combien* 757350 liv.

240

30294000

1514700

181764000

748000 liv.

243

PREUVE.

Le Treforier avoit en argent 748000 liv.
les 3 deniers pour livre montent 9350 liv.
Total des quittances. . . . . . . 757350 liv.

Il faut former une Regle de Trois comme au feuillet précedent , mais mettez 5 deniers au lieu de 3. & dire ,
Si 245 den. donnent 240 den. combien 80000 liv.
Il viendra juste au produit des divisions 78367 liv. 6 : 11 den. $\frac{13}{49}$. *pour la Réponse.*

POUR LA PREUVE.

L'on pourroit prendre les 5 deniers pour livre desdites 78367 liv. 6 ſ. 11 den. $\frac{13}{49}$

Mais à cauſe des Fractions de denier , & de ce que l'on ſouhaite traiter juſte.

Il faut chercher une autre Methode qui eſt de conſiderer ce que 5 deniers ſont avec 240 deniers , vous trouverez que c'eſt la 48-huitiéme partie de la livre.

Et ſuivant la Table du feuillet 73 où l'on trouve que 6 fois 8 ſont 48.
à cauſe du 6 prenez le 6 me de 78367 l. 6: 11 d. $\frac{13}{49}$
viendra 13061 l. 4: 5 d. $\frac{43}{49}$
& pour le 8 pren. le 8-me deſd. 13061 l. 4. 5 d. $\frac{43}{49}$
viendra p. les 5 deniers p. liv. 1632 l. 13. 0 d. $\frac{36}{49}$

P ad. des 78367 l 6 ſ 11 d. $\frac{13}{49}$ *avec les* 1632 l. 13: 0 d. $\frac{36}{49}$
viendra juſte les 80000 liv. pour la Preuve.

REGLE POUR LES CINQ DENIERS

Pour livre en dedans.

EXEMPLE.

L'on veut ôter les 5 deniers pour livre en de-dans compris dans 80000 liv. & sçavoir à laquelle somme ladite Regle sera réduite.

Réponse 78367 liv. 6: 11 d. $\frac{13}{49}$

REGLE.

Si 245 den. donnent 240 : den. comb. 80000 liv.

$$240$$
$$3200000$$
$$160000$$
$$19200000$$

783 67 l. 6 : 11 d. $\frac{13}{49}$
45

20	230
	6 r.
1700	245

12
460
230
2760

6

11 d.
245

$\frac{65}{245}$ ou $\frac{13}{49}$

PREUVE.

78367 liv. 6: 11 d. $\frac{13}{49}$
le $\frac{1}{6}$ est 13061: 4 5 d. $\frac{43}{49}$
le $\frac{1}{8}$ est 1632: 13 0 d. $\frac{36}{49}$
Preuve 80000 liv. juste.

L'on peut faire par Regle de Trois toutes les reductions Etrangeres en celle de France, tant pour
les Aunages que pour les Poids, &c. ou bien se
servir de la Méthode briéve du feuillet 123.

Mais à l'une & l'autre Méthode, il faut auparavant sçavoir combien une quantité *d'aunes* ou *poids*
Etrangers font *d'aunes* ou Poids de France.
　　　　Exemples, sachant que
12 *aunes de Flandres font juste 7 aunes de France,*
que 9 verges d'Angleterre font juste 7 aunes de Fran-
ce , que 100 ℔ *poids de Marc de Londres, font* 103 ℔
1 *once poids de Marc de France, &c.*

Pour poser la Regle de Trois.

Si l'on veut reduire des Aunes ou Poids Etrangers en ceux de France, il faut que ces deux Nombres cy-dessus remplissent les deux premiers Nombres de ladite Regle de Trois, & que le dernier ou
troisiéme Nombre soit rempli du Nombre qui est à
reduire　　　En conservant toujours
la Maxime generale de la position de la Regle de
Trois, qui est que le premier & le dernier desdits
trois Nombres soient toujours de même qualité &
même Païs, c'est à-dire, que si le premier est
d'aunes Etrangeres, il faut que le dernier soit d'aunes Etrangeres.

　　Pareillement que la demande ou réponse qu'on
cherche soit de même qualité que le second Nombre ou le Nombre du milieu.

　　Faire ensuite la Regle de Trois & sa preuve
comme à l'ordinaire.

DES REDUCTIONS

Des Aunes & Poids Etrangers

en ceux de France.

PAR REGLE DE TROIS.

EXEMPLE.

Reduire 324 aunes de Flandres en aunes de France.
Réponse 189 aunes de France.
Reduire 98 aunes de France en verges d'Anglet.
Réponse 126 verges.
Reduire 192 ℔ pesant de Londres en Poids de Fran.
Réponse 198 ℔ de France.

Dispositions des REGLES.
pour l'aunage de Flandres.
Si 12 aunes font 7 aunes de Paris, comb. 324 aunes.
Réponse 189 aunes de France.

Pour l'aunage d'Angleterre.
Si 7 aunes font 9 verges d'Angle. comb. 98 aunes.
Réponse 126 verges.

Pour les Poids de Marc de Londres.
Si 100 l. de Lond. font 103 l. 1. once, c. 192 de L.
Réponse 198 ℔ de Paris.
Poids de Marc.

*Ainsi de toute autre mesure d'aunage & Poids, ce
que l'on trouvera dans son étenduë dans mon Livre
des Changes Etrangers de toutes les Places de l'Europe pour les trouver tout faits par Tarifs, & pour
apprendre à les faire par Regles.*

Toutes les

REGLES DE TROIS

Cy-devant Traitées,

SONT TOUTES DES
REGLES DE TROIS
DROITES.

Ce qui est soutenu par la Maxime
generale cy à côté & après.

DES REGLES DE TROIS
DROITES ET INVERSES.

OU

DES REGLES DE PROPORTIONS.

MAXIME GENERALE
Pour diftinguer la Droite de l'Inverfe.

Quand le P L U S *donne* le P L U S ,
ou quand le M O I N S *donne* le M O I N S ,
       Pour lors la Regle de Trois
         Eft D R O I T E.
         Pour la faire il ne faut que multi-
         plier les *deux derniers Nombres*, &
         divifer le produit par le *premier*, le
         produit de la divifion donnera la
         Réponfe.

Et quand le P L U S *donne* le M O I N S ,
ou quand le M O I N S *donne* le P L U S ,
       Pour lors la Regle de Trois
         Eft I N V E R S E.
         Pour la faire il ne faut que multi-
         plier les *deux premiers Nombres*, &
         divifer le produit par le *dernier*, le
         produit de la divifion donnera la
         Réponfe.

     Cette Maxime eft generale pour toutes
les Regles de Trois, tant S I M P L E S que
D O U B L E S.
   Ainfi qu'il fe voit aux Exemples fuivans.

INSTRUCTION.

Pour reconnoître si elle est DROITE

A l'Exemple cy à côté l'on demande en combien de temps l'on pourra moudre 215 muids de Bled à proportion que 250 muids ont été moulus en 3 mois 12 jours.

Il est facile à connoître qu'elle est DROITE.

PLUS on a de muids à moudre, PLUS de temps il faut pour les moudre.

MOINS on a de muids à moudre, MOINS de temps il faut pour les moudre.

ce qui fait observer
que le PLUS donne le PLUS,
& que le MOINS donne le MOINS,
qui suivant la *Maxime generale* précedente, reconnoît que ladite Regle de Trois est DROITE.

Pour la faire.

Il ne faut que multiplier les *deux derniers Nombres* 215 muids par 3 mois 12 jours, viendra 731 mois qu'il faut diviser par le *premier Nombre* 250, viendra pour la *Réponse* qu'en 2 mois 27 jours $\frac{18}{25}$ seront moulus lesdits 215 muids.

Pour la Preuve.

Il faut faire une seconde Regle de Trois, la disposer & l'exécuter comme aux feuillets 156. 157. 158. 159. & suivans, pour retrouver les 3 mois 12 jours de la Regle.

REGLE DE TROIS DROITE SIMPLE
EXEMPLE.

Si 250 muids de Bled ont été moulus en 3 mois
12 jours, en combien de temps feront moulus 215
muids de Bled.

Réponse en 2 mois 27 jours $\frac{18}{25}$

REGLES.

Si 250 m. font moulus en 3 m. 12 j. en comb. 215 m.

$$3.\,m.\ 12\,jo.$$

```
  231                              645  mois
  731 | 2 mois 27 jours 18          43  m.
  ─────                             43  m.
  500 | 250                        ─────
                                   731  mois
   30         18
 ─────
  6930            1930
                 6930 | 27 jours
                 5830 | 250
                  175 |
                  180  ou  18
                  250      25
```

PREUVE.

```
                    250
Si 215 m. font moulus en 2 m. 27 j. 18 en comb. 250
                  500 mois    Pour la Fraction
                  125 m.       250
   86             83 m. 10 j. par 18  ving-cinq.
  731 | 3 m. 12 j. 16 m. 20 j. ──────── de jour.
  ─────
  645 | 215        6 m. ou 180 j. 2000
   30             ─────────────    250
 ─────            731 mois       ──────
  2580      43 |                  font 4500. vingt-
           2580 | 12 jours            cinq de jours.
          ──────
          2150 | 215      20
            43 |          4500 | 180 jour.
                         ──────
                          250. | 25
                           20.
```

F f ij

Pour reconnoître si elle est INVERSE

A l'exemple cy à côté l'on demande combien il faudra d'aunes de drap de 1 *aune ½ de large* pour tapisser la même Eglise, qui a été tapissée par 350 aunes de 3 *aunes ¼ de large.*

Il est facile à reconnoître qu'elle est INVERSE.
PLUS l'étoffe est large, MOINS il en faut,
MOINS elle est large, PLUS il en faut,

Ce qui fait observer
que le PLUS donne le MOINS,
& que le MOINS donne le PLUS,
qui suivant la Maxime generale du f. 337 reconnoît que ladite Regle de Trois est INVERSE.

Pour la faire.

Il faut comme à toutes les Regles de Trois, premierement reduire de l'ordre des feuillets 171. & 267. le *premier* & le *dernier Nombre* en même denomination viendra 39 pour le *premier Nombre.*
& 16 pour le *Troisiéme.*

Pour la faire il faut multiplier les *deux premiers Nombres* 39. par 350 aunes, viendra 13650 aunes qu'il faut diviser par le *dernier ou troisiéme Nombre* 16. viendra pour la *Réponse* 853 *aunes ⅛* qu'il faut de drap pour tapisser de même la même Eglise, avec du drap de 1 aune ⅓ de large.

Pour la Preuve.

Il faut la poser de même qu'à une Preuve d'une Regle de Trois droite, ensuite l'exécuter inverse pour retrouver les 350 aunes du nombre du milieu de la Regle qu'on prouve, voyez l'exécution cy à côté.

REGLE DE TROIS INVERSE
SIMPLE.
EXEMPLE.

Si pour tapisser une Eglise il a fallu d'une Ta-
pisserie de 3 *aunes* ¼ *de large*, 350 *aunes*, combien
faudra-t-il de drap de 1 *aune* ⅓ *de large* pour tapisser de même la même Eglise.

Réponse 853 *annes* ⅛ *de drap.*

REGLE.

de large.		*de large.*

Si de 3 *aunes* ¼ il en faut 350 *aunes*, comb. de 1 *aune* ⅓

4	3
13	4
3	4
39	16 ¼
350 aunes.	8 2
1950	×3650 853 aunes ⅛
117	×2808 16
13650 aunes.	8¼

PREUVE.

de large.		*de large.*

Si de 1 *aune* ⅓ il en faut 853 *aunes*, comb. de 3 *aune* ¼

3	4
4	13
4	3
16	39
853 aunes ⅝	19
5118	×3650 350 aunes.
853	8115 39
2	19
13650 aunes.	

PLUSIEURS EXEMPLES

Sur la Regle de Trois simple.

DROITE ou INVERSE,
avec leurs Réponses.

Lors que le vaiffeau ou muid de Vin, ou d'autres
liqueurs contient 36 *fepriers*, il m'en faut pour
mon année 14 *muids* ½ combien m'en faudra-
t il à propoftion de feuillettes de même li-
queur, qui ne contiennent que 26 *fepriers* ½.
Réponfe 29 feuillettes $\frac{37}{53}$ J.
ou 19 feuillettes 18 feptiers ⅛

AUTRE.

Pour donner un Jufte-au-corps & Manteau à chaque Cavalier d'un Regiment, il a fallu 3750
aunes de drap de deux tiers & demi, ou ⅚ *de*
large, combien faudra-t-il de doublure *d'un*
quart & demi, ou ⅜ *de large*, pour doubler
tous lefdits Jufte-au-corps & Manteau.
Réponfe 8333 aunes ¼ J.

AUTRE.

En travaillant 14 *heures* ½ *par jour*, j'ay fait en un
certain temps 1325 *aunes* de Rubans, combien en feray-je en un pareil temps ne travaillant que 11 *heures par jour*.
Réponfe 1005. aunes $\frac{5}{29}$ D.

Si 3727 liv. 10 ſ. d'intereſt proviennent de 5 ans 7 mois 15 jours, de combien de temps proviendront 4250 liv. d'intereſt d'un pareil principal.

Réponſe de 6 ans 4 m. 28 j. $\frac{444}{497}$ D.

AUTRE.

Si d'un principal & pour un temps inconnu je recevois 1797 liv. 10 ſ. d'intereſt ſur le pied du denier 14. combien recevrai-je d'intereſt ſur le pied du denier 17 ½ du même principal, & du même temps.

Réponſe 1438 liv. juſte. J.

AUTRE.

Une Armée rangée ſur 15 lignes a de front 235 hommes, combien aura-t-elle de front étant rangée ſur 8 lignes.

Réponſe 440 hommes
& 5 hommes de reſte.

AUTRE.

Un Gouverneur d'une Place aſſiegée a de vivres pour pouvoir tenir 20 mois 2 jours, en donnant 48 onces ou un pain de 3 ℔ qui fait deux Rations pour deux jours. L'on ſouhaite qu'il tienne 3 mois 15 jours, ſçavoir combien il peut donner d'onces de pain par jour à chaque homme.

Réponſe 18 onces ⅔ par jour.

INSTRUCTION.

Quand les Regles de Trois font compofées de plus de trois termes, elles font appellées DOUBLES.

Elles peuvent être compofées de 5. de 7. de 9. de 11. de 13. de 15 termes, &c.

Pour la pofition entiere d'une Regle de Trois double de CINQ TERMES, il faut
que le PREMIER & QUATRIE'ME foient de même dénomination,
que le SECOND & CINQUIE'ME foient de même dénomination,
& que le TROISIE'ME & la RE'PONSE foient auffi de même dénomination.

Et pour la pofition generale même de celle de plus de cinq Termes.

Il faut commencer à reconnoître le *nombre* du milieu qui doit être de la même qualité de la *Réponfe.*
L'ayant pofé qui eft 250 *Toifes* fuivant l'Exemple cy à côté.
Enfuite mettez pour les *deux premiers Nombres* les deux nombres certains qui ont produit lefdits 250 Toifes qui font 45 *hommes* en 12 *jours.*
Il faut enfuite pofer les *deux derniers Nombres* de l'ordre de ces deux premiers, en commençant & continuant de même, mettant 50 *hommes* en 20 *jours.*

Pour la pofition de la Preuve entiere.

Il faut mettre nuëment la *Réponfe* de la Regle pour le *nombre du milieu* de la Preuve.
Les *deux derniers Nombres* de la Regle pour les *deux premiers* de la Preuve.
Et les *deux premiers* de la Regle pour les *deux derniers* de la Preuve.

DES REGLES DETROIS DOUBLES

Et de leur positions.

EXEMPLES.

Si 45 hommes ont fait en 12 jours la quantité de 250 Toises de Maçonnerie, combien en feront en 20 jours 50 hommes.

Position de la REGLE ENTIERE.

$$\overset{1}{\text{Si } 45 \text{ h.}} \text{ ont fait en } \overset{2}{12 \text{ j.}} \overset{3}{250 \text{ T.}} \text{ comb. } \overset{4}{50 \text{ h.}} \text{ en } \overset{5}{20 \text{ j.}}$$

Réponse 462 *Toises* $\frac{26}{27}$

suivant l'exécution du feuillet 349.

Position de la PREUVE ENTIERE.

$$\overset{4}{\text{Si } 50 \text{ h.}} \text{ ont fait en } \overset{5}{20 \text{ j.}} \overset{Rep.}{462 \text{ T.}} \frac{26}{27} \text{ com. } \overset{1}{45 \text{ h.}} \text{ en } \overset{2}{12 \text{ j.}}$$

Réponses 250 *Toises justes.*

suivant l'exécution audit feuillet 349.

Les Positions entieres étant ainsi faites, il faut ensuite les exécuter de l'ordre qui est enseigné cy-après ès feuillets 349. 351. 353. & suivans.

INSTRUCTION.

'Avant d'exécuter une Regle de TROIS DOUBLE ; l'essentiel est de reconnoître si elle

       est toute *Droite*,

       ou toute *Inverse*,

       ou partie *Droite* & partie *Inverse*,

ce qui se peut reconnoître facilement en réduisant la REGLE DE TROIS DOUBLE, en plusieurs REGLES DE TROIS SIMPLES.

Pour y parvenir.

Il faut premierement poser la Regle de Trois double entiere de l'ordre du feuillet précédent.

Puis en faire autant de Regles de Trois simples, qu'il y a de nombres qui précedent celui du milieu, Et suivant l'Exemple cy à côté, les 250 *Toises* ou nombre du milieu, étant précedé de *deux Nombres* qui sont 45 *hommes & de* 12 *jours*, qui nous dénote à faire *deux Regles de Trois simples.*

A la premiere Regle de Trois simple.

Mettez le *premier Nombre* le *troisiéme* & le *quatriéme* de la Regle de Trois double entiere. Disant si 45 h. ont fait 250 T. comb. en feront 50 h.

Et à la seconde Regle de Trois simple.

Mettez le *Deuxiéme*, *Troisiéme* & le *Cinquiéme* nombre de la Regle de Trois double entiere, disant si en 12 jours on a fait 250 Toises, comb. en 20 jours.

Le partage étant ainsi fait, il est facile à reconnoître si elles sont droites ou inverses, suivant l'instruction des feuillets 337. 339. 341. pour en faire ensuite l'exécution comme aux feuillets 349. 351. 353 suivant ;

                autrement dit

PARTAGE
D'une Regle de Trois DOUBLE
En plufieurs Regles de TROIS SIMPLES.

EXEMPLE.

La Regle de Trois double entiere du feuillet précédent.

$$\overset{1}{} \qquad \overset{2}{} \overset{3}{} \qquad \overset{4}{} \qquad \overset{5}{}$$

Si 45 h. ont fait en 12 j. 250 To. comb. 50 h. en 20 j.

Premiere Regle de Trois SIMPLE.

Si 45 hommes ont fait 250 Toifes, combien 50 hommes en feront-ils.

Seconde Regle de Trois SIMPLE.

Si en 12 jours on a fait 250 Toifes, combien en 20 jours en fera-t-on.

Autrement dit,

Pour réduire la Regle de Trois double en fimple.

Mettez toujours pour le *Nombre du milieu* de chacune Regle de Trois fimple, celui du milieu de la double.

Puis pour le *premier & troifiéme Nombre* de la premiere Regle de Trois fimple.

Prenez le *premier* de la Regle entiere double ;

Et le premier qui fuit le nombre du milieu de la Regle double entiere.

Et pour le *premier & dernier Nombre* de la feconde Regle de Trois fimple,

Prenez le *deuxiéme* de la Regle entiere double.

Et le *deuxiéme* nombre qui fuit le nombre du milieu de la Regle entiere double,

Et continuer de cette forte aux Regles de Trois doubles de 7. de 9. de 11. Termes, &c.

Ayant partagé la Regle de Trois double en *deux simples*, suivant l'instruction précédente, il reste à reconnoître si elles sont *droites* ou *inverses*.

La premiere simple est,

Si 45 h. ont fait 250 Toises, comb. en feront 50 h.
PLUS on a d'hommes & PLUS ils feront de Ti
Le PLUS donnant le PLUS, elle est DROITE.

La seconde simple est,

Si en 12 jours on a fait 250 Toises, comb. en 20 j.
PLUS on a de jours, & PLUS on fera de Toises.
Le PLUS donne le PLUS, par conséquent elle
est toute DROITE.

Pour faire la Regle de Trois

DOUBLE DROITE,

Il faut multiplier tous les nombres de la Rea gle entiere qui precedent le nombre du milieu pour former le DIVISEUR, c'est-à-dire, 45 par 12 viendra 540 *pour le Diviseur.*

Pour former *la somme à diviser*, il faut premiere-ment multiplier tous les nombres qui suivent celui du milieu, 50 par 20 sera 1000 qu'il faut ensuite multiplier par le nombre du milieu, 250 Toises viendra 250000 *Toises*, qui étant divisées par les dites 540, donnera pour la *Réponse* 462 *Toises* $\frac{26}{27}$.

L'exécution de la Preuve se fait de même pour prouver les 250 Toises du nombre du milieu de la Regle,

Pour

Pour faire la
Regle de Trois DOUBLE DROITE
de cinq termes.
EXEMPLE.

Si 45 hommes ont fait en 12 jours la quantité de
250 Toises de Maçonnerie, combien en feront en
20 jours 50 hommes.　　*Réponse 462 Toises* $\frac{26}{27}$.

REGLE Entiere.

Si 45 h. ont fait en 12 j. 250 Toif. comb. 50 h. en 20 j.

12 j.	20 j.
90	1000.
45	par 250 Toises.
540.	50000
45	2000
34620	250000 Toiles.
250000	462 Toises $\frac{26}{27}$
216000	540
3248	
20	

$$\frac{520}{540} \text{ ou } \frac{52}{54} \text{ ou } \frac{26}{27}$$

PREUVE Entiere.

Si 50 h. en 20 j. ont fait 462 T. $\frac{26}{27}$ comb. 45 h. en 12 j.

20	12
1000	90
	45
	540
250.000	250 Toises
	1000

par 462 T. $\frac{26}{27}$

1080	540
3240	26
2160	
520	3240
	1080
250000 To.	

14040

5	
14040	520
135	27
5	

Gg

INSTRUCTION.

Ayant partagé la Regle de Trois double en *deux simples*, fuivant l'inftruction du feuillet 347. il refte à reconnoître fi elles font *Droites* ou *Inverfes*.

La premiere fimple eft,

Si 500 h. ont fait en 25 j. en comb. le feront 1400 h.
PLUS on a d'hommes MOINS il faut de'temps,
Le PLUS donnant le MOINS, elle eft INVERSE.

La feconde fimple eft,

Si des jours de 14 he. il en faut 25 j. comb. de 12 h.
MOINS on a d'heures par jour, PLUS il faut de j.
Le MOINS donne le PLUS, par conféquent elle
eft toute INVERSE.

Pour faire la Regle,
DOUBLE INVERSE.

Il faut multiplier tous les nombres de la Regle entiere, qui fuivant le nombre du milieu pour former le Divifeur, c'eft-à-dire 1400, par 12 viendra 16800 *pour le Divifeur*.

Pour former *la fomme à divifer*, il faut premierement multiplier tous les nombres qui précedent celui du milieu 500 par 14 fera 7000 qu'il faut enfuite multiplier par le nombre du milieu 25 jours, viendra 175000 *jours*, *pour le nombre à divifer*.

Pour abreger la divifion, retranchez deux zero de l'une & l'autre, puis divifez les 1750 par les 168, & vous trouverez pour *Réponfe* 10 *jours* $\frac{5}{12}$.

L'exécution de la Preuve fe fait de même pour retroùver les 25 jours du nombre du milieu de la Regle.

Pour faire la
Regle de Trois DOUBLE INVERSE
de cinq Termes.

EXEMPLE.

Si 500 hommes travaillant 14 heures par jour ont fait un Ouvrage en 25 jours, combien 1400 hommes ne travaillant que 12 heures par jour feront-ils un pareil Ouvrage.

Réponse en 10 jours $\frac{5}{12}$

REGLE *Entiere.*

Si 500 h. de 14 he. ont tout fait en 25 j. en comb.

500	1400 h. de 12 heures.
————	1400
7000	————
par 25 jours.	168.00
35000	
14000	7
————	$\not{1}\not{7}\not{5}\not{0}$ 10 *jours* $\frac{5}{12}$
1750.00 jours.	$\not{1}\not{6}\not{8}.$ 168

$$\frac{70}{168} \text{ ou } \frac{35}{84} \text{ ou } \frac{5}{12}$$

PREUVE *Entiere.*

Si 1400 h. de 12 he. ont tout fait en 10 j. $\frac{5}{12}$ en comb.

1400	500 h. de 14 heu.
————	14
16800	————
par 10 jours $\frac{5}{12}$	7,000
168000	
5600	
1400	$\not{3}$
————	$\not{1}\not{7}\not{5}$ 25 *jours.*
175,000	$\not{5}\not{6}\not{5}$ 7
	$\not{3}$

INSTRUCTION.

Ayant partagé la Regle de Trois double entiere en deux simples suivant l'instruction du feuillet 347. il reste à reconnoître si elles sont *Droites* ou *Inverses*.

La premiere simple est,

Si 200 Boulangers ont tout cuit en 75 j. en comb. 240 Boulangers.

Plus il y a de Boulangers , Moins de temps il faut pour cuire.

Le Plus donnant le Moins elle est Inverse.

Pour la faire multipliez les deux premiers nombres & divisez le produit par le dernier , viendra 62 jours ½ pour la Réponse de ladite simple Inverse.

Lesquels 62 jours ½ sera le nombre du milieu de la seconde Regle simple (*Cette maxime sera generalement pratiquée dans toutes nos Regles de Trois doubles, composées de Droites & d'Inverses.*)

La Seconde simple est ,

Si 1500 Muids sont cuits en 62 j. ½ en comb. 2400 Muids.

Plus il y a de M. Plus il faut de temps pour cuire.

Le Plus donnant le Plus elle est Droite.

Pour la faire , multipliez les deux derniers nombres & divisez le produit par le premier viendra 100 *jours , qui est la Réponse parfaite de la Regle de Trois double Droite & Inverse,* proposée cy à côté.

POUR LA PREUVE.

Elle ne se peut faire qu'en deux Regles de Trois simples.

En commençant à prouver la derniere , ensuite la premiere de l'ordre qui se voit pratiquée cy à côté.

Notez sur l'exécution tant de la Regle que de la Preuve.

Si les deux Regles de Trois simples se trouvent toutes deux Droites , ou toutes deux Inverses, l'on pourroit les exécuter séparément comme cy-dessus, mais il est plus court de les exécuter comme aux feuillets 349. & 351.

Pour faire la Regle de Trois DOUBLE DROITE,
& INVERSE de cinq termes.

EXEMPLES.

.Si 200 Boulangers en 75 jours ont fait cuire en rations de pain 1500 muids de farine, çavoir en combien de temps 240 Boulangers pourront-ils cuire
2400 muids de farine.   *Reponse en 100 jours.*

Regle entiere.

Si 200 B. ont cuit 1500 M. en 75 j. en comb. 240 B.
   Premiere Regle simple.   [cuiront 2400 M.
Si 200 B. ont tout cuit en 75 j. en comb. auront tout
                              [cuit 240 B.

75 jours	I
15000 jours	620

25000 | 62 jours ½
14400 | 240
48

Seconde Regle simple.   120/240 ou 12/24 ou 1/2

Si 1500 m. sont cuits en 62 j. ½ en comb. le seront
                              [2400 m.
                                 62 j. ½
                              ——————
                                 4800
150000 | 100 jours   14400
15000 . . | 1500   1200
 . . .   ——————
                      150000 jo.

PREUVES.

Si 24,00 m. sont cuits en 100 j. en comb. le seront 1500 m.

I		100
62		
1500	62 jours ½	1500 00 j.
1448	24	
*	12/24 ou 2/3	

Si 240 B. ont tout cuit en 62 ½ en comb. aur. to. cuit
                                      [200 B.
62 j. ½	*	75 jours.
480	150	
1440	1402	
120	8	
150,00 jours.		

INSTRUCTION.

Ayant partagé la Regle de Trois double entiere
en trois fimples, fuivant l'inftruction du feuillet 347
il refte à reconnoître fi elles font *Droites* ou *Inverfes*.

La Premiere fimple eft,

Si 275 Tailleurs ont tout fait en 90 j. en comb. 150
[T. auront ils tout fait.

Moins il y a de Tailleurs, Plus il faut de temps
[pour faire les habits.

Le Moins donnant le Plus elle eft Inverse.

La Seconde fimple eft,

Si en travaillant 12 he. par j. on a tout fait en 90
[jo. en comb. travaillant 16 he. par jour.

Plus on travaille par jour, Moins il faut de jours.

Le Plus donnant le Moins, elle eft auffi Inverse.

La Troifiéme fimple eft,

Si 24000 hom. font habillez en 90 j. en comb. le
[feront 7600 hommes.

Moins il y a d'hommes, Moins il faut de jours
[pour faire leurs habits.

Le Moins donnant le Moins, elle eft Droite.

Ayant ainfi reconnu qu'il y a dans la Regle entiere de 7 Termes, *Deux Inverfes*, il les faut faire
en une feule Regle double, difant,

Si 275 Tail. de 12 he. font tout en 90 j. en comb.
[150 Taill. de 16 heures.

Enfuite l'exécuter comme au feuillet 351 viendra
[123 jours ¾

Et refte à faire la Regle Simple droite, difant.

Si 24000 h. font habil. en 123 j. ¾ en comb. 7600 h.
viendra en 39 jours ³⁄₁₀ pour la *Réponfe* de la *Regle*
double de Sept Termes.

POUR LA PREUVE.

Il faut commencer à prouver la *Regle fimple Droite*, enfuite prouver la *Double Inverfe*.

Pour faire la
REGLE DE TROIS DOUBLE,
de sept Termes.

EXEMPLE.

Si 275 Tailleurs ont fait en travaillant 12 heures par jours en 90 jours tous les habits néceſſaires à une Armée de 24000 hommes , en comb. de tems 150 Tailleurs qui travaillent 16 heures par jour, feront ils tous les habits à une autre Armée de 7600 hommes.   Réponſe en 39 jours $\frac{3}{16}$

Regle entiere.

Si 275 Ta. de 12 he. ont habillé 24000 hom. en 90
[jo. en comb. de temps.

150 Tail. de 16 he. habilleront 7600 hommes.

Deux ſimples Inverſes enſemble.

Si 275 Ta. de 12 he. font tout en 90 j. en comb. 150
[T. de 16 heures.

```
        275                           150
       ————                          ————
       3300                          150
        90                           800
      ————                            16
     2970,00    5918|                 24,00
              2970|  123 jo. 3/4
              2482|24
               40|
                  |  18
                  |  24  ou 3/4
```

Derniere ſimple qui eſt Droite.

Si 24000 hom. font habillez en 123 jo. $\frac{3}{4}$ en comb.
[7600 hom. le feront.

```
     4                            123 j. 3/4
   2265|                          22800
   9424|   39 jours 3             15200
   7200|240                        7600
    216|                           3800
         45/240 ou 9/48 ou 3/16    1900
```

PREUVE.   9405,00

Si 7600 hom. font habillez en 39 jou. $\frac{3}{16}$ en comb.
24000 hom. le feront.   Réponſe en 123 jours $\frac{3}{4}$
Si 150 Tail. de 16 he. font tout en 123 j. $\frac{3}{4}$ en comb.
275 Tail. de 12 h.   Réponſe en 90 jours.

Nombre du milieu de la Regle.

PLUSIEURS EXEMPLES
Sur les Regles de Trois Doubles
OU DE PROPORTION.

De Cinq, de Sept, de Neuf, de Onze, de Treize
& de Quinze Termes.

De Cinq Termes.

Lorsque le Bled vaut 125 liv. le Muid, j'ay
pour 10 liv. la quantité 75 ℔ pesant de pain, sçavoir combien doit valoir le muid lorsque je paye 7
liv. 10 ſ. pour avoir 45 ℔ pesant de pain.

Réponse 156 liv. 5 ſ. le muid.

De Sept Termes.

Si 200 muids de Vin chacun contenant 280 pintes ont suffi pour 12 mois à une Communauté de
80 hommes, combien faudra-t-il à proportion de
feuillettes chacune de 190 pintes pour la même
Communauté augmentée de 10 hommes, & pour
15 mois de provision. *Réponse 414 feuilletes $\frac{9}{15}$*

De Neuf Termes.

Si 500 Pionniers ont fait en deux mois d'un fossé
de 15 Toises de large, 6 Toises de profondeur la
quantité de 1200 Toises de long, en combien de
temps 650 Pionniers feront-ils un autre fossé qui ait
18 Toises de large, 7 Toises ½ de profondeur, & 1150
Toises de long. *Réponse en 2 mois 6 jours $\frac{9}{26}$*

De Onze Termes.

Un Bassin ou Reservoir qui a 125 Toises de
long, 72 Toises de large, 16 Toises de profondeur, contient 900000 muids d'Eau, chacun de
36 septiers, chaque septiers de 8 pintes, combien
contient à proportion un autre Bassin, des Pipes
contenant chacune 80 Veltes, chaque Velte 7
pintes ¼ ledit Bassin n'ayant que 100 Toises de
long, 60 de large, & 10 Toises de profondeur.
Réponse 180000 Pipes.

AUTRES EXEMPLES.

De Treize Termes.

Si 4500 Ouvriers à qui on donne 30 ſ. par jour à chacun l'un portant l'autre dans une Manufacture de Drap, travaillant 12 heures par jour, ont fait en 7 mois 10 jours la quantité de 1700 Pieces de draps, chacune compoſée de 40 aunes de 5 quarts de large, combien 6000 Ouvriers plus habiles à qui on donne 40 ſ. par jour, & qui travaillent 15 heures par jour feront-ils de Pieces de Draps de 50 aunes & de quatre tiers de large, dans un an.

Réponſe 4636 Pieces 18 aunes $\frac{2}{12}$

De quinze Termes.

Si 3750 muids de Bled chacun de 15 ſeptiers, le ſeptier de 10 boiſſeaux, le boiſſeau de 8 litrons, chaque litron peſant 2 ℔ 5 onces poids de Marc, ont été mis en Ration de pain en 3 mois 15 jours, n'ayant que 25 fours qui travailloient 10 heures par jour ſçavoir à proportion combien on pourra mettre de muids de Bled en Ration de pain compoſés chacun de 12 ſeptiers, le ſeptier de 12 boiſſeaux, le boiſſeau de 16 litrons, le litron peſant 18 onces poids de Marc en 5 mois, ayant 30 fours qui travailleront quinze heures par jour.

Réponſe 5161 Muids $\frac{98}{112}$

On pourroit réduire ces Exemples en moins de Termes, mais on courroit riſque de ſe tromper dans la réduction.

INSTRUCTION.

J'aurois pú épargner l'Exemple cy à côté, vû qu'il se trouve traité dans le feuillet 187 : mais pour donner le courant des Regles de Finances, j'ay été forcé de le mettre en tête.

Cette premiere Regle de Compagnie de Finance est pour former le premier fonds qui est de 864000 liv. & ce sur le pied de ce que chacun des six Associez desirent être sur la Livre.

Le premier Associé y voulant être pour 4 ſ. 6 d. il faut faire une simple petite multiplication des 864000 l. qu'on veut former par les 4 ſ. 6 d. laquelle faut exécuter de l'ordre des feuillets 63 & 65 vous trouverez

194400 liv. pour les 4 ſ. 6 d. du premier,
169200 liv. pour les 3 ſ. 11 d. du second,
165600 liv. pour les 3 ſ. 10 d. du troisiéme,
144000 liv. pour les 3 ſ. 4 d. du quatriéme,
118800 liv. pour les 2 ſ. 9 d. du cinquiéme,
& 72000 liv. pour les 1 ſ. 8 d. du sixiéme.
—————
864000

L'Addition de ces six produits vous donnera les 864000 liv. de fonds à faire, & par conséquent la Preuve.

Premiere REGLE DE COMPAGNIE

Pour les Financiers.

Six Financiers font focieté fur la Livre de 20 ſ. & veulent ſçavoir de combien ils doivent chacun faire leurs avances pour former le fonds de 864000 liv. & ce à proportion de ce qu'ils defirent être fur la Livre ; ſçavoir ,

le 1 y veut être pour 4 ſ. 6 d.	⎫	⎧ le 1——194400 liv.
le 2 pour 3 ſ. 11 d.	⎬ doit fournir des 864000 livres.	⎨ le 2——169200 liv.
le 3 pour 3 ſ. 10 d.		le 3——165600 liv.
le 4 pour 3 ſ. 4 d.		le 4——144000 liv.
le 5 pour 2 ſ. 9 d.		le 5——118800 liv.
le 6 pour 1 ſ. 8 d.	⎭	⎩ le 6—— 72000 liv.

fonds de 20 ſ.   premier fonds 864000 liv.

REGLES.

Pour le premier Aſſocié.
864000 liv.

par   4 ſ. 6 d. qu'il a dans la Livre.
3456000 ſ.
432000 ſ.

388800.0 ſ.

194400 liv. Finance du premier, *ainſi des autres.*

INSTRUCTION

Il faut premierement ajouter les fols & deniers des cinq Affociez qui font fur la Livre, fera 16 ſ. 8 d. qui eſt le fonds de Societé, puis faire autant de Regles de Trois qu'il y a d'Affociez, mettant pour les deux premiers nombres de chacune deſdites Regles de Trois, leſdits 16 ſ. 8 d. pour le *premier Nombre*, & les 144000 liv. de l'avance du deffunt à rembourſer par les vivans pour le *fecond Nombre*.

Et pour le *troifiéme Nombre* vous mettrez les fols & deniers pour livre de l'Affocié dont vous fouhaitez ſçavoir le rembourſement qu'il doit faire.

Exemple, le premier Affocié ayant 4 ſ. 6 d. fur la livre, dites.
Si 16 ſ. 8 d. doit payer 144000 l. comb. 4 ſ. 6 d.

Cette pofition faite, réduifez en deniers le *premier* & le *dernier Nombre*, fera 200 den. pour le divifeur, & 54 den. pour le dernier Nombre, qui étant multiplié par les 144000 liv. fera 7776000 l. qu'il faut divifer par 200, après avoir retranché les deux zero pour abreger, viendra au produit 38880 liv. que le premier Affocié doit financer pour rembourfer les héritiers du deffunt.

Ainfi des autres Affociez.

Et pour la preuve de l'Addition des cinq produits, des cinq Regles de Trois pareilles à celle cy à côté, vous donnera au jufte les 144000 l. à rembourfer.

Seconde

Seconde REGLE DE COMPAGNIE

Pour les Finances.

Les Six Financiers ou Affociez précedens font réduits à Cinq par le decès du *quatriéme Affocié*,
qui avoit avancé 144000 liv. pour être 3 ſ. 4 d.
fur la livre.

Les cinq Affociez reſtans voulant rembourſer les
heritiers dudit deffunt, ils demandent combien
ils doivent chacun payer deſdites 144000 liv. à
proportion de ce qu'ils ſont fur 16 ſ. 8 deniers.
Sçavoir,

le 1 y eſt po. 4 ſ. 6 d.		le 1—38880 liv.
le 2 ... pour 3 ſ. 11 d.		le 2—33840 liv.
le 3 ... pour 3 ſ. 10 d.	doit financer des 144000 livres	le 3—33110 liv.
le 4 qui étoit		
le 5 pour 2 ſ. 9 d.		le 4—23760 liv.
le 5 qui étoit		
le 6 pour 1 ſ. 8 d.		le 5—14400 liv.
16 ſ. 8 den.	Preuve	144000 liv.

REGLE pour le premier Affocié.

Si 16 ſ. 8 d. donnent 144000 l. com. donnera 4 ſ. 6 d.

12			12
2.00 d.	~~111~~ ~~11160~~	38880 liv.	54 d.
	~~6666~~	2	144000 l.
	~~111~~		216000 l.
			216
			54
			77760,000 l

Ainſi des autres
Affociez.

Les *cinq* Financiers reſtant des *ſix Aſſociez*, ayant
rembourſé les héritiers du deffunt, ſuivant qu'il eſt
exécuté en la *ſeconde Regle des Financiers* du précedent feuillet 361.

Voulant ſçavoir icy à combien ſont accrûs les ſols
& deniers qu'ils avoient chacun ſur la livre de 20
ſols, par les 3 ſ. 4 d. (que le deffunt y avoir) étant
répandus ſur eux par proportion, & portion qu'ils
ont dans les 16 ſ. 8 deniers reſtans.

Il faut faire autant de Regles de Trois qu'il y a
de perſonnes reſtantes en ſocieté, diſant,

Pour le premier Aſſocié.

Si 16 ſ. 8 d. ſont augm. à 20 ſ. à comb. le ſera 4 ſ. 6 d.

Il faut enſuite l'exécuter à l'ordinaire, en réduiſant en deniers le premier & le dernier Nombre :
enſuite multipliant les 54 du dernier par les 20 ſ.
de celui du milieu, viendra 1080 ſ. qui étant diviſez par les 200 du premier Nombre, viendra *aux
produits* 5 ſ. 4 d. ⅘ à quoi eſt accrû la part ſur la livre du *premier Aſſocié* qui n'étoit que pour 4 ſ. 6 d.
dans la ſocieté de ſix Financiers.
Vous ferez de même pour les autres Aſſociez.

Puis faites l'addition des cinq produits des cinq
Regles de Trois pour leſdits cinq Aſſociez, & vous
trouverez qu'il forme juſte les 20 ſ. de fonds de
ſocieté, ce qui eſt la Preuve.

Troisiéme REGLE DE COMPAGNIE

Pour les Financiers.

Les *Cinq Financiers* restans après le remboursement qu'ils ont faits aux héritiers dudit deffunt, leur portion est accrûë sur la livre à proportion de ce qu'ils y étoient lors des *six Associez*, sçavoir,

le 1 y étoit pour 4 s. 6 d.	font accrus de 3 s. 4 d. qui donne au	1er	5 s. 4 d. $\frac{4}{5}$
le 2 . . . . . pour 3 s. 11 d.		2.	4 s. 8 d. $\frac{2}{5}$
le 3 . . . . . pour 3 s. 10 d.		3.	4 s. 7 d. $\frac{1}{5}$
le 4 qui étoit le 5 y étoit pour 2 s. 9 d.		4.	3 s. 3 d. $\frac{3}{5}$
le 5 qui étoit le 6 y étoit pour 1 s. 8 d.		5.	2 s.
16 s. 8 d.	Preuve		20 s. juste.

REGLE.

Si 16 s. 8 d. font augm. à 20 s. à com. le sera 4 s. 6 d.

12 / 200

80 / 1080 / 1060 | 5 s. 4 d. $\frac{4}{5}$ / 200

12 / 960

12 / 54 / 20 s. / 1080 s.

160 / 960 / 800 | 4 d. / 200

$\frac{160}{200}$ ou $\frac{16}{20}$ ou $\frac{4}{5}$

Ainsi des autres pour chacun desquels faut faire une pareille Regle de Trois.

'Ayant tronvé ce que chacun des cinq Affociez eft fur la livre entiere de 20 f.

Il refte à reconnoître fi leurs deux Finances qu'ils ont faites chacun fe trouvent confervées jufte.

La *Premiere* lors de la Societé des fix Financiers.

La *Seconde* pour le rembourfement de la part avancée par le deffunt.

Il ne faut pour ce, que faire fimplement une multiplication pour chaque Affocié.

En multipliant les 864000 liv. total des Finances par les fols, deniers & Fraction qu'a fur la livre, celui des Affociez dont on veut prouver fes Finances, de l'ordre qu'il eft pratiqué cy à côté, & vous trouverez que

Le Premier a financé   233280 liv. fçavoir ;

194400 l. à la 1 Regle de Compagnie feuillet 359 & 38880 l. à la 2 Regle de Compagnie feuillet 361.

Le Second a financé   203040 liv. fçavoir,

169200 l. à la 1 Regle de Compagnie feuillet 359 & 33840 l. à la 2 Regle de Compagnie feuillet 361.

Le Troifiéme a financé   198720 liv. fçavoir,

165600 l. à la 1 Regle de Compagnie feuillet 359 & 33120 l. à la 2 Regle de Compagnie feuillet 361

Le Quatriéme qui étoit le Cinquiéme au commencement de la Societé, *a financé* 142560 liv. fçavoir,

118800 l. à la 1 Regle de Compagnie feuillet 359 & 23760 l. à la 2 Regle de Compagnie feuillet 361

Le Cinquiéme qui étoit le Sixiéme au commencement de la focieté *a financé* 86400 liv. fçavoir,

72000 l. à la 1 Regle de Compagnie feuillet 359 & 14400 l. à la 2 Regle de Compagnie feuillet 361

Quatriéme REGLE DE COMPAGNIE
Pour les Financiers.
Qui sert de Preuve aux précedentes.

Cinq Financiers précedens veulent sçavoir si sur le pied qu'on a trouvé qu'ils étoient chacun sur la liv. de 20 s.

Leurs Premieres & Secondes Finances

se trouvent conservées juste dans les 864000 livres de fonds, sçavoir.

le 1. y est pour 5 s. 4 d. 4 ⎤   ⎧ 1er 133280 liv.
le 2. . . . pour 4 s. 8 d. ⎥ ils ont finan- ⎪ 2.   203040 liv.
le 3. . . . pour 4 s. 7 d. ⎬ cé sçavoir le ⎨ 3.   198720 liv.
le 4. . . . pour 3 s. 3 d. ⎥   ⎪ 4.   142560 liv.
le 5. . . . pour 2 s.   ⎦   ⎩ 5.   86400 liv.

Fond de societé 20 l.   **Total des Finances 864000 l.**

REGLES.

  864000 liv.   864000 liv.
       5 s. 4 d. $\frac{4}{5}$ 4 s. 8 d.
────────────   ────────────
  4320000 s.   3456000 s.
p. 4 d. 288000 s.   p. 6. d. . 432000
p. $\frac{4}{5}$ . . . 57600 s.   p. 2. d. . 144000
────────────   p. $\frac{2}{3}$ 28800
  466560.0 s.   ────────────
────────────   4060800.0 s.
  233280 liv.   ────────────
                   203040 liv.

  864000 liv.   864000 liv.
       4 s. 7 d. $\frac{1}{3}$ 3 s. 3 d. $\frac{1}{3}$
────────────   ────────────
  3456000 s.   2592000 s.
p. 6 d 432000 s.   p. 3 d. 216000 s.
p. 1 d. 72000 s.   p. $\frac{1}{3}$ d. . 43200 s.
p. $\frac{1}{3}$ d. 14400 s.   ────────────
────────────   2851200 s.
  3974400 s.   864000 s   142560 liv.
────────────   ────────
  198720 liv.   2 s.
                ────────────
           1728000.0
           ────────────
           86400 liv.

Notez. *Pour partager un profit de societé, ou suporter une perte il faut multiplier de même que dessus la somme totale de profit & de perte par les sols, deniers & Fractions que chacun est sur la livre, pour trouver la somme de profit qu'il doit avoir, ou qu'il doit suppléer de perte.*

Ces fortes de Compagnies fondées fur plus de 20 ſ. ne font point ordinaires.

Elles arrivent, lors qu'une Compagnie eſt tout-à-fait formée ſur 20 ſ. & qu'un grand Seigneur qu'on ne peut refuſer, convie la Compagnie de recevoir un Aſſocié de ſa main pour 2 ſ. 6 d. (ou autre partie) & ce ſans changer les ſols & deniers qu'ils en ont chacun.

Pour faire cette Regle de Compagnie fondée
ſur 22 ſ 6 den.

Il faut la faire par Regle de Trois, diſant,
Si 22 ſ. 6 d. a 1800000 liv. *combien aura* 5 ſ. 4 d. ⁴⁄₃

Pour le Premier *Aſſocié.*

La poſition ainſi faite, reduiſez le *premier* & le *dernier. Nombres* en leur plus *petite dénomination*, c'eſt à-dire, en *cinquiéme de deniers*, viendra 1350 au premier nombre, & 324 au dernier, qui étant multipliez par les 1800000 liv. (à recevoir ou à payer) viendra pour le *premier Aſſocié* 432000 liv.

Faites cinq autres Regles de Trois de même pour les cinq autres Aſſociez, & vous trouverez qu'il viendra   376000 liv. pour le *Second Aſſocié.*
        368000 liv. pour le *Troiſiéme* ,
        264000 liv. pour le *Quatriéme* ,
        160000 liv. pour le *Cinquiéme* ,
    & 200000 liv. pour le *Sixiéme,*
l'Addition de ces produits vous donnera juſte les 1800000 liv. ce qui en fait la PREUVE PARFAITE.

Cinquiéme REGLE DE COMPAGNIE

Pour les Financiers.

Six Affociez doivent donner ou recevoir 1800000 l. ils demandent combien c'eſt pour chacun à proportion de ce qu'ils ſont dans 22 ſ. 6 d. ſur quoi leur compagnie ſe trouve formée ; ſçavoir,

le 1 y eſt pour 5 ſ. 4 d. $\frac{2}{3}$		1er 432000 liv.
le 2 ... pour 4 ſ. 8 d. $\frac{2}{3}$		2.. 376000 liv.
le 3 ... pour 4 ſ. 7 d. $\frac{1}{3}$	doit payer ou recevoir le	3.. 368000 liv.
le 4 ... pour 3 ſ. 3 d. $\frac{2}{3}$		4.. 264000 liv.
le 5 ... pour 2 ſ.		5.. 160000 liv
le 6 ... pour 2 ſ. 6 d.		6.. 200000 liv.

22 ſ. 6 d. PREUVE.   1800000 liv.

REGLE

Du premier Aſſocié ſeulement pour modele.

Si 22 ſ. 6 d. a 1800000 liv. comb. aura 5 ſ. 4 d. $\frac{2}{3}$

12	12
270	64
5	5
3350	324

$$
\begin{array}{r}
42\hbar \\
583200000 \quad 432000 \text{ liv.} \\
5\text{×}2000 \quad 1350 \\
4050 \\
2\hbar
\end{array}
\qquad
\begin{array}{r}
1800000 \text{ liv.} \\
259200000 \\
324 \\
\hline
583200000
\end{array}
$$

Il faut faire les cinq autres Regles
de Trois de méme.

F I N

du courant des Regles de Compagnie pour les
Financiers.

INSTRUCTION.

Il faut faire une *Addition des Fractions* pour cha-que héritier, & réduire pour y parvenir chacun des articles en une *seule Fraction*, en multipliant les *Numerateurs* les uns par les autres, & les *Déno-minateurs* aussi les uns par les autres.

POUR LE PREMIER HERITIER.

Il faut mettre en ordre d'Addition $\frac{1}{3}$ au total.
pour le $\frac{1}{3}$ du $\frac{1}{8}$ mettre . . . . $\frac{1}{30}$ au total.
& pour le $\frac{1}{4}$ du $\frac{1}{3}$ du $\frac{1}{8}$ mettre . . . . . $\frac{1}{120}$ au total.
puis faire l'addition des trois Fractions au total,
fera $\frac{3}{8}$ *du total pour le* PREMIER HERITIER.

POUR LE SECOND HERITIER.

Il faut de même mettre en ordre d'Ad. $\frac{1}{3}$ au total.
pour les $\frac{2}{3}$ du $\frac{1}{7}$ mettre $\frac{2}{30}$ ou . . . . . $\frac{1}{15}$ au total.
pour les $\frac{3}{4}$ du $\frac{1}{3}$ du $\frac{1}{8}$ mettre $\frac{3}{120}$ ou . $\frac{1}{40}$ au total.
& pour les $\frac{3}{3}$ du $\frac{1}{3}$ du $\frac{1}{8}$ mettre $\frac{3}{90}$ ou . . $\frac{1}{30}$ au total.
puis faire l'addition des quatre Fractions au total.
fera $\frac{5}{8}$ *du total pour le* SECOND HERITIER.

POUR LA PREUVE.

Est si facile à faire, qu'il ne faut pas prendre la plume, attendu qu'il ne faut qu'ajouter $\frac{3}{8}$ avec $\frac{5}{8}$ feront juste $\frac{8}{8}$ qui est l'entier, c'est-à-dire, la *Mai-son*, le *Bien* ou *Terre*, &c.

EXEMPLES.

Deux héritiers ont plufieurs Portions dans une Maifon, Bien, ou Terre, &c. fçavoir la jufte & feule Fraction qu'ils ont dans ledit Bien, &c.

Le PREMIER ayant $\frac{1}{3}$ *au total*, Plus $\frac{1}{3}$ dans $\frac{1}{6}$ *au total*, *&* $\frac{1}{4}$ *dans* $\frac{1}{3}$ *du* $\frac{1}{8}$ *au total*... *Réponfe il a les* $\frac{3}{8}$ *du tout.*

Le SECOND à la $\frac{1}{2}$ *au total*, Plus les $\frac{2}{3}$ *dans* $\frac{1}{5}$ *au total*, Plus les $\frac{1}{4}$ *dans* $\frac{1}{3}$ *du* $\frac{3}{8}$ *au total*, & les $\frac{1}{3}$ *dans un* $\frac{1}{3}$ *du* $\frac{1}{2}$ *au total*... *Réponfe il a les* $\frac{5}{8}$ *du tout.*

REGLES.

$$120$$

au total $\frac{1}{3}$.... 40
pour le $\frac{1}{3}$ du $\frac{1}{6}$ eft......... 4
& pour le $\frac{1}{4}$ du $\frac{1}{3}$ du $\frac{1}{8}$ en . $\frac{1}{120}$ .. 1

$$T\,O\,T\,A\,L ...... \frac{45}{120} \text{ ou } \frac{9}{24} \frac{3}{8}$$

Pour le premier.

$$120$$

au total $\frac{1}{2}$ .. 60
pour les $\frac{2}{3}$ du $\frac{1}{5}$ eft.... $\frac{2}{30}$ ou $\frac{1}{15}$ 8
pour les $\frac{1}{4}$ du $\frac{1}{3}$ du $\frac{3}{8}$ eft $\frac{3}{120}$ ou $\frac{1}{40}$ 3
& pour les $\frac{1}{3}$ du $\frac{1}{3}$ du $\frac{1}{8}$ eft $\frac{3}{90}$ ou $\frac{1}{30}$ 4

$$T\,O\,T\,A\,L.\ \frac{75}{120} \text{ ou } \frac{15}{24} \text{ ou } \frac{5}{8}$$

Pour le fecond.

L'on a montré cy-devant differentes Méthodes pour faire l'exécution de la contribution cy à côté en fe fervant des *Regles de Trois* & de celle de *Compagnie*.

Voyez les feuillets 177. 181. 185. 189. 191. 193. 195. & en fuivant l'ordre des Regles qui y font enfeignées, l'on pourra faire l'exemple cy à côté, ainfi que d'autre.

Mais en ne fe fervant point des Regles de Trois ni de Compagnie, fuppofant ne fçavoir que la fimple *Addition*, & *Souftraction des livres, fols & deniers*, voulant exécuter l'exemple cy à côté, fuivant la Méthode des partages, 372. & 373.

Et vous trouverez les Réponfes cy-contre.

Notez que l'on pourroit exécuter par cette même Méthode des contributions fi groffes & fi petites que l'on fouhaiteroit, quand même il y auroit beaucoup d'articles de Créances, j'avoue qu'elle eft longue, mais auffi qu'elle eft facile.

D O N T

La Regle & l'execution est au feuillet suivant.

E X E M P L E.

On suppose seulement trois Créanciers qui ne trouvent à partager que la somme de 3336 liv. 14 : 2 d. ils demandent combien ils en doivent chacun prendre à proportion de leurs Créances ; sçavoir,

Le *Premier* est *Créancier de* 8663 liv. 3 s. 10 d.
Le *Second* est *Créancier de* 5621 liv. 17 s. 4 d.
Le *Troisiéme* est *Créancier de* 600 liv.
   TOTAL des Créances 14885 liv. 1 : 2 d.

Et par l'exécution des deux pages suivantes, vous trouverez par de simples *Additions & Soustractions* qu'il vient desdites 3336 liv. 14 : 2 d. à repartir ; sçavoir,

   au Premier Créancier 1941 liv. 19 s. 6 d.
   au Second Créancier 1260 liv. 4 : 5 d.
& *au Troisiéme Créancier* 134 liv. 9 : 11 d.
   PREUVE au Total
de la somme à répartir . . . 3336 liv. 13 s. 10 d.

Il y a 4 deniers de manque, voilà les plus grosses differences que l'on trouve par cette Méthode.

Dans l'exemple précédent les 14885 liv. 1 ſ. 2 d. total des Créanciers, ne trouvent à partager ou à toucher que la ſomme de 3336 liv. 14 ſ. 2 d. leſdites deux ſommes il faut mettre ſur une même ligne pour former la Table cy à côté, leſquelles étant miſes, il faut enſuite prendre ſimplement la MOITIE' & la MOI-TIE' de la MOITIE', ſur leſdites deux ſommes juſqu'à ce qu'il ne ſe trouve plus qu'un d. de produit, c'eſt à-dire, ſuivant ledit Exemple vous trouverez à la derniere ligne que 6 deniers de Créance ne touchent que I d. & demi.

La TABLE étant ainſi faite.

Il faut prendre dans la colonne des Créances, les ſommes les plus approchantes, pour former la ſomme de Créance des Créanciers l'un après l'autre, en mettant pareillement la ſomme qu'il doit toucher de la ſeconde Colonne, & qui eſt ſur la même ligne.

EXEMPLES.

Pour les 8663 l. 3 ſ. 10 d. du Premier Créancier, il faut

prendre 7442 l. 10 ſ. 7 d. qui fait toucher 1668 l. 7 ſ. 1 d.
       930: 6: 3 d. qui fait toucher 208: 10: 10:
      232: 11: 6 d. qui fait toucher 52: 2: 8:
       58: 2: 10 d. qui fait toucher 13: 0. 8:

les Add. 8663: 11: 2 d. . . . . 1942: 1: 3 d.
ôter . . . . 9 ſ. 1 d. qui fait toucher   2 ſ.

Reſte 8663 l. 2 ſ. 1: . . . . 1941 l. 19: 3:
&   1 ſ. 7 d. qui fait toucher   5:

le 1 C. de 8663 l. 3 ſ. 8 d. touchera . . . . 1941 l. 19: 8:

Exemple pour les 5621 l. 17 ſ. 3 d. du 2 Crean. prenez,
les lignes 3721 l. 5 ſ. 3 d. qui fait toucher 834 l. 3 ſ. 6 d.
    1860 l. 12 ſ. 7 d. qui fait toucher 417 l. 1 ſ. 9 d.
     29 l. 1 ſ. 5 d. qui fait toucher 6 l. 10 ſ. 4 d.
      7 l. 5 ſ. 4 d. qui fait toucher 1 l. 12 ſ. 7 d.
& les 3 l. 12 ſ. 8 d. qui fait toucher   16 ſ. 3 d.

le 2 C. de 5621 l. 17 ſ. 3 d. touchera . . . 1260 l. 4 ſ. 5 d.

Exemple pour les 600 l. du 3 Créancier, prenez,
les lignes 465 l. 3 ſ. 1 d. qui fait toucher 104 l. 5 ſ. 5 d.
    116 l. 5 ſ. 9 d. qui fait toucher 26 l. 1 ſ. 4 d.
    14 l. 10 ſ. 8 d. qui fait toucher 3 l. 5 ſ. 2 d.
    3 l. 12 ſ. 8 d. qui fait toucher   16 ſ. 3 d.
       9 ſ. 1 d. qui fait toucher   2 ſ.

les Addit. 600 l. 1 ſ. 3 d. . . . . 134 l. 10 ſ. 2 d.
ôter . . . 1 ſ. 3 d. qui fait toucher . . . . 3 d.

le 3 C. de 600 l. . . . . . . touchera . . . . 134 l. 9 ſ. 11 d.

Pour faire les CONTRIBUTIONS
fans fçavoir *La Regle de Compagnie ,*
La Regle de Trois
La Divifion ,
Ni même *La Multiplication.*
Table faite par Moitié de Moitié.

Total des Créances.   Somme à répartir.

14885 l. 1 f. 2 d. doit toucher	3336 l. 14: 2 d.
7442 : 10 : 7 d. doit toucher	1668 : 7 : 1 :
3721 : 5 : 3 d. doit toucher	834 : 3 : 6 :
1860 : 12 : 7 d. doit toucher	417 : 1 : 9 :
930 : 6 : 3 d. doit toucher	208 : 10 : 10 :
465 : 3 : 1 d. doit toucher	104 : 5 : 5 :
232 : 11 : 6 d. doit toucher	52 : 2 : 8 :
116 : 5 : 9 d. doit toucher	26 : 1 : 4 :
58 : 2 : 10 d. doit toucher	13 : 0 : 8 :
29 : 1 : 5 d. doit toucher	6 : 10 : 4 :
14 : 10 : 8 d. doit toucher	3 : 5 : 2 :
7 : 5 : 4 d. doit toucher	1 : 12 : 7 :
3 : 12 : 8 d. doit toucher	: 16 : 3 :
1 : 16 : 4 d. doit toucher	: 8 : 1 :
18 l. 2 d. doit toucher	: 4 f. 0 :
9 l. 1 d. doit toucher	: 2 f. 0 :
4 f. 6 d. doit toucher	: 1 f. 0 :
2 f. 3 d. doit toucher	6 :
1 f. 1 d. doit toucher	3 :
6 d. doit toucher	1 : ⅕

FIN

de la Table faite par moitié de moitié , fur laquelle on prend
fur la Premiere colomne de chiffrer les fommes de Créances ,
ou celles qui la peuvent compofer.

    Et prendre en même temps fur la même ligne la fomme
qu'il vient dans la feconde colomne , & ce pour former la
fomme que doit toucher le créancier dont on fait le calcul
ainfi qu'il a pratiqué cy à côté.

DU POIDS & TITRE de l'OR & DE L'ARGENT.

Avant que de parler des Alliages, il convient établir le *Poids* & le *Titre* de l'or & de l'argent.

DU POIDS.

Le MARC d'or ou d'argent pese 8 onc. ou ½ ℔ pesans;
l'ONCE . . . . 8 gros.
le GROS . . . . 3 deniers ou 72 grains
le DENIER poids de Marc pese 24 grains.

DU TITRE DE L'OR.

L'OR *parfait* est à 24 Karats de fin.
le Karat se divise en 32-trente-deuxiémes.
ou 64-soixante-quatriémes.

DU TITRE DE L'ARGENT.

l'Argent parfait est à 12 deniers de fin,
le Denier se divise en 24 grains de fin.
le Grain de fin . . en 32-trente-deuxiémes de fin.

Du Titre des Especes courantes.
Le Titre de l'Or des Louis d'or est à 22 Karats de fin;
le Titre des Ecus d'argent & partie,
l'argent est à 11 Deniers de fin.
le Titre des pieces de 10 ſ. & de
4 ſ. . . . . sont à 10 Deniers de fin.

Du poids des Louis & Ecus de nouvelle fabrique & autres Especes courantes.

les 30 Louis d'or . . . . pesent juste un Marc;
les   8 Ecus d'argent . . . . pesent juste un Marc,
les 77 Pieces ½ de dix sols pesent juste un Marc,
les 150 Pieces de quatre sols pesent juste un Marc,

NOTA. *A cause du remede accordé par le Roy, il y a quelquefois 79 pieces de 10 ſ. au Marc & à proportion des autres.*

Quand l'on dit voilà un Marc d'or à 23 Karats ¼ de fin.

Il faudroit dire pour parler plus juste, voilà un Marc d'or où il y a

7 Onces 6 gros d'or fin parfait

         &   2 gros d'alleage.

Sur L'ARGENT de même.

Quand l'on dit voilà un Marc d'argent à 11 den. 12 grains de fin.

Il faudroit dire pour parler plus juste, voilà un Marc d'argent où il y a

7 Onces 5 gros 1 denier d'argent fin.

         &   2 gros 2 deniers d'alleage.

DES AFFINAGES.

L'on ne peut jamais affiner l'or jusqu'à 24 Karats de fin, ni l'argent jusqu'à 12 deniers de fin, y ayant toujours un peu d'alleage.

Car si l'or venoit à 24 Karats de fin.

     & l'argent à 12 deniers de fin, ces matieres seroient maniables & non cassantes.

Moins il y a du fin dans la matiere, plus elle est aigre & facile à casser.

Un Affineur reçoit en compte en trente-deuxié-mes de fin, ou en Karats pour l'or, ou en grains de fin pour l'argent, & lors de la délivrance des matieres affinées on les reprend en compte, de même qu'elles ont été données en compte, voyez aux feuillets 376. 377. 378. 379.

L'on donne à un Affineur deux lingots d'or à bas titre pour les affiner à 22 Karats de fin, & ce pour fçavoir combien ledit Affineur en doit rendre de Marc.

Il faut premierement réduire en 32-xiémes de Karats chacun defdits 3 titres, en multipliant les Karats par 32. y ajoutant les trente-deuxiémes qui font à côté, & vous trouverez que

les 22 Karats font 704 32-xiémes de K. de fin.

19 K. $\frac{12}{34}$ font 620 32-xiémes de K. de fin.

& les 17 K. $\frac{16}{32}$ font 560 32-xiémes de K. de fin.

Enfuite multiplier les Marcs & parties par leurs titres, fçavoir.

Les 17 Mar. 6 onces par ces 620 32-xiémes de K. & les 4 Mar. 3 on. $\frac{1}{2}$ par ces 560 32-xiémes de K. que chaque Marc contient de fin, viendra,

11005 trente-deux de K. que le 1 lingot contient,
& 2485 trente-deux de K. que le 2 lingot contient,

font 13490 trente-deux de K. de fin que contiennent lefdits deux lingots.

Lefquels 13490. faut divifer par les 704. trente-deuxiémes de K. que contient le Marc d'or fin à 22 K. qu'on veut avoir, la-fous-divifion vous donnera 19 Marcs, 1 once 2 gros $\frac{4}{7}$ d'or fin à 22 Karats de fin, que ledit Affineur doit rendre pour le produit defdits deux lingots d'or.

Un Affineur reçoit deux Lingots d'or pour les affiner à 22 Karats de fin ; sçavoir ,

17 Marcs 6 onces au titre de 19 Karats $\frac{12}{32}$ de fin ,

& 4 M.　3 on. $\frac{1}{2}$ au titre de 17 Karats $\frac{16}{32}$ de fin ,

lefd. 22 M. 1 on. $\frac{1}{2}$ d'or , étant affiné à 22 Karats de fin ne font que 19 *Marcs* 1. *On.* 2 *gros* $\frac{4}{11}$ *d'or fin.*

22 Karats		19 K. $\frac{12}{32}$	17 K. $\frac{16}{32}$
32		32	32
44		38	34
66		57	51
704 trente-deuxiémes		12	16
		620	560

17 M. 6 On.　4 M. 3 On. $\frac{5}{2}$

à 620.　　a 560.

11		340	2240
454		102	140
3498	19 Marcs	310	70
10416 704		155	53
633		11005	2485
8			
912			

p. Lingot 11005.

2. Lingot 2485.

208		
912	1 Once	
1104 704		
8		
1664		

Total 13490 trente-deuxiémes de Karats de fin.

256	
1664	2 Gros & $\frac{256}{704}$ ou $\frac{64}{176}$ ou $\frac{8}{22}$ ou $\frac{4}{11}$
1408 704	

INSTRUCTION.

L'on donne à un Affineur un Lingot d'argent de
137 Marcs 7 onces ⅛ au titre de 9 deniers 16 grains
de fin , & ce pour l'affiner à 11 deniers 12 grains
de fin , ſçavoir combien ledit Affineur en doit
rendre de Marcs.

Il faut comme au feuillet précédent réduire en
grains les deniers de fin , leſdits deux titres en multipliant les deniers par 24. y ajoutant les grains
qui ſont à côté , & vous trouverez
que les 11 deniers 12 grains font 276 grains de fin,
& les 9 deniers 16 grains font 232 grains de fin,

Enſuite multiplier les Marcs & parties par ſon
titre en grains , c'eſt-à-dire , multiplier les 137
Marcs 7 Onces ⅛ par 232 grains de fin que chaque
Marc contient , viendra 32001 grains ⅓ de fin qu'on
a donné à l'Affineur.

Leſquels 32001 grains ⅓ faut diviſer par les 276
grains de fin que contient le Marc de l'argent fin
qu'on veut avoir , la Sous-diviſion donnera 115
Marcs 7 Onces ⁴⁰⁄₆₉ l'argent fin au titre de 11 deniers
12 grains de fin que l'Affineur doit rendre.

Pour la PREUVE.

Il ne faut que multiplier leſdits 115 Marcs 7 Onces ⁴⁰⁄₆₉ par les 276 grains de fin que contient chaque Marc , viendra la quantité de 32001 grains ⅓
de fin , pareil nombre qu'on avoit donné cy-deſſus
à l'Affineur , & par conſéquent la Preuve.

AFFINAGE D'ARGENT PROUVÉ.

Un Affineur reçoit un Lingot de 137 Marcs 7 onces $\frac{1}{2}$ d'argent au titre de 9 deniers 16 grains de fin, pour affiner à 11 deniers 12 grains de fin, titre de l'argent que les Orfévres employent, sçavoir combien ledit affinage doit rendre de Marcs.

Réponse 115 Marcs 7 Onces $\frac{40}{69}$

REGLES.

11 deniers 12 grains	9 deniers 16 grains
24	24
44	216
22	16
12	232 grains.
276 grains.	

137 M. 7 On. $\frac{1}{2}$
232 grains.

PREUVE.

115 M. 7 onces $\frac{40}{69}$
par 276 grains de fin.

274	690	
411	805	276
274	230	40
116	138	11040
58	69	
29	34 $\frac{1}{2}$	44
14 $\frac{1}{2}$	20.	11040 | 160

32001 g. $\frac{1}{4}$ de fin.   32001 g. $\frac{1}{2}$ 694 \| 69

lesquels grains   44 \|
sont de pareille
quantité   160 Onces,
                             ou 20 M.

2
466
4441
32001 \| 115 M. 7 Onces
27660 \| 76   160
278   2092 \| 7 Onces.
138
2092   1932 \| 276

$\frac{160}{276}$ ou $\frac{40}{69}$

Il faut réduire chacun des trois Lingots en *tren-te-deuxiémes de Karats de fin* de même qu'à l'affinage d'or feuillet 377.

Le 1 Lingot de 1 M. 4 On. d'or en donnera 1134
Le 2 Lingot de   7 On. 4 gros en donnera 630
& Le 3 Lingot de 1 M. 6 On. 4 gros en donnera 1160

Ainſi les 4 Marcs 2 Onces d'or donneront 2924 trente-deuxiémes de Karats de fin.

Enſuite dites par Regles de Trois.

Si 4 M. 2 On. donne 2924 *trente-deuxiém. comb.* 1 M.
Ou bien diviſez comme cy à côté leſdits 2924. trente-deuxiémes de Karats de fin par leſdits 4 Marcs 2 Onces.

Pour faire cette diviſion il faut réduire le nombre à diviſer, & le diviſeur en la plus baſſe partie, c'eſt-à-dire en huitiémes à cauſe des 2 Onces qui ſont à côté des 4 Marcs.

Viendra pour le nombre à diviſer 23392 & pour le diviſeur 34. faiſant enſuite la diviſion qui donnera 688-*trente-deuxiémes de Karats de fin pour titre commun.*

Leſquels 688-*trente-deuxiémes de Karats de fin* réduits en *Karats*, en diviſant par 32 viendra pour la *Réponſe* : 1 Karats, $\frac{16}{32}$ *de fin*, à quoi tout ledit or reviendra étant mis en fonte.

Un Directeur des Monnoyes ou un Maître Or-
févre a trois petits Lingots de differens poids & à
differens titres ; sçavoir,

1 M. 4 On. d'or au titre de 23 Karats $\frac{20}{32}$ de fin,
7 On. 4 g. au titre de 21 Karats de fin,
1 M. 6 On. 4 g. au titre de 20 Karats de fin qui
font 4 Marcs 2 Onces d'or, qui étans mis & fondus
ensemble dans un creuset, sçavoir à quel titre de fin
ils viendront. *Réponse au titre de 11 Karats $\frac{16}{32}$ de fin.*

REGLES.

23 Karats $\frac{20}{32}$	21 K	20 K
32	32	32
46	42	640 pour Marc.
69	63	par 1 M. 6 On. 4 g.
20	672 p. M. 640	
756 po. M.	par 7 on. 4g 320	
par 1 M. 4 On.	336	160
756	168	40
378	84	1160
1 lin. 1134.	42	
1 lin. 630.	630	
3 lin. 1160.		

REGLES.

2924 trente-deux. de K de fin p. les 4 M. 2 On.
8 2 $\frac{8}{34}$

$\cancel{297}$

23392 $\cancel{23392}$ 688 trente-deux. de K de fin.

$\cancel{20422}$|34 1
$\cancel{277}$ 46
2 688|21 K $\frac{16}{32}$ de fin.

642|32
3

INSTRUCTION

Il faut premierement voir combien il *manque de* 32-*deuxiémes de Karats de fin par Marc* du titre de 21 Karats $\frac{16}{32}$, (*titre le plus bas*) d'avec celui qu'on veut avoir de 22 Karats (*Titre moyen*) vous trouverez qu'il y a 16-*trente-deuxiémes de Karats de fin de manque par Marc*, qu'il faut multiplier par les 4 Marcs 2 Onces, viendra 68-*trente-deuxiémes de Karats de fin de manque en tout*.

Il faut ensuite voir de combien l'Or fin qui est à 23 K. $\frac{8}{32}$ (*le plus haut*) excede les 22 Karats titre moyen, vous trouverez qu'il excede de 1 *Karat* $\frac{8}{32}$ ou de 40 *trente-deuxiémes de K. de fin par Marc*.

Il reste à diviser les 68 DE MANQUE par les 40 d'EXCEDANT, la sous division donnera pour la RE'PONSE *que l'on cherche* 1 *Marc* 5 *Onces* 4 *gros* 57 *grains* $\frac{2}{3}$ qu'il faut *au titre de* 23 Karats $\frac{8}{32}$ *de fin* pour mettre avec les 4 *Marcs* 2 *Onces d'or bas au titre de* 21 Karats $\frac{16}{32}$ *de fin*.

Qui feront ensemble 5 *Marcs* 7 *Onces* 4 *gros* 57 *grains* $\frac{2}{3}$ d'or à 22 *Karats de fin*, titre auquel les Maîtres Orfevres travaillent à Paris.

L'alleage du feuillet précedent avec celui-cy, ne font qu'un alleage d'or.

J'ay les 4 Marcs 2 Onces d'or au titre de 21 Karats $\frac{16}{32}$ de fin , de la fonte du feuillet prêcedent que je veux allayer à 22 Karats de fin.

Sçavoir combien il faut mettre dans la nouvelle fonte d'un autre Lingot d'or, que j'ay au titre de 23 Karats $\frac{8}{32}$ de fin.

Réponse 1 Marc 5 On. 4 gros 57 grains $\frac{2}{3}$ d'or fin au
titre de 23 Karats $\frac{8}{32}$

REGLES.

de 21 Karats $\frac{16}{32}$
à 22 Karats
_____

manque . . . 16 trente-deuxiémes de fin pour Marc.
par 4 Marcs 2 Onces.
_____

64
4
_____

manque 68-trente deuxiémes de K de fin.

Le Lingot à 23 K. $\frac{8}{32}$
Excede celui à 22 K.

28

68| 1 Marc
40| 40
8|

De . . . 1 K $\frac{8}{32}$ de fin.
ou de 40.trente-deux.
de Karats de fin pour M

224

224| 5 Onces.
200| 40
8|
_____
192

32
192| 4 Gros
160| 40
_____
72
64
_____
224

24|
2304| 57 grains
2000| 40
28 | $\frac{24}{40}$ ou $\frac{3}{5}$
_____
2304

FONTE.

les 4 M 2 On. . . . . d'or à 21 K. $\frac{16}{32}$ de fin
avec les 1 M 5 On. 4 g. 57 grains $\frac{2}{3}$ d'or à 21 K $\frac{48}{32}$ de fin
feront 5 M 7 On. 4 g. 57 grains $\frac{2}{3}$ d'or à 22 Kar. de fin

Il faut premierement voir combien il manque de grains de fin par Marc du titre de 10 deniers 16 grains (*titre le plus bas*) d'avec celui qu'on veut avoir qui eſt à 11 deniers 12 grains (*titre moyen*) vous trouverez qu'il y a 20 *grains de fin de manque par Marc* , qu'il faut multiplier par les 3 Marcs 5 Onces viendra 72 grains $\frac{1}{2}$ de fin de manque en tout.

Il faut enſuite voir de combien le fin argent qui eſt au titre de 11 deniers 20 grains (*titre le plus haut*) excede leſdits 11 deniers 12 grains , titre moyen , vous trouverez qu'il excede de 8 *grains par Marc.*

Il reſte à diviſer les 72 grains $\frac{1}{2}$ de manque par les 8 grains d'excédant ou prendre le huitiéme , viendra pour la Réponſe 9 *Marcs* 0 *Onces* 4 *gros* qu'il faut au *titre de 11 deniers 20 grains* , pour mettre avec les 3 *Marcs* 5 *Onces d'argent bas* , *au titre de 10 deniers 16 grains de fin.*

Qui feront enſemble 12 *Marcs* 5 *Onces* 4 *gros d'argent au titre* de 11 *deniers* 12 *grains de fin* , titre auquel les Maîtres Orfévres travaillent à Paris.

ALLEAGE

J'ay 3 Marcs 5 Onces d'argent au titre de 10 deniers 16 grains de fin.

Que je veux allayer au titre de 11 deniers 12 grains de fin.

Sçavoir combien il faut mettre dans la fonte d'un autre Lingot d'argent fin que j'ai au titre de 11 deniers 20 grains de fin.

Réponse 9 Marcs 4 gros d'argent au titre de 11 den. 20 grains de fin.

REGLES.

de 10 d. 16 grains ;
à 11 d. 12 grains.

| manque | 20 grains de fin pour Marc. |
| par | 3 Marcs 5 Onces. |

60
10
2. $\frac{1}{2}$

manque   72 grains $\frac{1}{2}$ de fin.

Le Lingot à 11 d. 20 grains
excede celui à 11 d. 12 grains.

De   8 grains
de fin pour Marc.

Il faut diviser 72 grains $\frac{1}{2}$ par 8, ou prendre le 8tiéme, sera   9 Marcs 0 Onces 4 gros *pour la Réponse.*

FONTE.

Les 3 M. 5 On. d'argent à 10 d. 16 grains de fin
avec les 9 M. 0   4 gros   à 11 d. 20 grains de fin
feront 12 M. 5 On. 4 gros   à 11 d. 12 grains de fin.
La Preuve est au feuillet suivant.

K k

INSTRUCTION.

Il faut faire des réductions en grain de fin, comme à l'affinage d'argent, feuillet 379.

En commençant à réduire en grains de fin les deux titres des deux Lingots qu'on met dans la fonte, ce qui se fait en multipliant les deniers de fin par 24. y ajoutant les grains, vous trouverez que les 10 deniers 16 grains de fin, font 256 grains par Marc qu'il faut multiplier par les 3 Marcs 5 Onces dudit premier Lingot, vous trouverez 928 grains de fin, que contient ledit Lingot.

Vous en userez de même au second Lingot qui est de 9 Marcs 0. 4 gros au titre de 11 deniers 20 grains de fin, viendra 2573 grains ¼ de fin que ledit Lingot contient.

Les 928 grains du premier Lingot,
avec les 2573 grains ¼ du second Lingot, feront en tout
3501 grains ¼ de fin qu'il y a dans ladite fonte.

LA PREUVE

Se trouve en réduisant de même les 11 deniers 12 grains de fin par Marc, en grains, fera 276 grains par Marc, multipliez par les 12 Marcs 5 Onces 4 gros qu'il y a à ce titre, vous trouverez juste les 3501 grains ¼ de fin qu'il y a dans ladite fonte, ce qui fait la Preuve.

Suivant l'alleage d'argent précedent l'on trouve,
qu'à   3 M. 5 On. d'argent à 10 d. 16 grains de fin
Il faut 9 M. o On. 4 gros à 11 d. 20 grains de fin
po. av. 12 M. 5 On. 4 gros à 11 d. 12 grains de fin

Exécution de ladite Preuve.

10 d. 16 grains de fin   11 d. 20 gr. de fin.
24   24

240   44
16   22
                                20
256 grains par Marc.
pour   3 Marc 5 Onces.   284 grains par Mar.
768   pour   9 Marcs o. 4 gros.
128   2556
32   35. $\frac{1}{2}$
1 lin. 928 *grains   de fin*   17. $\frac{3}{4}$
2 lin. 2573 *grains* $\frac{3}{4}$ *de fin*   2573 $\frac{3}{4}$

font 3501 *grains* $\frac{3}{4}$ *de fin qu'il y a dans les deux Ling.*
11 d. 12 grains de fin
24

44
22
12

276 grains par Marc
pour   12 Marcs 5 Onces 4 gros.

552
276
138
34 $\frac{1}{2}$
17 $\frac{1}{4}$

PREUV 3501 grains $\frac{3}{4}$ de fin qu'il y a dans la
fonte.

K k ij

Il faut ajouter les deux Diamétres 30 & 26. sera 56 pouces, dont la moitié donnera 28 pouces pour le Diametre commun, qu'il faut multiplier par lui-même, c'est-à-dire, par 28, & le produit 784. le multiplier encore par les 40 pouces de haut, viendra 31360 qu'il faut toujours diviser par 490. viendra pour *Réponse* 64 *septiers chacun de 8 pintes, mesure de Paris.*

Cette Méthode est pratiquée journellement suivant l'exécution cy à côté.

Mais GEOMETRIQUEMENT il faudroit multiplier les 28 *pouces de diamétre* du Cercle commun du moyen proportionnel par 3 ⅐ pour avoir la *circonference* qui est 88 pouces.

Ensuite multiplier *le quart de ladite* circonference qui est 22 par les 28 de diametre, viendra 616 *pouces.*

Puis multipliez lesdits 616 pouces de superficie par les 40 *pouces de haut*, donnera 24640 *pouces cube* qu'il faut réduire en pied cube, en les divisant par 1728 pouces qu'il y a dans le pied, viendra 14 *Pieds* $\frac{7}{27}$ *cube*, chacun desquels étant compté de 35 *pintes mesure de Paris*, feront 499 *pintes* $\frac{2}{27}$ ou 62 *septiers* $\frac{83}{216}$.

Ainsi Géométriquement ladite Cuve contiendroit un septier $\frac{133}{216}$ de moins que la pratique cy-dessus donnée.

J'ai donné ces deux differentes Méthodes pour contenter les deux Parties.

NOTEZ qu'une Futaille ou Tonneau est regardé comme deux petites Cuvettes, en considérant le Tonneau scié au bondon en deux parties égales.

L'on veut Jauger une Cuve qui a 30 pouces de diamétre au Cercle de son ouverture 16 pouces de diamétre au Cercle du fond, & 40 ouces de hauteur, à compter depuis le grand diamétre jusqu'au petit.

Sçavoir combien ladite Cuve contient de septiers de huit pintes, mesure de Paris.

Réponse 64 septiers.

REGLE.

30 pouces G. D.
26 pouces P. D.
_____

56 pouces,

la moitié 28 pouces Diametre commun.
par 28 pouces.
_____

224
56
_____

784
par 40 pouces de haut.
_____

31360

490
31360 | 64 septiers chacun de 8 pintes que
29400 | 490   la susdite Cuve contient.
490

K k iij

Il faut fuppofer deux nombres tels qu'on voudra, comme 800 & 1200 & faire fur iceux le calcul, comme s'il étoit le véritable nombre de muids qui eft dans le Magafin, c'eft-à dire,

Tripler les 800 (*de la premiere fuppofition*) fera 2400. en ôter les 40 DE MOINS reftant 2360 auquel nombre ajoutant 'on CINQUIE'ME qui eft 472 viendra 2832 & faudroit qu'il vint 4000.

Defquels deux nombres faifant la Souftraction, vous trouverez qu'il y a de MOINS 1168.

Faifant de même fur les 1200 (*de la feconde fuppofition*) vous trouverez qu'il viendra 4272 & *ne faudroit que* 4000.

Defquels deux nombres faifant la Souftraction, vous trouverez qu'il y a de PLUS 272.

Lefquelles deux differences faut mettre en ordre, difant les 800 de la r'fupofition don. 1168 de MOINS,

& les 1200 de la 2 fupofition don. 272 de PLUS. la pofition étant ainfi faite de ces quatre Nombres, il faut faire une croix entr'eux qui montre les Nombres qui fe doivent multiplier, c'eft-à-dire,

les 800 par 272 viendra   217600
& les 1200 par 1168 viendra 1401600

lefquels prod. faut AJOUTER fera 1619200 pour le Nombre à divifer,

Et pour fon divifeur il faut pareillement AJOUTER les deux differences fera 1440.

Parce qu'il faut toujours AJOUTER *pour former le Nombre a divifer & le Divifeur quand les* DIFFE-RENCES *font compofées de* PLUS & MOINS *ou de* MOINS & PLUS.

Et lors qu'elles font compofées de PLUS & PLUS *ou de* MOINS & MOINS, *il faut* SOUSTRAIRE *le petit du grand, au lieu de les ajoûter comme on fait cy à côté.*

Enfuite il faut divifer les 1619200 par 1440 viendra pour la *Réponfe* 1124 *Muids* ⁴⁄₉ qu'il y a dans le magafin.

Voyez la REGLE & la PREUVE cy à côté.

Je vous avoue que c'eft contre mon deffein que j'ai mis cette Regle, n'étant pas des plus utiles.

REGLES DE DEUX FAUSSES POSITIONS.
EXEMPLE.

Je fçai que dans un Magafin de Bled, que fi on
TRIPLOIT les Muids qui y font MOINS 40 MUIDS,
& au total y ajoutant fon CINQUIE'ME, il y auroit 4000 Muids.

Sçavoir la jufte quantité de Muids qu'il y a dans
ledit Magafin. *Réponfe 1124 Muids $\frac{4}{9}$*

REGLE.

800 pour la 1 fupof.	1200 pour la 2 fup.
par 3	par 3
Eft 2400.	Eft 3600
moins 40 Muids	moins 40 Muids.
Refte 2360. avec fon Cinq	reft. 3560. avec fon Cin:
qui eft 472	eft 712 4272
font 2832 au lieu de 4000	fo. 4272 au li. de 4000
2832	PLUS 272

MOINS 1168

217600   1401600   1200
                               1168

800   800 donne 1168 MOINS   ⨯
par 272   1401600
                1200 donne 272 PLUS
217600

                1440 divifeur
        217600
        1401600

Total 1619200 Nombre à divifer.

766
71574   1124 $\frac{4}{9}$
161920o   1124 Muids $\frac{4}{9}$ par 3

344900|1440   3373 $\frac{1}{3}$
14436| moins   40 Muids.

287
5 $\frac{640}{1440}$ Refte 3,33 $\frac{1}{3}$ av. fon C.
                          qui eft 666 $\frac{2}{3}$
$\frac{64}{144}$ ou $\frac{1}{21}$ ou $\frac{4}{9}$ montent 4000 Muids.

INSTRUCTION.

Il faut premierement pofer la racine quarrée comme à l'ordinaire, & l'exécuter de même qu'au feuillet 217.

En laiffant un 'efpace entre le nombre 41111. qui eft à extraire la Racine, & fon produit ou fa Racine.

Si l'on veut avoir des *Dixiémes* de la Fraction, il faut mettre dans cet efpace confterné *deux zeros*, pour avoir des *Céntiémes quatre zeros*, pour avoir des millièmes fix zeros, &c.

Puis continuer à faire la Racine quarrée comme l'on a commencé, ce qui en viendra le faut mettre à côté du produit après le mot d'*Entier* ou autre, comme il fe voit executé à la feconde Regle cy à côté, où vous trouverez que la Racine de 41111. eft 202 en $\frac{752}{1000}$.

Si on avoit voulu pouffer à 10000 ou à 100000 la Fraction pour la rendre plus parfaite, il auroit fallu continuer comme cy-deffus à augmenter de deux en deux zeros.

Notez pour la Fraction de la Racine cube, il faut augmenter de trois en trois zeros, au lieu de deux en deux de l'ordre cy-deffus.

Il eft bon de fçavoir que l'on n'a jamais formé, ni jamais l'on ne formera du refte de la Racine quarrée ou cube, la Fraction parfaite.

RACINE QUARRE'E
avec sa Fraction la plus approchante.

EXEMPLES.

Extraire la Racine quarrée de 41111. sçavoir sa Racine avec sa Fraction.

Réponse 102 $\frac{758}{1000}$.

```
          |3|07
    4|11|11 ( 102 Entiers.
    2 40 24
       4
```

```
              |19|
         |23|43|34|
      3|07|71|75|36|
   4|11|11|00|00|00 ( 202 Ent. 758 milliémes.
   2 40 24 40 45 08
     4 40 05 55
       4 40
```

Pour faire les preuves des Racines quarrées il ne faut que multiplier le produit par lui-même, & y ajouter le reste, faut qu'il vienne juste le Nombre dont on a extrait la Racine quarrée.

La premiere chofe eft de retrancher de trois en trois chiffres, commençant par la droite allant à la gauche, le Nombre dont on veut extraire la racine Cube qui eft 25123.

Les chiffres qui reftent après ces retranchés, comme font les 25 à l'Exemple cy-contre, duquel nombre 25 il faut chercher fur la Table l'Extraction de la Racine Cube.

Vous trouverez que ce n'eft que 2. parce qu'il faudroit 27. pour être 3. il ne faut mettre que 2. au produit de la Racine Cube, & 8 au-deffous des 25. le refte fera 17 qu'il faut mettre au-deffus.

Cette premiere action eft unique dans chaque Racine Cube & fe fait toujours de même ordre.

Enfuite l'ordre de trois en trois fe trouve toujours refpecté, fçavoir par une ligne de divifion & deux de Souftraction.

I. Pour former le Divifeur (*qui eft la premiere Action qui fe fait à chaque retranché*) il faut toujours *quarrer* tous les chiffres du produit qui fe trouve à la Racine Cube & multiplier auffi le produit qui viendra toujours par 3 qui donnera le Divifeur, *le pofer comme cy à côté, & divifer à l'Efpagnole comme au feuillet* 225.

II. Pour former le nombre à fouftraire pour la premiere fouftraction qui fuit la Divifion (*qui eft la feconde action de chaque retranché*) il faut toujours *quarrer* le dernier chiffre du produit de la Racine Cube, ce qui en vient le multiplier par tous les autres chiffres qui précedent au produit de la Racine, & ce dernier produit, le multiplier toujours par 3. *le pofer comme cy à côté, & fouftraire en mettant le refte en haut.*

III. Pour former le nombre à fouftraire de la feconde fouftraction qui fuit la divifion (*qui eft la troifiéme action de chaque retranché*) il faut fimplement cuber le dernier chiffre du produit de ladite Racine Cube, *le pofer comme cy à côté, & fouftraire en mettant fon refte en haut.*

Pratiquant cet ordre dans chaque retranché de trois en trois chiffres, le pofant & exécutant comme cy à côté, on fera toutes fortes de Racine Cube fi grande qu'elle foit.

Ainfi la Racine Cube de 25123 *eft* 29. & 734 *de refte.* Pour la PREUVE il faut cuber les 29 du produit, c'eft-à-dire, multiplier 29. par 29. & le produit 841 par 29. y ajoûtant les 734. de refte, vous retrouverez jufte les 25123 dont on a extrait la Racine Cube.

J'avoue que cette Regle eft abftraite,

RACINE CUBE.

EXEMPLE.

Extraire la Racine Cube de 25123.

Réponse 29.

TABLE. la Racine Cub.	feule Action.	Divif.	1 Souf- traction.	2 Souf- traction.
de 1 eft 1				
de 8 eft 2	2	2	9	9
de 27 eft 3	2	2	9	9
de 64 eft 4	4	4	81	81
de 125 eft 5	2	par 3	2	9
de 216 eft 6	8	12	162	719
de 343 eft 7			par 3	
de 512 eft 8			486	
de 729 eft 9				

2	7
6	43
27	364
25	123

(29 pour Racine.

		PREUVE.
Seule action	8 : : :	29
Divifion . . . . 12 : :	29
1. Souftraction . . . . 486 :	
2. Souftraction 729	261
	58
	841
	29
	7569
	1682
Refte	734
	25123

Le dixiéme d'une année entiere a été payé fur le Revenu d'un feul quartier ; le dixiéme payé, il eft refté de ce quartier 1080 liv. il s'agit de trouver combien cette Maifon eft louée par an.

Une fimple fuppofition rend cette opération bien facile.

Suppofant une Maifon louée 6000 liv. il eft certain qu'un quartier de cette Maifon raporteroit 1500 liv. le Dixiéme de cette Maifou monteroit pour une année à 600 liv. diminuant 600 liv. fur les 1500 liv. il refteroit 900 liv.

Ces 900 liv. font à 6000 liv. ce que 1080. font à la Réponfe que l'on fouhaite trouver. Ces 900 liv. font l'excédent du quartier fur lequel on a diminué une année de Dixiéme de la Maifon louée 6000 liv. de même que les 1080 liv. font l'excédent d'un quartier fur lequel on a diminué une année de Dixiéme de la maifon dont on ignore le loyer d'un an. Ainfi, pour trouver le loyer inconnu, il ne faut que faire une petite Regle de Trois en difant ,

Si 900 liv. viennent d'une Maifon louée 6000 liv. de combien peuvent venir 1080 liv.

Cette Regle de Trois donne pour Réponfe 7200 liv.

Pour faire la Preuve il faut pofer
>   Une Maifon louée   7200 liv.
>   Un feul quartier donne   1800

diminuant fur ce quartier une année
de Dixiéme de cette maifon
montant à   720
                                  _____
Il refte de ce quartier.   1080 l. Preuve.

REGLE

REGLE IMAGINE'E
à l'occafion du Dixiéme.

Un Locataire a payé fur un feul quartier de la maifon qu'il loüe, le Dixiéme d'une année entiere; &, le Dixiéme payé, il eſt reſté dans les mains de ce Locataire 1080 livres qu'il a comptées au Pro-retai re.

On demande combien cette maifon eſt loüée par cha que année.

Réponfe 7200 livres.

OPERATION.

Supofant une maifon louée	6000 liv.
un feul quartier donneroit	1500 liv.
fur ce quartier déduifant le Dixiéme d'une année montant à	600

il reſteroit	900 liv.

Si 9[00 viennent de 6000 l. de comb. v. 1080 l.

6000

64800[00

64800	7200 livres.
648 . .	9

398

TRAITÉ

D'ARITHMETIQUE

NECESSAIRE

A L'ARPENTAGE

ET

AU TOISÉ.

LE Livre d'Arithmetique de mon Nom, traite des Régles utiles aux affaires du Palais, des Finances & du Commerce ; mais les operations, qui répondent des queſtions d'intereſt, ne ſont point propres à trouver la ſurface d'une piece de terre ; tel ſçait calculer des eſcomptes ou des Contributions, qui ſeroit fort embaraſſé à tirer une Racine quarrée : c'eſt ce qui me fait croire que ce Traité aura ſon utilité , & pour ceux qui croyent ſçavoir l'Arithmetique, & pour ceux qui avoüent ne la point ſçavoir.

INSTRUCTION.

Il faut commencer par les pouces, & dire 7 & 3 font 10 & 6 font 16 & 5 font 21 & 9 font 30 pouces qui valent 2 *pieds* 6 *pouces.*

On pofe les 6 pouces & on retient les 2 pieds que l'on ajoute avec la colomne des pieds en difant 2 & 2 font 4 & 4 font 8 & 3 font 11 & 5 font 16 & 4 font 20 pieds qui valent 3 *Toifes* 2 *pieds.*

On pofe les 2 pieds & on retient 3 toifes que l'on ajoûte avec la colomne des Toifes, en difant 3 & 2 font 5 & 4 font 9 & 6 font 15 & 2 font 17 & 7 font 24 toifes, on pofe 4 toifes & on retient 2 dixaines que l'on ajoûte avec la colomne des dixaines, en difant 2 & 3 font 5 & 1 font 6 & 2 font 8 & 1 font 9 que l'on pofe à côté du 4, ce qui donne pour le produit de l'addition 94 *Toifes* 2 *pieds* 6 *pouces.*

Méthode plus commode.

Je commence par les pouces, je dis 7 & 3 font 10 & 6 font 16 pouces qui valent 1 *pied* 4 *pouces*, je pofe un point à côté du 6. ce point repréfente 1 pied & je retiens 4 pouces pour continuer mon addition, en difant 4 & 5 font 9 & 9 font 18 pouces qui valent 1 *pied* 6 *pouces*, je pofe un point à côté du 9. & je pofe 6 pouces au produit.

Enfuite je retiens autant de pieds que je trouve de points marqués, ce font donc 2 pieds que je retiens, & que je porte à la colomne des pieds.

Maxime Generale.

A la colomne des pouces l'on pofe un point de douze en douze, parce que les douze pouces valent un pied.

A la colomne des pieds l'on pofe un point de fix en fix, parce que les fix pieds valent une Toife,

La toife   a 6 pieds.
Le pied   a 12 pouces. } de long.
Le pouce a 12 lignes.

ADDITION.

De Toifes , Pieds & Pouces longs.

	32 Toifes ,	2 pieds ,	7 pouces.
	14	4.	3
	6	3	6.
	22	5.	5
	17	4.	9.

Total 94 Toifes , 2 pieds , 6 pouces.

Autre.

	41 Toifes ,	5. pieds ,	5 pouces.
	5	3	9.
	12	4.	11.
	8	4.	6

Total 69 Toifes , 0 pieds 7 pouces.

INSTRUCTION.

Additionnez la colomne des pouces, le produit de cette addition sera 273 pouces quarrés.

De ces 273 pouces quarrés,
il faut souftraire 144 *pouces valeur d'un pied.*
Reste   129 pouces quarrés.

Il faut poſer ces 129 pouces deſſous 273 pouces que l'on peut barrer d'un trait de plume, & retenir un pied que l'on porte à la colomne des pieds qu'il faut additionner ; l'addition de cette colomne donnera 101 pieds quarrés.

De ces 101 pieds quarrés,
il faut souftraire 72 *pieds valeur de 2 Toiſes.*
Reste   29 pieds quarrés.

Il faut poſer ces 29 pieds deſſous 101 pieds que l'on peut barrer d'un trait de plume & retenir 2 toiſes que l'on porte à la colomne des toiſes dont l'addition *donne 80 Toiſes.*

Dernier produit de l'Addition 80 *Toiſes,* 29 *pieds ;*
     129 *pouces quarrés.*

Ceux qui ſçavent la Diviſion feront mieux de diviſer 273 pouces par 144, cette Diviſion donnera 1 pied au produit, & 129 pouces de reſte.

Ils diviſeront auſſi 101 pieds par 36, cette Diviſion donnera 2 toiſes au produit & 29 pieds de reſte.

La Toise quarrée a 36 pieds quarrés.
Le Pied quarré a 144 pouces quarrés.
Le Pouce quarré a 144 lignes quarrées.

ADDITION
De Toises, Pieds & Pouces quarrés.

17 toises, 12 pieds, 50 pouces.

6	25	120
29	18	64
15	13	12
11	32	27

121 pieds 273 pouces.

Produit 80 Toises, 29 pieds 129 pouces quarrés.

De 101 pieds	De 273 pouces.
ôter 72 pieds	ôter 144 pouces.
Reste 29 pieds	Reste 129 pouces.

D'une longueur de 53 toifes 2 pieds 5 pouces on veut ôter 14 toifes 4 pieds 9 pouces.

Réponfe 38 toifes 3 pieds 8 pouces.

Commencez par les pouces, & dites, qui de 5 paye 9 *ne peut*, on emprunte un pied fur les deux pieds, & on a foin de pointer le 2· afin de fe fouvenir qu'il ne vaut plus qu'un ; ce pied que l'on a emprunté vaut 12 pouces qui joints avec les 5 pouces valent 17 pouces ; qui de 17 paye 9 refte 8 *pouces* que l'on pofe au produit.

Enfuite l'on vient à la colomne des pieds où l'on ne trouve, pour payer les 4 pieds d'en bas, que ce 2· pointé fur lequel on a fait un emprunt, & qui par confequent ne vaut plus qu'un pied ; il faut dire qui de 1 paye 4 ne peut, on emprunte une toife fur les 3 toifes & on a foin de pointer le 3·

Cette toife que l'on a empruntée vaut 6 pieds qui joins avec le 1 qui nous refte de nos 2· pieds, valent 7 ; qui de 7 paye 4 refte 3 *pieds* que l'on pofe au produit.

Enfuite l'on vient à la colomne des toifes où l'on trouve un 3· pointé qui par confequent ne vaut que 2, & on dit qui de 2 paye 4 *ne peut*, l'on emprunte fur le 5· que l'on pointe, une dixaine qui jointe avec le 2 que nous avons, fait 12 toifes ; qui de 12 paye 4 refte 8 *toifes* que l'on pofe au produit.

Enfuite l'on vient au 5· pointé qui ne vaut que 4, & on dit qui de 4 paye 1 refte 3 que l'on pofe au produit à côté des 8 toifes, ce qui donne pour

Réponfe 38 toifes 3 pieds 8 pouces.

SOUSTRACTION
De Toises, Pieds & Pouces longs.

```
De  53 Toises  2 Pieds  5 Pouces.
ôter  14        4        9
Reste...  38 Toises  3 Pieds  8 Pouces.
```

Maxime Generale.

L'on pointe toûjours le chiffre sur lequel on emprunte.

Un chiffre pointé perd une unité de sa valeur naturelle, c'est-à-dire qu'un 7 pointé ne vaut que 6.

Et un 9 pointé ne vaut que 8, ainsi des autres.

D'une furface de 216 toifes 12 pieds 119 pouces quarrés on veut ôter 112 toifes 23 pieds 55 pouces quarrés.

Réponfe 103 *toifes* 25 *pieds* 64 *pouces quarrés.*

De 119 pouces faites fouftraction de 55 pouces il refte 64 *pouces* que l'on pofe au produit.

Venant à la colomne des pieds, il faut dire qui de 12 paye 23 *ne peut*, on emprunte une toife fur le 6 que l'on pointe, cette toife empruntée vaut 36 pieds qui joints avec les 12 font 48 pieds dont ôtant 23 refte 25 *pieds* que l'on pofe au produit.

Le 6 pointé ne vaut que 5.

L'on finit en ôtant 112 toifes de 215 toifes, il refte 103 *toifes* que l'on pofe au produit.

Les 19 pouces ne pouvant pas payer les 50 pouces, il faut emprunter un pied qui vaut 144 pouces qui joints avec les 19 pouces font 163 pouces dont ôtant 50 pouces il refte 113 *pouces* que l'on pofe au produit.

SOUSTRACTION
Des Toises, Pieds & Pouces quarrés.

De 216 Toises, 12 Pieds, 119 pouces quarrés.
ôter 112 23   55
_____
Reste 103 Toises, 25 Pieds, 64 pouces quarrés.

          12 pieds.
Valeur d'une Toise empruntée . . . 36
_____
       de 48 pieds.
       ôter 23
_____
      Reste 25 pieds.

AUTRE.

De 41 Toises, 15 Pieds, 19 Pouces.
ôter 12   4 50
_____
Reste 29 Toises, 10 Pieds 113 Pouces quarrés

         19 Pouces.
Valeur d'un pied emprunté . . . 144
_____
     De 163 Pouces.
     ôter 50
_____
    Reste 113 Pouces.

La Multiplication eſt de toutes les Regles, celle dont on a le plus ſouvent beſoin dans les calculs d'Arpentage & de Toiſé. Son utilité & les differentes difficultés qui s'y rencontrent , m'engagent à en donner pluſieurs explications.

Cette Multiplication eſt des plus ſimples ; on commence par le 6 qui eſt en bas & par lui l'on multiplie tout ce qui eſt en haut , en diſant 6 fois 3 ſont 18 , on poſe 8 & on retient 1 , puis on dit 6 fois 5 ſont 30 & 1 de retenu ſont 31 , l'on poſe 1 & on avance 3 , ce qui fait 318 pour le produit du 6.

Enſuite on vient au ſecond chiffre d'en bas qui eſt 2 , & par lui on multiplie tout ce qui eſt en haut , comme on a fait par le 6 , & on dit 2 fois 3 ſont 6 lequel 6 faut poſer deſſous 2 qui eſt notre multipliant , on continue en diſant 2 fois 5 ſont 10 , l'on poſe 0 & l'on avance 1 ce-qui fait 106 dixaines pour le produit du 2.

Cette ſeconde operation donne 106 dixaines; parce que le 2 qui l'a produit , vaut 2 dixaines.

C'eſt pour rendre dixaines , ce qui n'auroit été que ſimples unités , que l'on recule d'une figure les chiffres de la ſeconde operation.

MULTIPLICATION
De Toises par Toises,

ou

De Perches par Perches.

Multiplier   53 Toises de long.
    par   26 Toises de large.

          318
          106

Réponse   1378 Toises quarrées.

AUTRE.

Multiplier   564 Perches de long.
    par   243 Perches de large.

          1692
          2256
          1128

Réponse   137052 Perches quarrées.

Multiplier toifes par toifes , le produit eft toïfes.
Multiplier pieds par pieds , le produit eft pieds.

Ainfi des autres Mefures.

Multiplier des toifes longues par des toifes de large , le produit donne des toifes quarrées.

Multiplier des pieds de long par des pieds de large , le produit donnera des pieds quarrés.

Toute longueur multipliée par une largeur produit un quarré ou une furface.

INSTRUCTION
des Multiplications ci contre.

Un zero d'en bas tient fimplement fa place , c'eft-à-dire qu'il faut le pofer tel qu'il eft.

Pour multiplier 524 toifes par 40 toifes , il faut pofer le o d'en bas , tel qu'il eft , & puis on multiplie par le 4 felon l'ordre du feuillet precedent ; le produit de cette multiplication eft 20960 toifes quarrées.

Pour multiplier 623 perches par 500 perches , il faut pofer les deux o d'en bas , tels qu'ils font , & puis on multiplie par le 5 , le produit de cette multiplication donne 311500 perches quarrées.

MULTIPLICATIONS
Où il se trouve des Zeros.

M. 524 Toises.
par 40 Toises.

Réponse 20960 Toises.

M. 623 Perches
par 500 Perches.

Rep. 311500 Per. quar.

M.   6204 Pieds de long.
par   403 Pieds de large.

18612
248160

Réponse   2500212 Pieds quarrés.

Une longueur multipliée par une largeur donne un quarré ou une surface.

Pour trouver la surface d'une toise quarrée, il faut multiplier 6 pieds de long par 6 pieds de large, il viendra 36 *pieds quarrés* que contient *la toise quarrée.*

Pour trouver la surface d'un pied quarré, il faut multiplier 12 pouces de long par 12 pouces de large il viendra 144 *pouces quarrés* qui sont la surface *du pied quarré.*

Pour trouver la surface d'un pouce quarré, il faut multiplier 12 lignes de long par 12 lignes de large, il viendra 144 *lignes quarrées* que contient *le pouce quarré.*

La toise quarrée a 36 *pieds quarrés*, chaque pied quarré a 144 pouces quarrés, multipliez 36 par 144. il viendra 5184 *pouces quarrés* que contient la toise quarrée. Chaque pouce quarré a 144 lignes quarrées, multipliez 5184 par 144, vous trouverez que la toise quarrée a 746496 *lignes quarrées.*

MESURES QUARRÉES.

La Toise quarrée a   6 pieds de long.
            fur   6 pieds de large.
La Toise quarrée a   36 Pieds quarrés.

Le Pied quarré a   12 pouces de long.
          fur   12 pouces de large.
Le Pied quarré a   144 Pouces quarrés.

Le Pouce quarré a   12 Lignes de long.
          fur   12 Lignes de large.
Le Pouce quarré a   144 Lignes quarrées.

La Toise quarrée a   36 Pieds quarrés.
        ou   5184 Pouces quarrés.
        ou 746496 Lignes quarrées.

L'Arpent a 100 Perches quarrées, c'est-à-dire, 10 Perches de long fur 10 Perches de large.

La Perche quarrée de Paris a 18 Pieds de long.
          fur   18 Pieds de large.
La Perche quarrée a   324 Pieds quarrés.

L'Arpent a   32400 Pieds quarrés.

La Perche quarrée a   9 Toises quarrées.
L'Arpent a   900 Toises quarrées.

Il faut multiplier les 6 toises 4 pieds d'en haut par les 2 toises d'en bas, & dire, commençant par les pieds, 2 fois 4 font 8 *pieds* qui valent 1 *toise* 2 *Pieds*, on pose les 2 pieds & on retient 1 toise, on continüe en disant 2 fois 6 toises font 12 toises & une retenüe font 13 toises que l'on pose, ce qui fait 13 *toises* 2 *pieds* pour les 2 toises d'en bas.

Pour les 3 pieds d'en bas, on prend la moitié des 6 toises 4 pieds d'en haut qui est 3 *toises* 2 *pieds*.

L'addition de ces deux lignes donne 16 toises 4 pieds, *il est à remarquer* que les 16 *toises* font toises quarrées & que les 4 pieds ne le font pas: ils ne font que 4 sixiéme d'une toise quarrée; il faut multiplier ce 4 par 6 & le produit 24 sera 24 *pieds quarrés*.

La Réponse de cette Regle est 16 *toises* 24 *pieds quarrés*.

L'Addition de cette seconde operation donne 76 *toises quarrées* & 3 sixiéme d'une toise quarrée que l'on multiplie par 6 pour les faire devenir 18 *pieds quarrés*.

MULTIPLICATION,

De Toises & Pieds.

Par Toises & Pieds.

Multiplier 6 Toises 4 pieds de long.
       par   2 T.   2 pi. de large.

P. 2 Toises   13 T.   2 pi.
P. 3 Pieds   3 T.   2 pi.

             16 T.   4 pi.
                    6

Réponse   16 Toises 24 Pieds quarrés.

Multiplier 13 Toises 3 pieds de long.
       par   5 T.   4 pieds de large.

P. 5 Toises   67 T.   3 pi.
P. 2 Pieds   4 T.   3 pi.
P. 2 Pieds   4 T.   3 pi.

             76 T.   3 pi.
                    6

Réponse   76 Toises 18 Pieds quarrés.

Regles generales pour les multiplications d'arpentage & de Toisé.

J'appelle espece principale celle que l'on nomme la premiere quand on lit une somme.

1 *Toise* 1 *Pied*   1 *Pouce* l'espece principale est *Toise*

1 *Pied* 1 *Pouce* 1 *Ligne* l'espece principale est *Pied*

1 *Livre* 1 *Sol*   l'espece principale est *Livre*

Une unité de l'espece principale *du haut* d'une multiplication vaut au produit tout ce qui se trouve dans la ligne *d'en bas*.

Une unité de l'espece principale *du bas* d'une multiplication vaut au produit tout ce qui se trouve dans la ligne *d'en haut*.

EXEMPLE.

Une seule des 7 toises d'en bas donne au produit 26 toises 2 pieds 8 pouces qui font le total d'en haut.

C'est ce qui fait que, pour les 7 toises d'en bas, je multiplie les 26 toises 2 pieds 8 pouces par 7 en commençant toujours par la plus petite espece, c'est a-dire par les pouces, & je dis 7 fois 8 font 56 *pouces* qui valent 4 *pieds* 8 *pouces*, je pose 8 pouces & je retiens 4 pieds, &c.

La ligne d'en haut multipliée par 7 toises donne 185 toises 0 pieds 8 pouces. *La ligne d'en haut* étant là valeur *d'une toise d'en bas*, il faut pour 3 pieds d'en bas prendre la moitié de cette ligne qui se monte à 13 toises 1 pied 4 pouces. Et pour 1 pied 6 pouces, qui font le reste de la ligne d'en bas, il faut tirer la moitié, du produit des 3 pieds, qui se monte à 6 toises 3 pieds 8 pouces.

MULTIPLICATION
De Toises, Pieds & Pouces,
Par Toises , Pieds & Pouces.

Multiplier	26 Toises	2 pieds	8 pouces de long.
par	7 T.	4 pi.	6 pouces de large.
P. 7 Toises	185 T.	0 pi.	8 po.
P. 3 Pieds	13 T.	1 pi.	4 po.
P. 1 Pied 6 po.	6 T.	3 pi.	8 po.
	204 Toises	5 pi.	8 po.
		6	
Réponse	204 Toises	34 Pieds quarrés.	

Pour 3 pieds on prend la moitié du prix d'une Toise parce que , la Toise valant 6 pieds , les 3 pieds font moitié d'une Toise.

Pour 1 pied 6 pouces on prend la moitié du produit de 3 pieds parce que , le pied valant 12 pouces , le 1 pieds 6 pouces font moitié des 3 pieds.

L'addition de cette Régle donne 204 Toises quarrées & 5 pieds 8 pouces que l'on multiplie par 6 pour les faire devenir 34 Pieds quarrés.

Les 32 Toiſes 4 pieds 6 pouces *d'en haut* éteſt' la valeur *d'une Toiſe d'en bas.*

Pour 5 *Toiſes d'en bas*, je multiplie les 32 Toiſes 4 pieds 6 pouces par 5 , il vient 163 Toiſes 4 pieds 6 pouces.

Pour 2 *Pieds d'en bas*, je tire le tiers des 32 toiſes 4 pieds 6 pouces , ce tiers donne 10 Toiſes 5 pieds 6 pouces.

Pour 1 *Pied d'en bas*, je tire la moitié de 10 toiſes 5 pieds 6 pouces , cette moitié donne 5 Toiſes 2 pieds 9 pouces.

Pour 6 *Pouces d'en bas*, je tire la moitié de 5 Toiſes 2 pieds 9 pouces , cette moitié donne 2 Toiſes 4 pieds 4 pouces 6 lignes.

Pour 3 *Pouces d'en bas*, je tire la moitié de 2 Toiſes 4 pieds 4 pouces 6 lignes , cette moitié donne 1 Toiſe 2 pieds 2 pouces 3 lignes.

J'aurois pû tirer 3 pieds 9 pouces d'en bas d'une autre maniere qui auroit été plus briéve , mais plus fatiguante : c'étoit de tirer pour 3 pieds la moitié d'en haut, pour 6 pouces le fixiéme des 3 pieds , & pour 3 pouces la moitié des 6 pouces.

La premiere maniere eſt plus commode en ce que je fais trouver la valeur *d'un pied* ſur quoi il eſt facile de tirer les pouces.

Notez qu'en tirant pour 6 pouces la moitié de 5 Toiſes 2 pieds 9 pouces , il reſte 1 pouce qu'il faut réduire en 12 lignes dont la moitié eſt 6 lignes.

Multiplication plus difficile.

```
Multiplier      32 Toises 4 Pieds 6 Pouces de long.
Par . , . . . 5 T.      3 P.     9 Po.     de large.
P. 5 Toises 163 T.       4 P.     6 Po.
P. 2 Pieds   10 T.       5 P.     6 Po.
P. 1 Pied . . . 5 T.     2 P.     9 Po.
P. 6 Pouces   2 T.       4 P.     4 Po. . . . 6 lignes.
P. 3 Pouces   1 T.       2 P.     2 Po. . . . 3 lignes.
              184 T.     1 P.     3 Po. . . . 9 lignes.
                                            6 lignes.
                         7 P.    10 Po. . . . 6 lignes.
                                            12
```

Réponse . . . 184 Toises 7 Pi. 126 Pouces quarrés.

L'addition de cette Regle donne 184 *Toises quarrées*, & un pied 3 pouces 9 lignes qui ne le font point & qu'il faut quarrer en les multipliant par 6.

Cette Multiplication par 6 donne 7 *pieds quarrés*, & 10 pouces 6 lignes qui ne le font point, & qu'il faut multiplier par 12 pour les faire devenir *126 pouces quarrés.*

Les 6 toifes 4 pieds 6 pouces *d'en haut* étant la valeur *d'une Toife d'en bas.*

Pour 2 pieds *d'en bas*, je tire le tiers des 6 toifes 4 pieds 6 pouces ; ce tiers donne 2 Toifes 1 pied 6 pouces.

Pour 2 autres pieds, je pofe, une feconde fois, ce même produit.

Pour 1 pied, je prends la moitié de 2 Toifes 1 pied 6 pouces, cette moitié donne 1 toife 9 pouces.

Sur 1 Toife 9 pouces, *valeur d'un pied*, je tire pour 4 pouces le tiers, & pour 3 pouces le quart.

MULTIPLICATION

De Toises , Pieds & Pouces ,
Par Pieds & Pouces.

```
Multiplier    6 Toifes 4 Pieds 6 Pouces de long.
   Par . : . . . . .  5 Pieds 7 Pouces de large
P. 2 Pieds   2 T.      1 P.      6 Po.
P. 2 Pieds   2 T.      1 P.      6 Po.
P. 1 Pied    1 T. . . . . . . . . 9 Po.
P. 4 Pouces  . . . . . 2 P.      3 Po.
P. 3 Pouces  . . . . . 1 P.      8 Po. . . . 3 lignes.
             6 T.      1 P.      8 Po. . . . 3 lignes.
                                 6
             10 P.      1 Po. . . . 6 lignes.
                                 12
Réponfe. . . 6 Toifes 10 Pieds 18 Pouces quarrés.
```

Pour faire une Multiplication de Perches de Paris par perches & pieds.

Il faut regarder que les 326 perches *d'en haut* font la valeur *d'une Perche d'en bas.*

Ainſi on multiplie ces 326 perches d'en haut par 43 perches d'en bas.

Enſuite pour 9 pieds d'en bas, on prend la moitié des 326 perches, cette moitié donne 163 perches.

Et pour 6 pieds d'en bas, on prend le tiers de ces 326 perches, ce tiers donne 108 perches 12 pieds.

L'addition de cette Regle donne 14289 *perches quarrées & 12* pieds qui ne le font pas & qu'il faut quarrer en les multipliant par 18.

La *Réponſe* de cette Régle eſt : 14289 *Perches* 216 *pieds quarrés.*

Les cent *Perches valent un Arpent.*

Cette *Réponſe* vaut 142 *Arpens* 89 *Perches* 216 *Pieds quarrés.*

MULTIPLICATION.

De Perches , par Perches & Pieds.

Multiplier   326 Perches   de long.
Par   43 Perches 15 Pieds de large.

P. 3 Perches .. 978 P.
P. 40 Perches 1304 .
P. 9 Pieds ..... 163 P.
P. 6 Pieds .... 108 P.   12 Pieds.
                 ‾‾‾‾‾‾‾‾‾   ‾‾‾‾‾‾‾‾‾
                 14289 P.   12 Pieds.
                                 18
                                 ‾‾‾‾
                                 96
                                 12

Réponfe ...... 14289 P.   216 *Pieds quarrés.*
Ou 142 *Arpens*   89 *Perches* 216 *Pieds quarrés.*

AUTRE.

Multiplier 33 Perches 6 Pieds de long.
Par   4 Perches 12 Pieds de large.

P. 4 Perches 133 P.   6 Pi.
P. 6 Pieds .... 11 P.   2 Pi.
P. 6 Pieds .... 11 P.   2 Pi.
              ‾‾‾‾‾‾‾   ‾‾‾‾‾‾‾
              155 P.   10 Pi.
                            18

Réponfe ..... 155 *Perches* 180 *Pieds quarrés.*

Quand à l'espece principale il y a plusieurs chifres en haut & en bas, comme à cette Multiplication où il se trouve 42 Toises en haut & 24 Toises en bas, l'opération se fait differemment.

Je tranche les 5 *pieds* 10 *pouces* d'en haut par un trait de plume, & je fais une partie de ma Multiplication sans me servir en rien de ces 5 *pieds* 10 *pouces*.

Je commence donc cette Multiplication par multiplier 42 Toises d'en haut par 24 Toises 3 pieds 6 pouces d'en bas, comme il se voit dans les cinq premieres lignes de l'operation cy-contre.

Il est aisé de remarquer que, *dans cette Multiplication des 42 Toises d'en haut par tout ce qui est en bas*, ces 5 pieds 10 pouces ont été absolument oubliés & qu'ils n'ont donné aucun produit.

C'est ce qui fait qu'il faut tirer ces 5 *pieds* 10 *pouces d'en haut* sur tout le bas, c'est-à-dire, sur 24 *Toises* 3 *Pieds* 6 *pouces* que l'on regarde toujours comme la valeur d'une Toise d'en haut.

Ainsi pour 3 *pieds d'en haut* l'on prend la moitié des 24 Toises 3 pieds 6 pouces *d'en bas*, pour 2 *pieds d'en haut* on en prend le tiers, pour 8 pouces *d'en haut* on prend le tiers des 2 pieds *d'en haut*, & pour les 2 pouces *d'en haut* on prend le quart de ces 8 pouces *d'en haut*.

MULTIPLICATION
Plus difficile que les précédentes.

Multiplier   42 Toifes |5 pieds 10 pouces.
par   24 T.   3 pi.   6 po.

P. 4 Toifes d'en bas 168 T.
P. 20 Toifes d'en bas 84 T.
P. 2 Pieds d'en bas 14 T.
P. 1 Pied d'en bas 7 T.
P. 6 Pouces d'en bas 3 T.   3 pieds.
P. 3 Pieds d'en haut 12 T.   1 pied 9 po.
P. 2 Pieds d'en haut 8 T.   1 pi. 2 po.
P. 8 Pouces d'en haut 2 T.   4 pi. 4 po. 8 lig.
P. 2 Pouces d'en haut . . . . 4 pi. 1 po. 2 lig.

     1056 T.   2 pi.   4 p. 10 lig.
                           6
                 14 pi.   5 po.
                      12

Réponfe . . . . 1056 Toifes 14 pieds 60 po. quar.

INSTRUCTION

Pour réfoudre la Queftion cy-contre ,
Il faut trouver la furface de la piece de terre en
multipliant 4 Toifes 4 pieds 8 pouces de long par
2 Toifes 3 pieds 9 pouces de large.

Il vient 12 Toifes 19 Pieds 72 pouces quarrés.
Quoique 12 Toifes 19 pieds 72 pouces quarrés
foient la vraye furface , qui devroient être multipliés par 24 livres 4 fols , il eft plus aifé de defcendre le premier produit 12 *Toifes 3 pieds 3 pouces* & de le multiplier par 24 livres 4 fols qui font
le prix d'une Toife quarrée.

Multiplier 12 Toifes 19 pieds 72 pouces quarrés
ou multiplier 12 Toifes 3 pieds 3 pouces , les produits viennent égaux ; mais il eft plus commode
de multiplier par 3 *pieds* qui font *fixiémes* de toife
& par 3 *pouces* qui font *douziémes* de pieds , que
de multiplier par 19 pieds qui font *trente-fixiemes*
de Toife , & par 72 pouces qui font des *cent qua-
rante-quatriémes* de pied.

Pour multiplier 12 *Toifes 3 pieds 3 pouces* par
24 livres 4 fols , je multiplie les 12 *Toifes* par
24 livres 4 fols , enfuite pour 2 *pieds* je tire le tiers
des 24 livres 4 fols ; pour 1 *pied* je prends la moitié du produit des 2 pieds , & pour 3 *pouces* je
prends le quart du produit d'un pied.

QUESTION.

Une piece de Terre de 4 Toiſes 4 pieds 8 pouces de long ſur 2 Toiſes 3 pieds 9 pouces de large , eſt à vendre à raiſon de 24 livres 4 ſols la Toiſe quarrée.

On en demande la valeur totale.

Réponſe   303 *Livres* 10 *ſols* 2 *deniers.*

Multiplier	4 Toiſes	4 Pieds	8 pouces de long,
par	2 T.	3 pi.	9 po. de large.
P. 2 Toiſes	9 T.	3 pi.	4 po.
P. 3 Pieds	2 T.	2 pi.	4 po.
P. 9 Pouces	. . . . 3 pi.		7 po.
	12 T.	3 pi.	3 po.
			6
		19 pi.	6 po.
			12

Surface   12 *Toiſes* 19 *pieds* 72 *pouces quarrés.*

     12 Toiſes 3 pi.   3 po.

     24 L.   4 ſ.

P. 4 L.   48

P. 20 L.   24

P. 4 Sols 2 :	8 ſ.	
P. 2 Pi. 8 :	1 :	4 d.
P. 1 Pi. 4 :		8 d.
P. 3 Po. 1 :		2 d.
Réponſe 303 L.	10 ſ.	2 d.

INSTRUCTION.

Il faut commencer par trouver la furface de cette terre. Pour multiplier 71 perches 15 pieds par 25 perches 12 pieds , il faut retrancher *pour un inflant* les 15 pieds d'en haut , c'eft-à-dire , qu'il faut multiplier les 71 perches par 25 perches 12 pieds , *comme s'il n'y avoit point de 15 pieds.*

Pour faire cette operation , on multiplie les 71 perches par les 25 perches ; enfuite pour 6 *pieds* d'en bas , on tire le tiers des 71 perches *d'en haut* , on repete une feconde fois ce même produit *parce qu'il y a 12 pieds en bas.*

Les 15 pieds d'en haut n'ayant donné aucun produit dans les operations que nous venons de faire , il faut tirer *ces 15 pieds* fur tout ce qui eft en bas , c'eft-à-dire , fur 25 perches 12 pieds , ce qui fe fait en prenant pour 9 pieds d'en haut la moitié de 25 perches 12 pieds , & en prenant pour 6 pieds d'en haut les tiers des mêmes 25 perches 12 pieds.

Ayant trouvé la furface de 1843 perches ou plûtôt de 18 arpens 43 perches 13 pieds , il eft aifé de les multiplier par 135 livres qui font le prix d'un arpent.

Il eft à obferver que *les 13 pieds* qui font au produit de la furface ne font point des pieds quarrés , & qu'il faudroit les multiplier par 18 fi l'on vouloit en faire des pieds quarrés.

QUESTION.

Une piece de terre de 71 perches 15 pieds de long sur 25 perches 12 pieds de large, est à vendre à raison de 135 livres l'arpent.

On demande le prix de cette terre.

Réponse 2489 livres 6 deniers.

Multiplier   71 Perches | 15 pieds de long.

par   25 Perches 12 pieds de large.

P.	5 Perches	355		
P.	20 Perches	142		
P.	6 Pi. d'en bas	23 Per.	12 Pi.	
P.	6 Pi. d'en bas	23 P.	12 Pi.	
P.	9 Pi. d'en haut	12 P.	15 Pi.	
P.	6 Pi. d'en haut	8 P.	10 Pi.	

18,43 Per. 12 Pieds.

18 arpens 43 perches 13 pieds.

A   135 Livres l'arpent.

90

54

18

20 Perches	27		
20 Perches	27		
2 Perches	2	14 :	
1 P.	1	7 :	
9 Pieds	13 :	6 d.	
3 Pi.	4 :	6 d.	
1 P.	1 :	6 d.	

Réponse   2489 :   : 6 d.

La plûpart des Auteurs enſeignent à faire les Multiplications par réduction, je trouve ma méthode plus briéve & plus claire ; il eſt aiſé de reconnoître combien les Réductions ſont longues & embaraſſantes.

J'expoſe ici les deux Méthodes differentes.

Pour trouver par Réduction la réponſe de la préſente queſtion , on réduit *en pieds* les 32 perches 6 pieds de long, *il vient* 582 *pieds longs* ; on réduit *en pieds* les 4 perches 9 pieds de large , *il vient* 81 *Pieds de large.* On multiplie 582 pieds par 81 pieds , *il vient* 47142 *pieds quarrés qui ſont la ſurface.*

On réduit *en deniers* les 7 livres 10 ſols , *il vient* 1800 *deniers.* On multiplie 47142 pieds par 1800 d. *il vient* 84855600 *deniers.* Ces 84855600 deniers feroient le produit que l'on cherche , ſi chaque pied quarré étoit loüé 7 livres 10 ſols , mais comme 7 livres 10 ſols ſont le prix d'un arpent , il faut diviſer 84855600 deniers *par* 32400 *pieds quarrés* que contient *un arpent* , il viendra au quotient de la diviſion 2619 deniers qui ſont notre réponſe.

Pour ſçavoir combien ces 2619 deniers valent de Livres , il faut les diviſer par 240 , il viendra pour *Réponſe* 10 L. 18 ſ. 3 d.

Ceux qui ne ſçavent point la Diviſion peuvent étudier les Inſtructions ſuivantes.

Une piece de Terre de 32 perches 6 pieds de long, & de 4 perches 9 pieds de large, eſt louée ſur le pied de 7 livres 10 ſols l'arpent ; on demande combien il produira de revenu.

Réponſe 10 L. 18 ſ. 3 d.

	Multiplier	32 Perches	6 Pieds de long.
	par	4 P.	9 pieds de large.
P. 4 Perches		129 P.	6 pi.
P. 9 Pieds		16 P.	3 pi.
		1,45 P	9 pi.

Surface 1 Arpent 45 Perches & demi quarrés.

à 7 L. 10 ſ. l'arpent

1 Arpent	7 L. 10 ſ.
20 Perches	1 L. 10 ſ.
20 Perches	1 L. 10 ſ.
5 Perches	7 : 6 d.
9 Pieds	9 d.
Réponſe	10 L. 18 ſ. 3 d.

PAR REDUCTION.

32 Perches 6 pieds	4 Perches 9 pieds.	
18	18	7 L. 10 ſ.
256	72	20
32	9	140
6	81 pieds.	10
582 Pieds		150 ſ.
81 Pieds	47142 pi.	12
582	1800 d.	300
4656	37713600	150
47142 pi. quar.	47142	1800 deniers.
	84855600 d.	

Diviſer 84855600
Par   32400
Il vient 2619 *deniers qui valent* 10 L. 18 ſ. 3 d.

INSTRUCTION.

La Divifion eft la derniere & la plus difficile des quatre Régles.

Une régle generale eft de commencer chaque operation d'une Divifion par pofer deffous la fomme à divifer, autant de points qu'il y a de chiffres au Divifeur. Icy il n'y a qu'un chiffre, je ne pofe qu'un point à chaque opération.

A Je pofe un point deffous 6, ce point repréfente le divifeur 5, enfuite je dis *en 6 combien de fois* 5, il eft *une fois*, je pofe 1 au produit, & par ce 1 je multiplie mon divifeur 5, en difant 1 *fois* 5 *eft* 5, que je viens pofer fur le point qui eft au-deffous du 6, enfuite je finis cette premiere operation par la Souftraction, & je dis *qui de 6 paye* 5, *refte* 1 que je pofe au-deffus du 6 qui vient de payer 5, il eft à obferver, qu'en difant *qui de 6 paye* 5, *il faut barrer & le 6 & le* 5 d'un trait de plume.

B Je commence la feconde operation de cette même Divifion *en pofant un point* deffous 9, enfuite regardant ce qui eft au-deffus de ce point, j'y trouve 19, & je dis *en* 19 *combien de fois* 5, il eft 3 *fois*, Je pofe 3 au produit, & par ce 3 je multiplie le Divifeur 5, en difant 3 *fois* 5 *font* 15, je pofe 5 fur le point, & j'avance 1 fous le 5 barré, enfuite je dis *qui de 9 paye* 5 *refte* 4 que je pofe deffus le 9 & je barre 9 & 5, enfuite je dis *qui de 1 paye* 1 *refte rien*; je barre le 1 qui eft deffus, & le 1 qui eft deffous 5.

DIVISION

DIVISION.

On veut divifer 690 par 5. *Réponfe* 138.

$$
A \quad \frac{\overset{\text{I}}{690}}{5} \Bigg| \frac{\text{I}}{5} \qquad\qquad B \quad \frac{\overset{\text{74}}{690}}{\underset{8}{55}} \Bigg| \frac{\text{13}}{5}
$$

$$
C \quad \frac{\overset{874}{692}}{\underset{74}{558}} \Bigg| \frac{138}{5}
$$

C Je commence la troifiéme opération de cette même Divifion *en pofant un point* deffous le o, enfuite regardant ce qui eft au-deffus de ce point, j'y trouve 40, & je dis *en* 40 *combien de fois* 5, il eft 8 *fois*, je pofe 8 au produit, & par ce 8 je multiplie le divifeur 5 en difant 8 *fois* 5 *font* 40, je pofe o fur le point & j'avance 4 au deffous du 5 dernier barré ; je finis cette derniere opération en barrant le ∅ d'en haut & le ∅ d'en bas, le ⚹ d'en haut & le ⚹ d'en bas.

Le Produit de cette Divifion eft 138.

A Je pofe trois points parce que le Divifeur
612 eſt de trois chiffres. Je pofe le premier de ces
trois points deſſous le 6 parce que le 1, qui le précede, *ne pourroit pas payer le 6 premier chiffre du
Divifeur.*

Après avoir pofé ces trois points, je regarde ce
qui eſt deſſus mon premier point, j'y trouve 16 &
je dis *en* 16 *combien de fois* 6 il eſt 2 *fois*, je pofe 2
au produit.

B Par ce 2 du produit je multiplie le Divifeur
en difant 2 fois 2 font 4, je pofe 4 deſſus le point
qui repreſentoit 2, enfuite je dis 2 *fois* 1 *font* 2
que je pofe fur le point *qui repreſentoit* 1 & puis
2 *fois* 6 *font* 12 que je pofe deſſous 16, je finis cette premiere operation en fouſtrayant 1224 de 1652
il reſte 428 que je pofe deſſus les chiffres qui ont
payé, & je barre les huit chiffres qui ont ſervi à la
fouſtraction.

C Je commence la feconde operation par la pofition des trois points, je regarde ce qui eſt au-
deſſus du point *qui repreſente* 6 & j'y trouve 42,
& je dis *en* 42 *combien de fois* 6 il eſt 7 *fois*, je pofe
7 au produit.

D Et par ce 7 je multiplie le Divifeur *commençant toujours* par le dernier chiffre à droite, c'eſt-
à-dire par 7 fois 2, &c.

Cette Multiplication finie, il ne reſte plus qu'à
barrer 4284 haut & bas parce que cette Souſtraction ne produit point de reſte.

DIVISION

A plusieurs Chiffres au Diviseur.

QUESTION.

612 Toises me coûtent 16524 livres ; je demande le prix d'une Toise.

Réponse 27 livres.

A 16524 (2
    ··· (612

B 428
   16524 (2
   1224 (612

C 428
   16524 (27
   1224 (612
    ··

D 428
   16524 (27
   1224 (612
   428

La Multiplication est la preuve ordinaire de la Division.

Cette Division se prouve en multipliant le Diviseur 612 par le produit 27.

Il viendra 16524

A Je pofe quatre points parce que le Divifeur eſt de quatre chiffres, enſuite je regarde ce qui eſt deſſus le premier point à gauche, j'y trouve 9, je dis *en 9 combien de fois* 3 il eſt 3 *fois* ; je pofe 3 au produit, & par ce 3 je multiplie le divifeur en commençant toujours par le premier chiffre à droite, cette multiplication donne 9342 que j'ai pofé deſſus les quatre points pofés, je finis cette premiere operation en faifant la Soûſtraction, & je trouve qu'il reſte 253.

Je commence la feconde operation par la poſition des quatre points, pofant le premier deſſous 7 & les trois autres toujours à fa gauche ; enſuite je regarde ce qui eſt deſſus le premier point à gauche, j'y trouve 2 & je dis *en 2 combien de fois* 3 il ne peut s'y trouver une fois, *je pofe un zero au produit.*

B Enſuite je barre le premier point à gauche & j'avance un autre point *à droite deſſous* 4, ce qui fait que la poſition des quatre points fe trouve complette ; je regarde ce qui eſt deſſus le premier point à gauche, j'y trouve 25, je dis en 25 *combien de fois* 3, il eſt 8 *fois*, je pofe 8 au produit, & par ce 8 je multiplie le Divifeur, &c. en C.

DIVISION

Où il se trouve la difficulté des Zero.

253
A 959574 (30
    9342. (3114

253
B 959574 (308
    9342.. (3114

4
25362
C 959574 (308.
    934272 (3114
    2479

726288
15000000 (21008
14284722 (714
    725

PREUVE.

Produit   21008
Diviseur   714
             84032
             21008
            147056
Reste   288
            15000000

Il n'y a rien, dans la Divifion, de fi fatiguant que de fonder ; on ne peut l'éviter, il faut l'apprendre.

A Je pofe quatre points deffous 19597, enfuite je regarde ce qui eft deffus le premier point à gauche, j'y trouve 19, je dis *en* 19 *combien de fois* 3 il eft *6 fois* ; il eft aifé de remarquer que fi l'on multiplioit le Divifeur par 6, cette Multiplication donneroit 21762 qui ne pourroient point être payés par 19597.

A toute forte de Divifion, avant de pofer le Chiffre au quotient, il faut fonder fi le produit de fa Multiplication pourra être payé par les Chiffres qui font au-deffus des points.

Après avoir dit *en* 19 *combien de fois* 3, il eft *6 fois*, il ne falloit point pofer 6 au quotient, il falloit le retenir en idée & par lui multiplier le Divifeur, fans pofer le produit de cette Multiplication, il falloit examiner fi ce produit, *retenu dans l'idée*, pourroit être payé par les chiffres qui font deffus les points, & on auroit vû que ce produit 21762 ne peut être payé par 19597.

B C'eft ce qui fait qu'au lieu de pofer 6 au quotient, on ne pofe que 5. *Il en eft de même de toutes les operations de chaque Divifion.*

Derniere difficulté de la DIVISION Simple.

12
84820
A __195978 (6__   B __795978 (54:__
  21762 (3627   184358 (3627
                          24520

PREUVE.

Diviseur	3627
Produit	54
	14508
	18135
Reste	120
	195978

104
24351
257473 (88

  233422 (2914
  23321

PREUVE

2914
88
23312
23312
1041
257473

Il faut commencer par réduire les 76 Toises
18 pieds quarrés en pieds quarrés , ce qui se fait
en multipliant 76 par 36 & en ajoûtant 18 , le produit est de 2754 pieds quarrés.

*Il faut réduire le Diviseur en même espece que le
Dividende.*

J'ai été obligé de reduire les 76 Toises 18 pieds
en 2754 *trente-sixiémes* de Toise , il faut réduire
les 13 Toises 3 pieds *en trente-sixiémes.*

Ce qui se fait en multipliant 13 Toises par 36
& pour *les 3 pieds courans* , qui sont moitié d'une
Toise courante , *on prend la moitié de 36* qui est 18,
l'addition de cette petite Multiplication donne
486 trente-sixiémes de Toise.

Divisez 2754 par 486 , il viendra *au quotient*
5 *Toises courantes* ; les 324 qui restent de la Division , doivent être regardées *comme Toises couran-*
tes qu'il faut reduire en pieds en les multipliant
par 6 : le produit 1944 pieds courans , divisé
par 486 , donne 4 *Pieds courans* au Quotient.

DIVISION COMPOSE'E.

Divifer une furface de 76 Toifes 18 Pieds quarrés
par une longueur de 13 Toifes 3 Pieds longs.
Reponfe 5 *Toifes* 4 *Pieds de large.*

DIVIDENDE.	DIVISEUR.
76 Toifes 18 Pieds	13 Toifes 3 Pieds.
36	36
456	78
228	39
18	18
2754	486

$$324$$
$$2754 \,(\, 5 \text{ Toifes 4 pieds.}$$
$$486 \,(\, 486$$
$$6$$
$$1944$$

$$1944 \,(\, 4 \text{ Pieds.}$$
$$1944 \,(\, 486$$

*Cette Divifion peut fervir de preuve à une des
Multiplications du Feuillet 415.*

Il faut réduire 1056 Toises 14 Pieds 60 Pouces quarrés *en pouces quarrés*, ce qui se fait en multipliant par 5184 parce que la Toise quarrée a 5184 Pouces quarrés.

Après avoir multiplié 1056 Toises par 5184, *on tire*, pour 12 Pieds quarrés, *le tiers de* 5184, parce que la Toise quarrée valant 36 Pieds quarrés, les 12 pieds doivent donner le tiers du produit d'une Toise quarrée.

Pour 2 Pieds quarrés on tire le sixiéme du Produit des 12 Pieds, & les 60 Pouces on les pose. L'Addition donne 5476380 Pouces quarrés que valent 1056 Toises 14 Pieds 60 Pouces quarrés.

Nous venons de reduire 1056 Toises 14 Pieds 60 Pouces quarrés en 5476380 *cinq mille cent quatre-vingt-quatriémes*, il faut en faire autant du Diviseur 42 Toises 5 Pieds 10 Pouces courans, c'est-à-dire qu'il faut les multiplier par 5184, ce qui se fait en multipliant 42 par 5184 & puis en tirant pour 3 Pieds la moitié de 5184 parce que 3 Pieds sont moitié d'une Toise courante, après avoir tiré 2 Pieds sur le produit des 3 Pieds, on tire les 10 Pouces sur le produit d'un Pied, en regardant que le pied vaut 12 Pouces.

Ensuite l'on divise 5476380 par 222768, *il vient au Quotient* 24 *Toises* 3 *Pieds* 6 *Pouces courans.*

Diviser 1056 Toises 14 Pieds 60 Pouces quarrés.
Par   42 Toises 5 Pieds 10 Pouces courans.
Réponse 24 *Toises* 3 *Pieds* 6 *Pouces courans.*

1056 t. 14 pi. 60 po. q.   42 t. 5 pi. 10 po. c.
5184 Pouces quarrés.   5184 pouces quarrés

	4224		10368
	8448		20736
	1056	3 Pi.	2592
	5280	1 Pi.	864
12 Pi.	1728	1 Pi.	864
2 Pi.	288	6 Po.	432
60 Po.	60	4 Po.	288
	5476380		222768

12994
102102̸8
5476380 (24 Toises.
222768 (222768
89101̸
        6
779688   111384
                       779688 (3 Pieds.
                       668304 (222768
                            12
                       1336608

1336608 (6 Pouces.
1336608 (222768

" *Cette Division peut servir de preuve à la Mul-*
tiplication de la page 425.

DISCOURS
SUR LA DIVISION.

LA définition de la Division dit que c'eſt *chercher combien de fois le Diviſeur eſt contenu dans la ſomme à diviſer.*

Diviſer 32 par 4 c'eſt chercher combien de fois 4 eſt contenu dans 32 ; le quotient 8 aprend que le Diviſeur 4 eſt contenu *huit fois* dans le Dividende 32.

Le Quotient d'une Diviſion eſt d'eſpece differente ſelon les occaſions differentes.

Diviſer la ſurface d'un quarré long par un des côtés de ce quarré, le quotient de cette Diviſion ſera de meſures courantes valant l'autre côté de ce Quarré.

Diviſer 35 Toiſes quarrées que je ſuppoſe être la ſurface d'un Quarré long, par 5 Toiſes courantes qui ſont la longueur d'un petit côté de ce quarré ; le quotient de cette Diviſion ſera *7 Toiſes courantes longueur d'un grand côté de ce Quarré.*

Diviſer la ſurface de ce même quarré long par un nombre abſolu, à deſſein de partager ce quarré entre des cohéritiers ; le quotient de cette Diviſion ſera *de meſures quarrées qui ſeront la portion d'un cohéritier.*

Diviſer 35 Toiſes quarrées par 5, à
deſſein

deſſein de les partager entre cinq cohe-
ritiers, le quotient de cette Diviſion ſera
7 Toiſes quarrées qui doivent être la
part d'un cohéritier.

Quand on diviſe par un nombre abſolu, le quotient eſt ordinairement de
même eſpece que ce qui a été diviſé.

Diviſer une longueur de 72 Pieds
courants par 8 ; le quotient ſera 9 Pieds
courants.

Diviſer un ſolide de 24 pieds cubes par
4, le quotient ſera 6 pieds cubes.

De la Diviſion Compoſée.

Il eſt un principe general pour les Di-
viſions compoſées, *c'eſt de réduire en même dénomination & le Dividende & le Diviſeur.*

A la page 441 j'ai réduit *en trente-ſixiémes*
les Toiſes du Diviſeur également comme les Toiſes du Dividende, quoique les
unes ſoient *meſure courante* & les autres
meſure quarrée.

A la page 443 j'ai réduit en cinq mille
cent quatre-vingt-quatriemes & le Dividende & le Diviſeur.

Diviſer des quarts de Toiſes par des
quarts, le quotient eſt Toiſes.

Diviſer des trente-ſixiémes de Toiſe
par des trente-ſixiémes, le quotient eſt
Toiſes.

C'eſt par ce principe *que* 24 *demi-Louis*
diviſés *par un demi* donnent au quotient
24 *Louis entiers.*

INSTRUCTION

De l'Opération ci-contre.

Il faut réduire 12 Toises 19 Pieds 72 Pouces quarrés *en Pouces quarrés* en les multipliant par 5184; vous trouverez que ces 12 Toises 19 Pieds 72 Pouces quarrés valent 65016 Pouces quarrés.

Il faut réduire le Dividende 303 livres 10 sols 2 deniers *en cinq mille cent quatre-vingt-quatriémes*, parce que vous avez réduit le Diviseur *en cinq mille cent quatre-vingt-quatriémes.*

C'est-à-dire, qu'il faut multiplier 303 livres 10 sols 2 deniers par 5184, parce que vous avez multiplié 12 Toises 19 Pieds 72 Pouces par 5184; cette Multiplication donne 1573387 livres 4 sols.

Il faut diviser 1573387 livres 4 sols par 65016. Le quotient de cette Division sera *la réponse demandée* 24 *livres* 4 *sols* que coute une Toise quarrée.

Cette Division peut être la preuve d'une Multiplication de la page 427

Un morceau de Terre de 12 Toises 19 Pieds 72 Pouces quarrés m'a coûté 303 livres 10 sols 2 deniers , je demande combien j'ay payé une Toise quarrée.

Réponse 24 Livres 4 sols la Toise quarrée.

Diviseur 12 T. 19 pi. 72 po.

```
                5184
Dividende  303 l. 10 f. 2 d.    5184
          ─────────────        ──────
            15552               10368
           155520                5184
             2592      P. 12 pi. 1728
              43 : 4 f. P.  6 pi.  864
          ─────────     P.  1 pi.  144
          1573387 : 4 f. P. 72 po.   72
                        ──────────────
                           65016
```

```
    1300
    273203
   1573387 ( 24 livres.
   ─────────
   1300324 ( 65016
   26006
        20          260064 ( 4 sols.
   260064 sols.     ──────────────
                    260064 ( 65016
```

INSTRUCTION.

D'une Régle de Trois Droite.

Pour faire une Régle de Trois Droite, il faut multiplier le troisiéme nombre par le nombre du milieu & le produit de cette multiplication, divisé par le premier nombre, donne au quotient la réponse de la Régle de Trois.

A cette premiere Regle de Trois, je multiplie 35 par 22, le produit de cette Multiplication qui est 770 me sert de Dividende, c'est à-dire, que je divise 770 par 7 ; le quotient de cette Division qui est 110 est la réponse de cette Régle de Trois.

Si un Diamétre de 7 Toises donne 22 Toises de circonference, Je demande quelle sera la circonfé- rence d'un Diametre de 35 Toises.

Réponse 110 Toises.

La preuve d'une Régle de Trois se fait par une autre Régle de Trois.

Si une circonference de 22 Toises donne un Dia- metre de 7 Toises, Je demande quel sera le Diame- tre d'une circonference de 110 Toises.

Réponse 35 Toises.

REGLE DE TROIS.

Si 7 donnent 22, combien donneront 35.

$$22$$
$$70$$

770 (110
770 (7

$$70$$
$$70$$
$$770$$

Réponse 110.

PREUVE.

Si 22 donnent 7, combien donneront 110.

$$7$$
$$770$$

770 (35
660 (22

Réponse 35.

AUTRE PREUVE.

Si 35 donnent 110, combien donneront 7.

$$110$$
$$770$$

770 (22
700 (35

Réponse 22.

L'on veut tirer la racine quarrée de 105625, l'o-
peration cy-contre nous donne pour racine 325.

On commence par retrancher tous les Chiffres, de
deux en deux, par une virgule, allant de droite à
gauche.

A Il reste 10 à gauche après le dernier retranchement, il faut chercher dans la table le quarré qui
approche le plus de 10, on trouvera 9 dont la racine est 3, il faut poser 3 au quotient & 9 dessous 10,
ensuite soustraire 9 de 10, il reste 1 que l'on pose
sur le 0.

Après cette première action qui est generale pour
le commencement de toutes les Racines quarrées, on
ne peut trouver que deux chiffres dans chaque retranchement, ces deux chiffres demandent deux ac-
tions differentes :

La premiere est de doubler le quotient qui est 3
de poser ce 6 double de 3 dessous 5 qui est le premier
des deux chiffres.

B La seconde action est une Division que l'on commence en disant, en 15 combien de fois 6 il est 2,
il faut poser ce 2 en deux endroits au quotient à côté
du 3, & dessous le second des deux chiffres à côté
du 6, ensuite on finit cette seconde action en divisant 156 par 62, cette Division finie, il reste 32
que l'on pose dessus 56.

C Pour ce nouveau retranchement il faut recommencer la premiere action, c'est-à-dire qu'il faut
doubler le quotient 32 & poser 64 dessous 322.
D Ensuite la seconde action est de dire en 32 combien de fois 6, il est 5, on pose ce 5 en deux endroits, au quotient à côté du 2, & dessous le second
des deux chiffres à côté du 4. on finit en divisant
3225 par 645.

Le quarré 105625 a pour racine quarrée 325.

TABLE

Des Racines & de leurs Quarrés.

1. eſt la Racine de 1
2. eſt la Raciue de 4
3. eſt la Racine de 9
4. eſt la Racine de 16
5. eſt la Racine de 25
6. eſt la Racine de 36
7. eſt la Racine de 49
8. eſt la Racine de 64
9. eſt la Racine de 81

Extraire la Racine quarrée de 105625

A 10,56,25 (3   B 10,56,25 (32
     96   962

PREUVE.

C 10,56,25 (32   D 10,56,25 (325   325
     9624   962 45   325
       6   6   1625
                                                650
                                                975
                                              105625

Réponſe 325.

LA GEOMETRIE

SERVANT

AU MESURAGE

ET

A L'ARPENTAGE

Ouvrage ſi facile & ſi commode, que par la ſeule Addition on peut meſurer toute ſorte de Terres, Bois & Bâtimens.

Et generalement toutes Figures irrégulieres & Superficies.

Par Défunt M. BARREME.

DE LA MESURE,
Ou Arpentage.

L'Arpentage eſt l'Art de meſurer juſte les heritages & les biens de la campagne, & de ſçavoir repréſenter ſur le papier les démonſtrations fidéles de la contenance & ſuperficie des Terres, Vignes, Vergers, Prez, Bois, & autres pieces de Terre de quelle forme & figure qu'elles puiſſent être ; c'eſt-à-dire faire paroître par regle & par raiſon le Plan, la ſuperficie & la contenance de tous ſes choſes.

L'arpentage dépend de l'Aritmetique. L'Aritmetique eſt fondée ſur 4 Régles generales , & l'Arpentage eſt fondé ſur 4 Principes generaux ; Sçavoir le *Point* , la *Ligne* , l'*Angle* & la *Superficie*.

Par les Points on compoſe les Lignes.

Par les Lignes on compoſe les Angles.

Et par les Angles & par les Lignes on compoſe géneralement toutes ſortes de figures , ainſi par les Régles très-ſûres de ce bel Art , on peut arpenter & donner la juſte ſuperficie des pieces les plus irrégulieres , quelques difformes & difficiles qu'elles puiſſent être.

DE L'UTILITE' DES
Meſures ou Arpentage.

CE Livre que je donne pour les Meſures & l'Arpentage , eſt ſi utile & ſi excellent , que les Nobles , les Bourgeois & les Artiſans en ont beſoin ; il eſt generalement néceſſaire à ceux qui ont du bien à la campagne , & des héritages dans les Villes : ce leur eſt un grand avantage de ſçavoir la contenance de ce qu'ils ont & de ce qu'ils peuvent acquerir ; c'eſt un plaiſir d'avoir la connoiſſance de ce qu'on achette & de ce qu'on vend , parce qu'on en ſçait la valeur ; en un mot , c'eſt un bonheur de pouvoir éviter d'être trompé , autrement il s'en faut rapporter aux Meſureurs qui peuvent faire de faux pas par malice , par ignorance ou par négligence lorſqu'ils ſont diſtraits ; un trait tiré mal-à-propos peut faire tort à l'une des deux parties , ſoit à celle qui vend , ſoit à celle qui veut acheter.

Il ſeroit donc à ſouhaiter que tous ceux qui ont du bien en France euſſent la connoiſſance de ce bel Art , qu'ils miſſent à part quelques momens de loiſir pour s'occuper avec plaiſir à mettre en uſage ce petit Ouvrage.

DES QUALITEZ NECESSAIRES
au Mesureur ou Arpenteur.

IL faut que l'Arpenteur soit homme de bien & de probité, & dont la fidélité soit connue, qu'il sçache les quatre Régles generales de l'Aritmetique, & qu'il s'applique fidellement dans son employ, sans avoir aucun égard à la qualité, à l'affection, ni aux protestations des Parties; sur tout qu'il ne se fie & ne se laisse surprendre, ni corrompre sous l'esperance de quelque récompense.

Le cœur panche au milieu du corps (à ce qu'on dit) mais quoiqu'on dise, il est certain qu'il est plus d'un côté que de l'autre: c'est pourquoi le sage Arpenteur doit éviter tout ce qui peut tenter son intégrité, & noircir sa réputation, il faut qu'il tienne Regiftre de ses mesurations & arpentemens, qu'il écrive exactement dans son Journal le jour, l'année & les Terres qu'il a mesurées, afin qu'il puisse rendre raison de ce qu'il a fait, lorsqu'il en sera requis.

On doit faire ensorte que le nombre des Arpenteurs soit impair, pour éviter la contradiction d'opinions & de sentimens, sur tout aux arpentemens d'importance; & puisqu'en France on leur donne presque partout le titre de Prud'homme, qui est un nom parfait, ils sont tenus de l'être de nom & de fait.

CE QUE LE MESUREUR
ou Arpenteur doit observer.

AVant que de mesurer un fonds il faut que l'Arpenteur prenne bien garde aux bornes & limites de la piece qu'il doit arpenter, afin de ne se méconter pas en prenant quelque part ou portion de la terre d'autrui ; & pour cet effet il faut qu'il en soit bien informé par des indicateurs voisins ; qu'il sçache par eux ou par d'autres , quelles sont les véritables limites.

Il doit ensuite observer la situation & le plan de la piece qu'il doit mesurer, & considerer sa forme, sa figure , pour prendre ses mesures , & prévoir par avance ce qu'il doit faire , lorsqu'il en fera l'arpentement.

Il doit particulierement observer de ne se servir que de la mesure commune du lieu où il est ; que s'il est obligé d'aller aux Provinces voisines où sa bonne renommée le fait appeller , il se doit informer avec quelle mesure l'on arpente , si l'on parle à Perche , à Vergée , à Séterée , à Acre & autres mesures , toutes lesquelles sont limitées sur le pied de Roy , qui est composé de douze pouces. Je ne pousse pas plus avant ce discours , parce que j'expliquerai cy-après comme l'on arpente à Paris , & comme l'on arpente en Province.

DES INSTRUMENS
pour Arpenter.

Pour arpenter , il faut nécessairement quelques Instrumens, sans lesquels on ne sçauroit mesurer le Plan , & sçavoir au juste la superficie d'une Terre.

Il faut premierement.

Un Equerre
avec Un Bâton pour le suporter.
Une Chaîne ou Corde.
Dix Piquets de Bois.
Et une Regle ou échelle de cuivre.

L'EQUERRE

L'EQUERRE que j'ai fait faire, & dont je me sers, qui est figurée cy-après, est très-particuliere; elle est si facile en son usage & si fidéle en son opération, que par elle on peut lever les Plans de toutes sortes de Terres, & les rapporter fidélement sur le papier, sans avoir besoin, ni de *Raporteur*, ni de *Demi-Cercle*, ni de *Compas de proportion*, ni d'autres Instrumens de Géométrie & de Mathématique, la Pratique en est 4. fois plus aisée, & le Coust en est 4. fois plus petit.

LE BATON que j'ay inventé pour la soûtenir, est composé d'une maniere si propre, qu'il peut servir même pour la bienséance : on le peut porter par la Ville comme une Canne d'Inde, sans qu'on puisse connoître que c'est un bâton de Géomettre & d'Arpenteur. Le dessus dudit bâton s'ouvre & se ferme à vis, par une garniture d'argent ou de cuivre.

La CHAINE n'est pas aussi comme les autres, qui ne sont composées que d'une suite de boucles entortillées, qui pour l'ordinaire se trouvent embarassées, & embarassantes lors qu'on s'en veut servir, celle-cy est beaucoup plus commode & plus legere, elle est de fil de fer, on la plie par Pieds, & lesdits Pieds lui servent d'une juste *Division*. Je la *divise* pourtant d'une autre façon, en demi-tiers & quart, & afin que son usage en soit plus general & plus universel, on la peut porter à la poche sans incommodité ; car toute la Chaine étant assemblée & pliée, elle n'a qu'un pouce d'épaisseur & un pied de longueur.

LES DIX PIQUETS sont de bois, de la grosseur du petit doit, pointus par un bout, & d'environ deux pieds & demi de long : ils sont faits au tour, afin qu'ils soient plus déliez ; & qu'ils puissent tous tenir dans la main d'un homme.

LA REGLE doit être de cuivre, & il est
bon de la faire d'un pied de long, afin qu'elle ferve à divers usages: il la faut diviser en 12 parties
égales, comme si c'étoit 12 pouces: Mais la derniere partie il la faut sous-diviser en 12 Lignes qui
font un pouce.

La forme des Instrumens pour Arpenter.

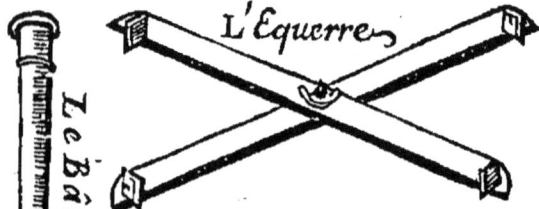

L'Equerre

Le Bâton D'Arpenteur

L'Eschelle

La chaine

Les 10, Piquets

Boussole

Crayon
et
Tireligne

Compa

INSTRUCTION

Pour se bien servir des Instrumens dans le Mesurage ou Arpentage.

Pour arpenter il faut premierement considerer la situation, la figure, & l'étenduë de la piece que vous voulez mesurer, & ensuite planter votre BATON d'Arpenteur au coin où vous desirez commencer votre opération, & poser votre EQUERRE dessus.

Mais vous ne pouvez rien faire si vous n'avez la juste visée des deux bouts de la piece qui regardent droit le coin où vous êtes : c'est pourquoi vous y devez envoyer votre homme pour y planter un autre bâton tel qu'il soit, pourvû qu'il soit un peu droit & fendu par le haut, pour y mettre un morceau de papier, afin que ce papier ou ce blanc vous serve de visée.

Que si votre homme le pose trop en dedans ou trop en dehors, vous lui ferez signe de la main (*sans crier*) jusques à ce qu'il l'ait mis au point où vous desirez qu'il le mette.

Cela fait regardez par les pinules dudit Instrument fait en croix, c'est-à dire par les fentes qui se rencontrent aux 4 bouts d'icelui, jusques à ce que vous voyez dans le milieu desdites fentes le papier qui vous sert de visée, & lequel vous paroîtra comme rond quoiqu'il soit quarré. Vous ferez le même des autres côtez.

Ayant donc découvert avec justesse les deux lignes visuelles qui coupent & limitent les deux côtez de votre piece, par le moyen de votre Equerre. Ce que vous aurez à faire, c'est de lever ledit Instrument le plus délicatement que vous pourrez, sans l'ouvrir ni fermer davantage, afin qu'en le mettant en usage, & l'appliquant sur le Papier, l'Angle se trouve regulier & fidele ; cette méthode est belle & facile, puisqu'il ne faut que tirer deux

traits de crayon ou de plume dans l'ouverture dudit Instrument, & vous aurez fidelement l'Angle
que vous cherchez, ce qu'on ne sçauroit faire avec
les autres Equerres, à moins que d'avoir un Rap-
porteur, & faire plusieurs & diverses opérations.

Or ayant connu & alligné les deux côtez, il les
faut mesurer avec votre Chaîne, faisant marcher
votre homme devant vous; vous & lui vous devez
tenir & soûtenir ladite Chaîne de la main gauche,
mettant la boucle qui est à chaque bout d'icelle, à
l'un des doigts de la main, & de ladite main vous
devez encore tenir les 10 Piquets : votre homme
a soin de les planter & vous de les lever un à un,
parce qu'il ne se rencontre jamais qu'un Piquet à
terre, qui est le dernier posé.

Mais vous devez prendre garde à celui qui les
plantera, qu'il ne s'écarte point à droite ni à gauche; & faire ensorte que le dernier posé, & celui
qu'il pose, avec la visée, soient en droite ligne,
de façon que l'on puisse couvrir l'autre, & que le
Piquet qui est devant votre œil, vous ôte la vûë
de celui qu'on plante, & de l'autre qui vous sert de
visée.

Lorsque vous aurez levé les 10 Piquets, vous
les redonnerez à votre homme, & vous marque-
rez à même temps les 10 Perches ou Chaînes mesurées dessus un papier ou carton, & vous poserez
ce nombre autant de fois que vous aurez fait de
levées, afin qu'après vous regliez ces longueurs &
largeurs sur votre regle de Cuivre, laquelle étant
divisée en 12 parties égales, & la derniere étant
sous-divisée en 12 elle marquera 120 Chaînes ou
Perches.

Maintenant pour rapporter au net la figure &
la forme de la Piece que vous avez mesurée, &
que vous n'avez qu'ébauchée sur un papier en la
mesurant : il faut premierement la reduire au pe-
tit-pied par ladite Regle de Cuivre, & par votre
Equerre. Vous prendrez votre Equerre, laquelle
vous présenterez sur le Papier où vous avez ébau-

ché ladite figure. Vous ouvrirez & fermerez ledit
Inſtrument juſques à ce qu'il ſoit également juſte
avec les lignes qui compoſent leſdits Angles qui
ſont autour de votre Piece. Mais faites que la longueur deſdites lignes ſoient proportionnées & ajuſ-
tées par le compas ſur la regle de cuivre, laquelle
contient 120 meſures, quoiqu'elle ne ſoit que d'un
pied de long.

Ayant donc mis en abregé ſur le papier la figure
que vous avez meſurée ſur le terrain, il faut enfin
ſçavoir ſa contenance comme vous avez ſçû ſes limites : il faut par les regles de l'Art & de l'Aritmetique trouver ſa ſuperficie avec juſteſſe. Je vous
laiſſe le ſoin de lire les Inſtructions, les Regles &
les Réponſes qui ſont après le feuillet, ſuppoſé
que vous deſiriez avoir l'intelligence de cet Art ;
car les Arts & les Sciences ne s'apprennent que par
l'expérience, la peine, l'étude & l'aſſiduité.

Que ſi j'ai avancé qu'on peut faire par l'Addition les ſuſdites opérations, c'eſt que j'entends les
Regles & Multiplications qu'il convient faire après
avoir meſuré les Terres : Or ces Multiplications ſe
font ici par l'Addition, moyennant ces 4 Tarifs du
Toiſé qui ſont très-aiſez à concevoir ; je vais faire
voir en finiſſant ce Diſcours, en quoi ils ſont néceſſaires, & en quoi ils ſervent.

Le 1 ſert pour faire les Multiplications
　　　　　des Entiers par Entiers.
Le 2 ſert pour les Entiers par Fractions.
Le 3 ſert pour les Fractions par Fractions.
Le 4 ſert pour les Fractions de la T o i s e
　　　　exprimées pár Pieds, Pouces & Lignes.

Comme on arpente

En differens lieux du Royaume.

Il faut sçavoir premierement que les Terres se mesurent differemment en chaque Province, & presque en chaque Ville; & même il y a des Villes & des Provinces qui ont deux ou trois sortes de mesures pour l'Arpentage, ainsi qu'il est en usage en Dauphiné & autres endroits où ils les distinguent par la Toise de Roy, par la Toise d'Evêque, & par la Toise de Ville.

Mais parce que cette inégalité de mesures, pourroit mettre en peine ceux qui ne les connoissent pas, je les ai voulu mettre à part, & séparer ici celle de PARIS, d'avec celles de quelqu'autres Provinces.

A PARIS
On mesure les Terres à l'Arpent.
L'Arpent
se divise en Demy, en Quart, en Demy Quart, &c.

L'Arpent	a 100 Perches quarrées
	ou 10 Perches en tout sens, ou de chaque côté.
La Perche	a 18 Pieds
La Toise	a 6 Pieds
Le Pied	a 12 Pouces
Le Pouce	a 12 Lignes
& La Ligne	a L'épaisseur d'un grain d'orge.

Mais de ces deux dernieres Especes ou petites Parties on n'en fait point d'état à l'Arpentage; & ce n'est seulement qu'au Toisage de Charpenterie ou de Massonnerie que l'on s'en sert.

Comme on Arpente
en NORMANDIE.

Les Terres & Prez se mesurent par Acre.
Les Bois   & Bocages   par Arpent.
Les Vignes & Vergers .   par Cartier.

L'ACRE   a 160 Perches.
L'ARPENT   a 100 Perches.
Le CARTIER a 25 Perches.

L'ACRE est composé de   4 Vergées.
La VERGE'E   de 40 Perches.
La PERCHE   de 22 Pieds.

Mais parce que lesdits 22 Pieds qui font contenus en la *Perche* n'ont aucune partie Allicote
que 11 qui est la seule moitié. J'ai trouvé à pro-
pos de regler & reduire cy-dessous les Fractions
& parties de la Perche, jusqu'à un vingt-quatriéme.

La'	*Perche en Normandie*	*est* 22 *Pieds*	
Les 3	*Quarts*	*font* 16 *Pieds*	6 *pou.*
La	*Meitié*	*est* 11 *Pieds*	
Le	*Quart* ..	*est* 5 *Pieds*	6 *pou.*
Le	*Demy-quart ou Huitiéme est*	2 *Pieds*	9 *pou.*
Les 2	*Tiers de la Perche* .	*font* 14 *Pieds*	8 *pou.*
Le	*Tiers*	*est* 7 *Pieds*	4 *pou.*
Le	*Demy-Tiers ou sixiéme*	*est* 3 *Pieds*	8 *pou.*
Le	*Douziéme*	*est* 1 *Pied*	10 *pou.*
Le	*Vingt-quatriéme*	*est*	11 *pou.*

Comme on Arpente

en BOURGOGNE.

En Bourgogne on mesure les Terres, Prez, Vignes & Vergers à *Journal*.

Ils appellent Journal l'étendue de terre que 8 hommes peuvent faire & bescher un jour d'Esté, lequel est limité à 360 Perches, faisant la Perche de 9 Pieds & demi, & le Pied de 12 pouces.

Pour les Bois se mesurent à *Arpent*, faisant l'Arpent de 440 Perches, la Perche comme dessus est de 9 Pieds & demi.

Du Journal.

Le	*Journal de Bourgogne*	*est*	260	Perches
Les	3-*Quarts*	*font*	270	Perches
Le	*Demi*	*est*	180	Perches
Le	*Quart*	*est*	90	Perches
Le	*Demi-quart ou huitiéme*	*est*	45	Perches
Les	2-*Tiers du Journal*	*font*	240	Perches
Le	*Tiers*	*est*	120	Perches
Le	*Demi-Tiers ou sixiéme*	*est*	60	Perches
Le	*Douziéme*	*est*	30	Perches
Le	*Vingt-quatriéme*	*est*	15	Perches

De l'Arpent.

L'Arpent		*est*	440	Perches
Les 3	Quarts	*font*	330	Perches
Le	Demy	*est*	220	Perches
Le	Quart	*est*	110	Perches
Le	Demi-quart ou huitiéme	*est*	55	Perches

On Arpente en

DAUPHINE' à Sesterée, de   900 Cannes *quarrées*
      la Sesterée, de   4 Cartellées
      la Cartellée de   4 Civadiers
      le Civadier de   4 Picotins.

PROVENCE à Saumée, de 1500 Cannes *quarrées*
      la Saumée de   2 Cartellées & d.
      la Cartellée de   4 Civadiers
      le Civadier de   4 Picotins.

LANGUEDOC à Saumée, de 1600 Cannes *quarrées*
      la Canne   de   8 Pans
      le Pan   de   8 Pouces 9 lignes.

BRETAGNE à Journal de   22 Seillons un tiers
      le Seillon de   6 Rayes
      la Raye   de   2 Gaules & demi
      la Gaule de   12 Pieds.

TOURAINE à Arpent de   100 Chaînes ou Per.
      la Perche de   25 Pieds
      le Pied   de   12 Pouces.

LORRAINE à Journal de   250 Toises *quarrées*
      la Toise   de.   10 Pieds
      le Pied   de   10 Pouces.

A ORLEANS à Arpent de   100 Perches *quarrées*
      la Perche de   20 Pieds
      le Pied   de   12 Pouces.

Il faut sçavoir que presque par tout le reste du Royaume ils font leur mesure de 100 Perches. Chaînes ou Cordes, & lesdites Perches, Chaînes ou Cordes sont pour la plûpart composées de 25 Pieds de long; mais le pied comme j'ai dit ailleurs est toujours de 12 Pouces.

Il faut sçavoir aussi que bien souvent ils divisent ladite Mesure de 100 en *Demi*, en *Quart*, en De-mi-*Quart*, &c.

FORMULE POUR DRESSER
par l'Arpenteur son procès verbal.

JE N. Souffigné, reconnois & déclare à tous qu'il appartiendra, que ce jourd'hui .... du Mois de ..... de l'année mil fept cent trente .... à la requifition du Sieur .... Receveur & Fermier de Haut & Puiffant Seigneur, Meffire .... Duc de .... Je me fuis exprès tranfporté de ma maifon & domicile fcife au Village de.... pour mefurer les pieces d'héritages cy-après énoncées, pourquoi faire je me fuis fait accompagner de .... & .... indicateurs habitans dudit Village, qui m'ont dit & affuré fçavoir bien où font fitués lefdits biens, & en connoître parfaitement les limites, & promis de me les indiquer fidélement & en leur confcience ; après quoi nous nous fommes enfemble tranfportés au lieu appellé .... du territoire & Seigneurie de .... & avons commencé ledit jour & continué les .... fuivans à faire les Mefurages qui enfuivent, avec notre Chaîne & mefure ordinaire ufitée en ce lieu qui eft de.... pieds, dont les 100 font juftement l'Arpent.

Premierement une piece de Terre labourée ou labourable, fituée au Terroir dudit lieu, vulgairement appellée N. *contenant tant*

Item une Terre *contenant tant*
Item une Vigne *contenant tant*
Item un Verger *contenant tant*
Item un Bois *contenant tant*
Item un Pré *contenant tant*

Le lendemain .... dudit Mois nous avons recommencé de mefurer Telle ou Telle Piece de Vigne, Terre, Bois ou Bocage, &c.

Ainfi on continuera de faire le Rapport, en rapportant fur le Papier tout ce qu'on a eftimé ou mefuré : & il faut terminer le procès verbal par ces mots,

Ainfi je l'attefte & je l'affure par mon feing & par les Témoins nommez & fignez icy deffous. Fait ce.... mil fept cens trente ...

A V I S.

J'Ay cy-devant traité sommairement des Mesures & Arpentage en géneral ; & de leur utilité ; des qualitez nécessaires au Mesureur ou Arpenteur ; & de ce qu'ils doivent observer : Des Instrumens nécessaires pour Arpenter, dont j'ai donné les Figures dans la Planche gravée : Des noms des Mesures usitées en differens Pays ; & enfin de la maniere que doivent être dressez les Procez Verbaux de Raport. Je donne cy-après la Méthode pour mesurer toute sorte de Terrain, soit régulier ou irrégulier, tel qu'il puisse être, ou que l'on puisse se l'imaginer, depuis le Quarré parfait, jusqu'à la forme la plus bizarre, ou irreguliere Mixte.

Pour mesurer une Piece,
De la forme & figure cy-dessous nommée.

QUARRE' Parfait.

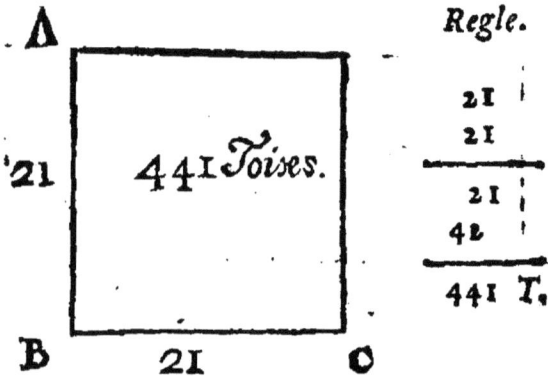

A
‒‒‒‒‒‒‒‒‒

Regle.

21
21
‒‒‒‒‒‒
21
42
‒‒‒‒‒‒
441 T.

'21   441 *Toises.*

B   21   C

INSTRUCTION.

Il faut multiplier la hauteur depuis A jusqu'à B, par la *Largeur* depuis B jusqu'à C, ce qui viendra de cette petite multiplication fera la Réponse.

Supposés donc que ladite figure eut de *Hauteur* 21 Toises (ou autre mesure) & de *Largeur* 21. multipliez 21 par 21 comme à la Regle cy-dessus, & vous sçaurez le Plan & la superficie de ladite piece qui doit être juste.

441 *Toises quarrées.*

Le QUARRE' PARFAIT *a* 4 *côtés égaux* & 4 *Angles droits.*

Pour mesurer une Piece,
de la forme & figure cy-dessous nommée.

QUARRE' Long.

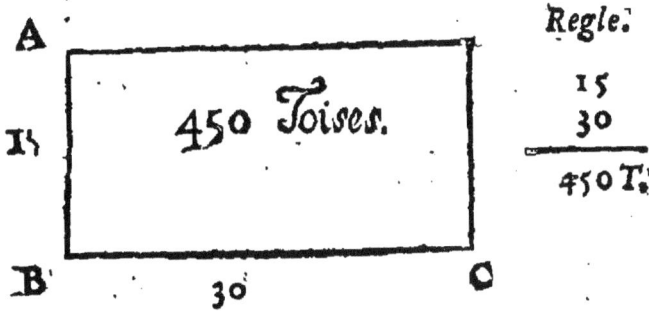

Regle.

15
30
―――――
450 T.

INSTRUCTION.

Il faut multiplier la *Hauteur* depuis A
jusqu'à B, par la *Longueur* depuis B jusqu'à
C, ce qui viendra de cette petite multiplication sera la Réponse.

Supposés donc que ladite figure eut de
Hauteur 15 Toises (ou autre mesure) &
de *Longueur* 30. multipliez 15 par 30 comme à la Regle cy-dessus ; & vous sçaurez le
Plan & la superficie de ladite piece, qui
doit être juste.

450 Toises quarrées.

Le QUARRE' LONG, a 4 *Angles droits*, & les côtés
qui se regardent égaux & paralelles.

Pour mesurer une Piece,
De la forme & figure cy-dessous nommée.

RHOMBE.

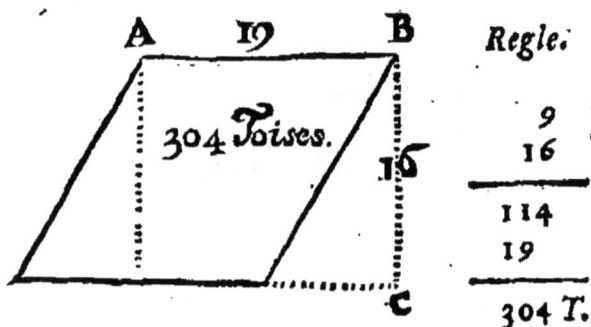

			Regle.
A	19	B	
304 Toises.		16	9
			16
			114
		C	19
			304 T.

INSTRUCTION.

Il faut multiplier la *Longueur* depuis **A** jusqu'à **B**, par la *Hauteur* depuis **B** jusqu'à **C**, ce qui viendra de cette petite multiplication sera la Réponse.

Supposez donc que ladite figure eut de *Longueur* 19 Toises (ou autre mesure) & de hauteur 16. multipliez 19 par 16 comme à la Regle cy-dessus, & vous sçaurez le Plan & la superficie de ladite Piece, qui doit être juste.

304 Toises quarrées.

Le RHOMBE *a* 4 *côtez égaux & paralelles, mais il y a* 2 *Angles aigus, &* 2 *obtus.*

R r iij

Pour mefurer une Piece,
De la forme & figure cy-deffous nommée,

RHOMBOIDE.

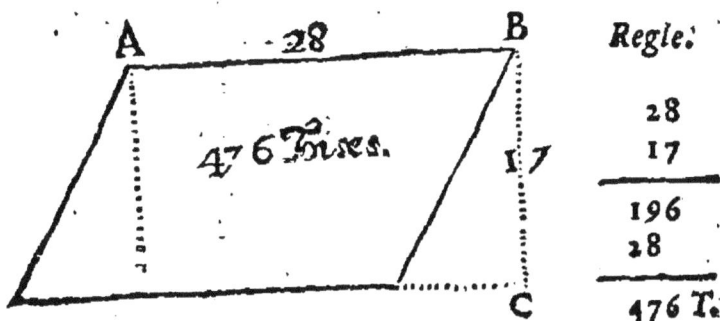

Il faut multiplier la Longeur depuis A jufqu'à B, par la *Hauteur* depuis B jufqu'à C, ce qui viendra de cette petite multiplication fera la Réponfe.

Suppofés donc que ladite figure eut de *Longueur,* 28 Toifes (ou autre mefure) & de *Hauteur* 17. multipliez 28 par 17, comme à la Regle cy-deffus, & vous fçaurez le Plan & la fuperficie de ladite Piece, qui doit être jufte.

476 *Toifes quarrées.*

Le RHOMBOÏDE, a les côtez qui fe regardent égaux, & paralelles, 2 Angles aigus, & 2 obtus.

Pour mesurer une Piece,
De la forme & figure cy-dessous nommée.

Triangle RECTANGLE.

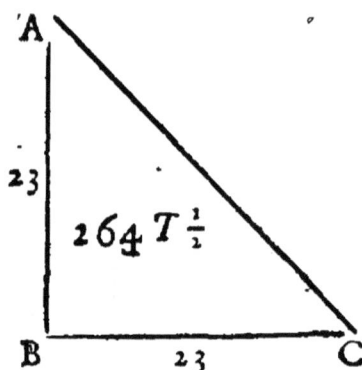

A

23

$264\,T\frac{1}{2}$

B   23   C

Regle.

23
23
―――
69
46
―――
529
―――
264 Tois.
& demi.

INSTRUCTION.

Il faut multiplier la *Hauteur* depuis **A** jusqu'à **B**, par la *Largeur* depuis **B** jusqu'à **C**, de ce qui viendra prenez-en la moitié, cette moitié produit la réponse.

Supposés donc que ladite figure eut de *Hauteur* 23 Toises (ou autre mesure) & de *Largeur* 23. multipliez 23 par 23, sera 529 & par la moitié vous sçaurez le Plan & la superficie de ladite Piece qui doit être juste.

264 Toises & demi.

Le Triangle RECTANGLE, n'est autre qu'un demi Quarré, il a 1 Angle droit & 2 Aigus.

MAXIME GENÈRALE
pour mesurer.

Les Triangles $\left\{\begin{array}{l}\text{RECTANGLE} \\ \text{SCALENE} \\ \text{EQUILATERAL} \\ \text{OXIGONE} \\ \text{AMBLIGONE} \\ \text{ISOCELLE}\end{array}\right.$ *& autres , qui sont aux 6 feuillets suivans , & generalemens toutes sortes de Triangles.*

Il ne faut que multiplier la *Hauteur* par la *Largeur* , & du produit en prendre la moitié , cette moitié sera la superficie du Triangle.

Pour mesurer une Piece,
De la forme & figure cy-dessous nommée.

Triangle SCALENE.

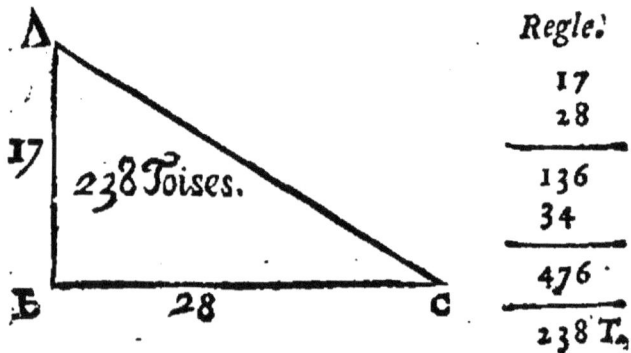

Regle.

17
28
___
136
34
___
476
___
238 T.

A

17

238 Toises.

B   28   C

INSTRUCTION.

Il faut multiplier la *Hauteur* depuis A jusqu'à B, par la *Longueur* depuis B jusqu'à C, de ce qui viendra, prenez en la moitié, cette moitié produit la Réponse.

Suppofez donc que ladite figure eut de hauteur 17 Toifes (ou autre mefure) & de *Longueur* 28. multipliez 17 par 28, fera 476 & par la moitié vous fçaurez le Plan & la fu- perficie de ladite Piece qui doit être jufte.

238 Toifes quarrées.

Le Triangle SCALENE, n'eft autre qu'un demi Quar- ré long, il a ⅟ Angle droit & ⅃ Angles aigus.

Pour mefurer une Piece,
De la forme & figure cy-deffous nommée.

Triangle EQUILATERAL.

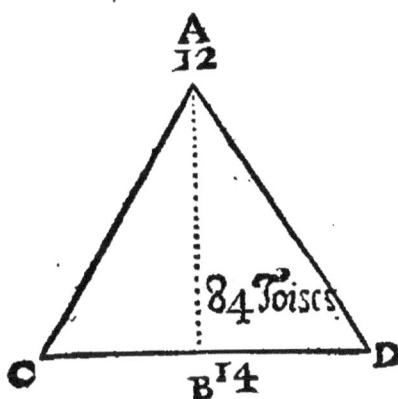

Il faut multiplier la *Hauteur* depuis A
jufqu'à B, par la *Largeur* depuis C jufqu'à
D, ce qui viendra prenez-en la moitié, cette moitié produit la Réponfe.

Suppofés donc que ladite figure eut de
Hauteur, 12 Toifes (ou autre mefure) &
de *Largeur* 14. multipliez 12 par 14, fera
168, prenez en la *moitié*, vous fçaurez le
Plan & la fuperficie de ladite Piece, qui doit
être jufte.

84 *Toifes quarrées.*

Le Triangle EQUILATERAL *n'eft autre qu'une demi*
Rhombe, il a 3 Angles aigus, & 3 côtez égaux.

INSTRUCTION.

Pour mesurer une Piece,
De la forme & figure cy-dessous nommée.

Triangle OXIGONE.

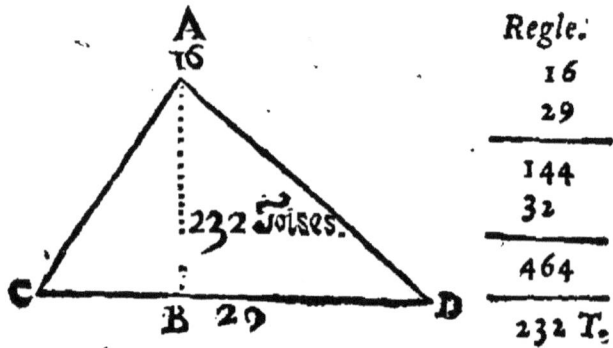

Regle.
16
29
———
144
32
———
464
———
232 T.

INSTRUCTION.

Il faut multiplier la *Hauteur* depuis A jusqu'à B, par la *Longueur* depuis C, jusqu'à D, de ce qui viendra prenez en la moitié, cette moitié produit la Réponse.

Supposés donc que ladite figure eut de *Hauteur* 16 Toises (ou autre mesure) & de *Longueur* 29, multipliez 16 par 29, sera 464, prenez-en la *moitié*, vous sçaurez le Plan & la superficie de ladite Piece, qui doit être juste.

232 Toises quarrées.

Le Triangle OXIGONE *a trois côtez inégaux, & 3 Angles aigus.*

Pour mesurer une Piece ;
De la forme & figure cy-dessous nommée.

Triangle AMBLIGONE.

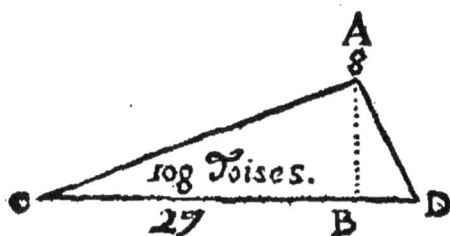

Regle.
27
8
――――
216
――――
108 *T.*

INSTRUCTION.

Il faut multiplier la *Hauteur* depuis A jusqu'à B, par la *Longueur* depuis C jusqu'à D, de ce qui viendra prenez-en la moitié, cette moitié produira la Réponse.

Supposez donc que ladite figure eut de *Hauteur* 8 Toises (ou autre mesure) & de *Longueur* 27 multipliez 27 par 8 sera 216, prenez-en la *moitié*, vous sçaurez le Plan & la superficie de ladite Piece, qui doit être juste.

108 Toises quarrées.

Le Triangle AMBLIGONE *a toujours un Angle obtus.*

Pour mesurer une Piece,
De la forme & figure cy-dessous nommée.

Triangle ISOCELLE.

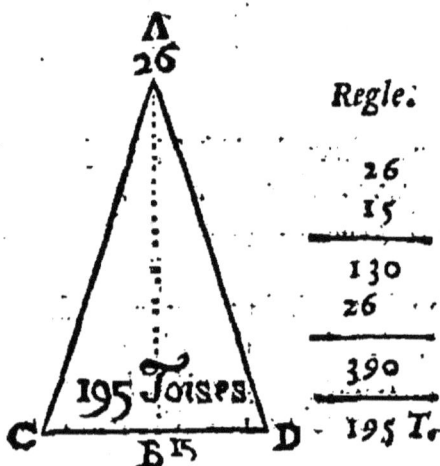

Regle.

26
15
_____

130
26
_____

390
_____
195 T.

INSTRUCTION.

Il faut multiplier la *Hauteur* depuis A jusqu'à B, par la *Largeur* depuis C jusqu'à D de ce qui viendra, prenez-en la moitié, cette moitié produira la Réponse.

Supposés donc que ladite figure eut de *Hauteur* 26 Toises (ou autre mesure) & de *Largeur* 15 multipliez 26 par 15, sera 390 prenez-en la *moitié*, vous sçaurez le Plan & la superficie de ladite piece qui doit être juste.

195 Toises quarrées.

Le Triangle ISOCELLE *a toujours deux côtez égaux.*

MAXIME GENERALE.

Pour mesurer les TRAPEZES *qui sont aux feuillets suivans*, & *generalement tous autres de quelle forme* & *grandeur qu'ils puissent être.*

Il ne faut qu'additionner les deux côtez paralelles & multiplier le produit par la *Hauteur*, & de ce qui en viendra en prendre la moitié, cette *moitié* sera la superficie du TRAPEZE.

Pour mefurer une Piece,
De la forme & figure cy-deffous nommée.

TRAPEZE.

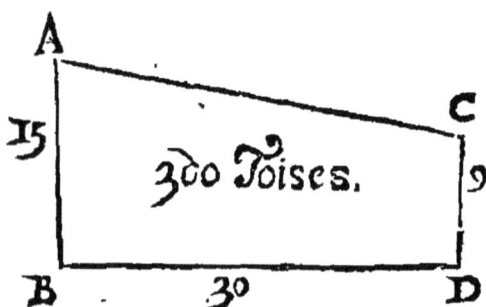

Regle:

15
9
———
24
30
———
720
———
360 T.

INSTRUCTION.

Il faut ajoûter les *Hauteurs* AB, & CD,
& multiplier ce qui en viendra par la *Longeur* depuis B, jufqu'à D, & du produit
en prendre la moitié qui fera la Réponfe.

Suppofez donc que depuis A, jufqu'à B,
il y eut 15 Toifes (ou autre mefure) & de
C, jufqu'à D. il y en eut 9 à l'*Addition*,
viendra 24 qu'il faut *multiplier* par 30, &
du produit 720 il en faut prendre *la moitié*
qui fera jufte.

360 *Toifes quarrées.*

Le TRAPEZE *a toujours* 2 *côtezparalelles.*

Pour mesurer une Piece
De la forme & figure cy-dessous nommée.

Autre TRAPEZE.

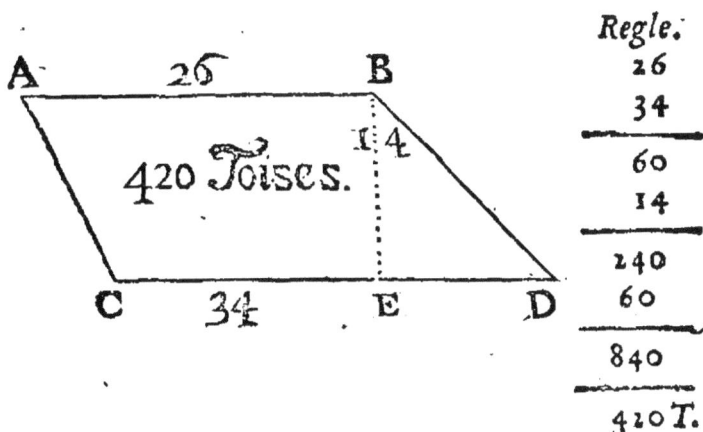

Regle.
26
34
___
60
14
___
240
60
___
840
___
420 T.

INSTRUCTION.

Il faut ajoûter les *Longueurs* A B, & CD & multiplier ce qui viendra par la *Hauteur* depuis B jusqu'à E, & du produit en prendre la moitié qui sera la Réponse.

Supposez donc que depuis A jusqu'à B, il y eut 26 Toises (ou autre mesure) & de C jusqu'à D, il y en eut 34 à l'*Addition*, viendra 60 qu'il faut *multiplier* par 14, & du produit 840. il en faut prendre *la moitié* qui sera juste.

420 Toises quarrées.

Le TRAPEZE de 4 côtez qu'il a , il en a toujours 2 parallelles.

'Autre TRAPEZE.

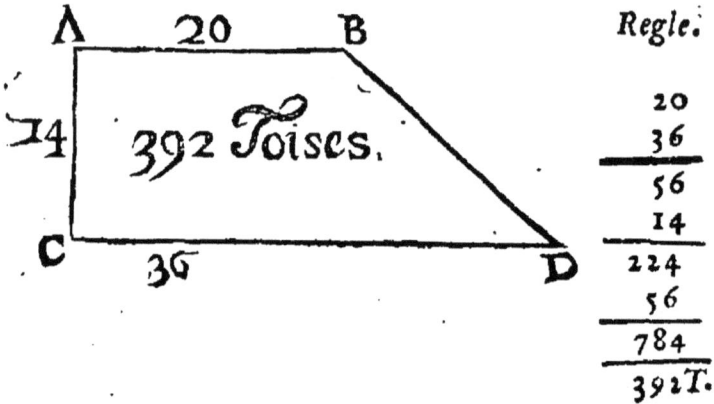

Regle.

```
   20
   36
  ___
   56
   14
  ___
  224
   56
  ___
  784
  ___
  392 T.
```

INSTRUCTION.

Il faut additionner les *Longeurs* A B & C D & multiplier ce qui viendra par la *Hauteur* depuis A jusqu'à C, & du produit en prendre la moitié qui sera la Réponse.

Suppofez donc que depuis A jusqu'à B, il y eut 20 Toifes (ou autre mefure) & de C, jusqu'à D, il y en eut 36 à l'*Addition*, viendra 56 qu'il faudra multiplier par 14 & du produit 784. il en faut prendre *la moitié* qui fera jufte.

392 *Toifes quarrées.*

Le TRAPEZE de 4 côtez qu'il a, il en a toujours 2
paralelies.

SI ij

MAXIME GENERALE.

Pour mesurer toutes sortes de TRAPEZOIDES.

Il ne faut que tirer une ligne Oblique qui traverse depuis l'angle le plus aigu & le plus éloigné jusqu'à celui du milieu, & vous partagerez votre TRAPEZOIDE en 2. TRIANGLES.

Or les Triangles étant faciles à mesurer comme j'ai enseigné cy-devant, je n'y mettray plus dorefnavant les Regles à côté, parce qu'il en faudroit trop, & aulieu de servir à l'instruction, elles feroient une confusion.

Je me contente donc d'y mettre le plus nécessaire qui est comme il les faut faire.

Pour mesurer une Piece
De la forme & figure cy-dessous nommée.

TRAPEZOIDE.

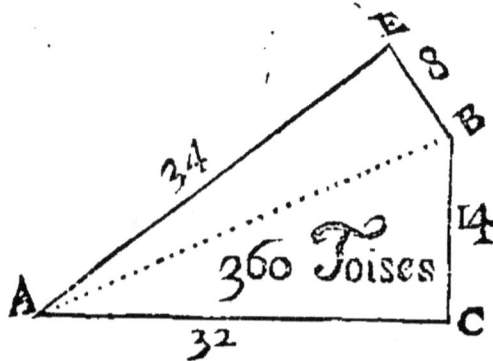

INSTRUCTION.

Il faut tirer une ligne Oblique depuis A jusqu'à B, laquelle partagera le TRAPEZOIDE en 2 Triangles.

Supposez donc que le *premier Triangle* eut de *Longueur* depuis A jusqu'à C 32 T. & qu'il eut de *Hauteur* depuis C jusqu'à B 14. multipliez l'un par l'autre, viendra 448, & prenez en la moitié, sera 224 Toises.

Et pour le *second Triangle* multipliez sa *Longueur* 34 par sa *Hauteur* 8, & du produit qui est 272, prenez-en aussi la moitié, sera 136 T. qu'il faut ajouter avec 224 du prem. Triangle.

Le tout viendra juste 360 Toises quarrées.

Le TRAPEZOIDE n'a point de lignes paralelles comme les Trapezes, & ne peut jamais avoir plus de 4 côtez.

Autre TRAPEZOIDE.

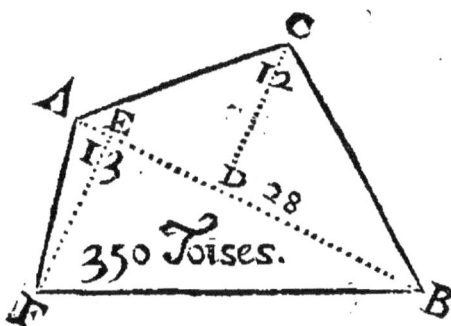

INSTRUCTION.

Il faut tirer une ligne Oblique depuis A jufqu'à
B, laquelle partagera le T R A P E Z O I D E en 2
Triangles.

Suppofez donc que le *premier Triangle* eut de Lon-
gueur depuis A jufqu'à B 28 T. & qu'il eut de *Hauteur* depuis E jufqu'à F 13. multipliez l'un par
l'autre viendra 364, & prenez-en la moitié, fera
182 Toifes.

Et pour le *fecond Triangle* multipliez fa *Longueur* 28
par la *Hauteur* 12 & du produit qui eft 336, prenez-
en auffi la moitié, fera 168 T. qu'il faut ajouter
avec 182 du premier Triangle.

Le tout viendra jufte 350 Toifes quarrées.

Autre TRAPEZOIDE.

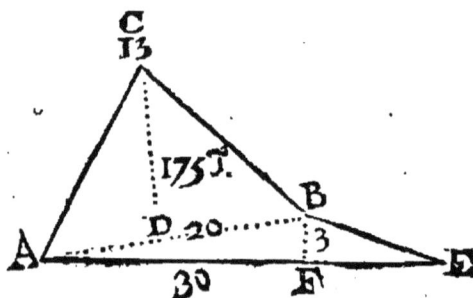

INSTRUCTION.

Il faut tirer une ligne Oblique depuis A jufqu'à B, laquelle partagera le TRAPEZOIDE en 2 Triangles.

Supofez donc que le *premier Triangle* eut de Longueur depuis A jufqu'à B 20 T. & qu'il eut de *Hauteur* depuis C jufqu'à D 13 , multipliez l'un par l'autre, viendra 260 , & prenez-en la moitié , fera 130 Toifes.

Et pour le *petit Triangle* multipliez fa Longueur 30 par fa *Hauteur* 3 ,,& du produit qui eft 90 prenez-en auffi la moitié , fera 45 qu'il faut ajouter avec 130 du premier Triangle.

Le tout viendra jufte 175 Toifes quarrées.

MAXIME GENERALE.

F Les Pieces IRREGULIERES ont toujours plus de quatre côtez , elles n'ont point de Nom propre & particulier , si ce n'est celui d'Irregulier , qui exprime en general la difformité de leur figure.

On les mesure diversement , & chacun à sa volonté , mais il est de nécessité de les réduire & diviser en *Quarrées ou Triangles* , en *Trapezes* ou *Trapezoides* , comme l'on verra cy-après.

Notez

Que je suppose ici qu'on sache faire les opérations précedentes ; pour venir à bout des suivantes.

Des Pieces Irregulieres.

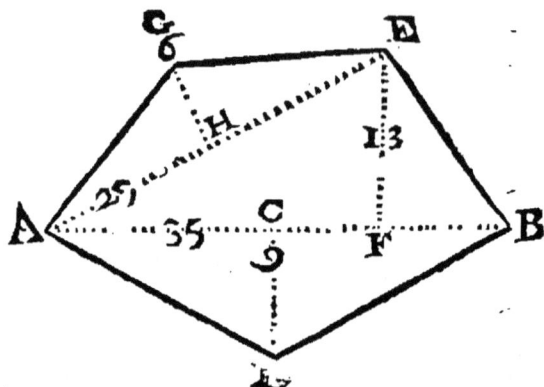

INSTRUCTION.

Pour mesurer une Figure IRREGULIERE
comme celle-cy-dessus, pour le plus court, il la
faut diviser en trois Triangles.

Le Premier   est depuis A jusqu'à B avec le dessous.
Le Second   est depuis A jusqu'à E avec le dessus.
Le Troisiéme est depuis A jusqu'à E
                            & jusqu'à B avec le dedans.

Or pour sçavoir la superficie des 3 Triangles
            MULTIPLIEZ
35 par 9 la moitié *le produit* sera du Premier
29 par 6 la moitié   sera du Second
25 par 13 la moitié   sera du Troisiéme.

Le Premier Triangle aura 157 T. & demy.
Le Second   en aura 87
& Le Troisiéme   227 T. & demy.

Ainsi le Total de la Piece sera 472 Toises justes ou
                            autre mesure.

Autre Piece Irreguliere.

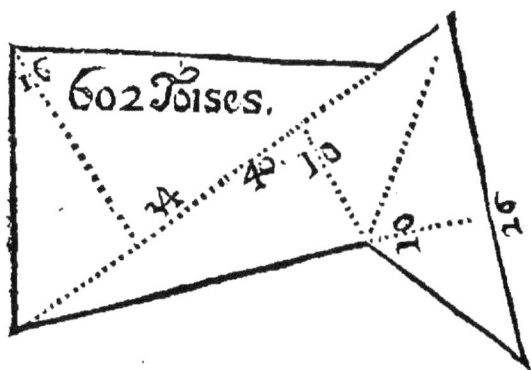

INSTRUCTION.

Pour mefurer une Figure IRREGULIERE comme celle ci-deffus, on la peut divifer en 3 Triangles comme la précedente.

Le Premier aura 34 de *longueur* & 16 de *hauteur.*
Le Second   40 de *long.*   & 10 de *haut.*
Le Troifiéme   26 de *long.*   & 10 de *haut.*

Il faut multiplier la *Longueur* par fa *Hauteur*, & du produit en ayant pris la moitié

Le Premier Triangle aura 272 de fuperficie.
Le Second   aura 200
Le Troifiéme   aura 130

Et la Totalité fera   602 Toifes ou autres
                            Mefures.

TABLE GENERALE

DES NOMBRES

ENTIERS

AVIS.

Bien que la Table ſuivante ne ſoit miſe icy que pour ſervir & ſçavoir la valeur de pluſieurs choſes meſurées à proportion de leurs differens prix, néanmoins, *elle eſt ſi univerſelle* qu'elle peut être appliquée à tout ce qu'on voudra pour la multiplication des nombres entiers, c'eſt-à-dire,

Pour multiplier

Toiſes par *Toiſes*, *Perches* par *Perches*, *Pieds* par *Pieds*, *Pouces* par *Pouces*,

Et generalement à tout ce qu'on voudra multiplier, je mets icy un exemple familier & quelques autres ſur la fin, afin de donner l'intelligence pour s'en ſervir & pour l'appliquer.

Suppoſé donc,

Que l'Arpent, la Toiſe, ou autre meſure valut 12 livres, Pour ſçavoir combien valent 29 Toiſes ou autre meſure, Voyez en haut du feuillet A 12 *Livres* la choſe, & vous trouverez en bas dudit feuillet à la ligne 29, *Que 29 valent* 348 *Livres.*

Mais ſi au lieu de 12 *Livres* c'étoit 12 Toiſes; qu'il fallut multiplier par 29 Toiſes, vous trouverez au même feuillet, à la même ligne, une même Réponſe, *Qui eſt* 348 Toiſes.

2 valent 4 L	39 valent 78 L
3 valent 6 L	40 valent 80 L
4 valent 8 L	50 valent 100 L
5 valent 10 L	60 valent 120 L
6 valent 12 L	70 valent 140 L
7 valent 14 L	80 valent 160 L
8 valent 16 L	90 valent 180 L
9 valent 18 L	100 valent 200 L
10 valent 20 L	200 valent 400 L
11 valent 22 L	300 valent 600 L
12 valent 24 L	400 valent 800 L
13 valent 26 L	500 valent 1000 L
14 valent 28 L	600 valent 1200 L
15 valent 30 L	700 valent 1400 L
16 valent 32 L	800 valent 1600 L
17 valent 34 L	900 valent 1800 L
18 valent 36 L	1000 valent 2000 L
19 valent 38 L	2000 valent 4000 L
20 valent 40 L	3000 valent 6000 L
21 valent 42 L	4000 valent 8000 L
22 valent 44 L	5000 valent 10000 L
23 valent 46 L	6000 valent 12000 L
24 valent 48 L	7000 valent 14000 L
25 valent 50 L	8000 valent 16000 L
26 valent 52 L	9000 valent 18000 L
27 valent 54 L	10000 valent 20000 L
28 valent 56 L	
29 valent 58 L	Les 3 *quarts* 1 L 10 ſ
30 valent 60 L	*le demy* - 1 L
31 valent 62 L	*le quart* 10 ſ
32 valent 64 L	*le huitiéme* 5 ſ
33 valent 66 L	*le feiziéme* 2 ſ6
34 valent 68 L	Les 2 *tiers* 1 L 6 ſ8
35 valent 70 L	*le tiers* 13 ſ4
36 valent 72 L	*le fixiéme* 6 ſ8
37 valent 74 L	*le douziéme* 3 ſ4
38 valent 76 L	*le ving-quatr.* 1 ſ8

2 valent	6 L		39 valent	117 L
3 valent	9 L		40 valent	120 L
4 valent	12 L		50 valent	150 L
5 valent	15 L		60 valent	180 L
6 valent	18 L		70 valent	210 L
7 valent	21 L		80 valent	240 L
8 valent	24 L		90 valent	270 L
9 valent	27 L		100 valent	300 L
10 valent	30 L		200 valent	600 L
11 valent	33 L		300 valent	900 L
12 valent	36 L		400 valent	1200 L
13 valent	39 L		500 valent	1500 L
14 valent	42 L		600 valent	1800 L
15 valent	45 L		700 valent	2100 L
16 valent	48 L		800 valent	2400 L
17 valent	51 L		900 valent	2700 L
18 valent	54 L		1000 valent	3000 L
19 valent	57 L		2000 valent	6000 L
20 valent	60 L		3000 valent	9000 L
21 valent	63 L		4000 valent	12000 L
22 valent	66 L		5000 valent	15000 L
23 valent	69 L		6000 valent	18000 L
24 valent	72 L		7000 valent	21000 L
25 valent	75 L		8000 valent	24000 L
26 valent	78 L		9000 valent	27000 L
27 valent	81 L		10000 valent	30000 L
28 valent	84 L			
29 valent	87 L		Les 3 quarts	2 L 5 ſ
30 valent	90 L		le demi	1 L 10 ſ
31 valent	93 L		le quart	15 ſ
32 valent	96 L		le huitiéme	7 ſ 6
33 valent	99 L		le ſeixiéme	3 ſ 9
34 valent	102 L			
35 valent	105 L		Les 2 tiers	2 L
36 valent	108 L		le tiers	1 L
37 valent	111 L		le ſiziéme	10 ſ
38 valent	114 L		le douziéme	5 ſ
			le vingt-quatr.	2 ſ 6

2 valent	8 L		39 valent	156 L
3 valent	12 L		40 valent	160 L
4 valent	16 L		50 valent	200 L
5 valent	20 L		60 valent	240 L
6 valent	24 L		70 valent	280 L
7 valent	28 L		80 valent	320 L
8 valent	32 L		90 valent	360 L
9 valent	36 L		100 valent	400 L
10 valent	40 L		200 valent	800 L
11 valent	44 L		300 valent	1200 L
12 valent	48 L		400 valent	1600 L
13 valent	52 L		500 valent	2000 L
14 valent	56 L		600 valent	2400 L
15 valent	60 L		700 valent	2800 L
16 valent	64 L		800 valent	3200 L
17 valent	68 L		900 valent	3600 L
18 valent	72 L		1000 valent	4000 L
19 valent	76 L		2000 valent	8000 L
20 valent	80 L		3000 valent	12000 L
21 valent	84 L		4000 valent	16000 L
22 valent	88 L		5000 valent	20000 L
23 valent	92 L		6000 valent	24000 L
24 valent	96 L		7000 valent	28000 L
25 valent	100 L		8000 valent	32000 L
26 valent	104 L		9000 valent	36000 L
27 valent	108 L		10000 valent	40000 L
28 valent	112 L			
29 valent	116 L		Les 3 quarts	3 L
30 valent	120 L		le demy	2 L
31 valent	124 L		le quart	1 L
32 valent	128 L		le huitiéme	10 ſ
33 valent	132 L		le ſeiziéme	5 ſ
34 valent	136 L			
35 valent	140 L		Les 2 tiers	2 L 13 ſ 4
36 valent	144 L		le tiers	1 L 6 ſ 8
37 valent	148 L		le ſixiéme	13 ſ 4
38 valent	152 L		le douziéme	6 ſ 8
			le vingt-quatr.	3 ſ 4

2 valent	10 L		39 valent	195 L
3 valent	15 L		40 valent	200 L
4 valent	20 L		50 valent	250 L
5 valent	25 L		60 valent	300 L
6 valent	30 L		70 valent	350 L
7 valent	35 L		80 valent	400 L
8 valent	40 L		90 valent	450 L
9 valent	45 L		100 valent	500 L
10 valent	50 L		200 valent	1000 L
11 valent	55 L		300 valent	1500 L
12 valent	60 L		400 valent	2000 L
13 valent	65 L		500 valent	2500 L
14 valent	70 L		600 valent	3000 L
15 valent	75 L		700 valent	3500 L
16 valent	80 L		800 valent	4000 L
17 valent	85 L		900 valent	4500 L
18 valent	90 L		1000 valent	5000 L
19 valent	95 L		2000 valent	10000 L
20 valent	100 L		3000 valent	15000 L
21 valent	105 L		4000 valent	20000 L
22 valent	110 L		5000 valent	25000 L
23 valent	115 L		6000 valent	30000 L
24 valent	120 L		7000 valent	35000 L
25 valent	125 L		8000 valent	40000 L
26 valent	130 L		9000 valent	45000 L
27 valent	135 L		10000 valent	50000 L
28 valent	140 L			
29 valent	145 L		Les 3 quarts	3 L 15 ʃ
30 valent	150 L		le demi	2 L 10 ʃ
31 valent	155 L		le quart	1 L 5 ʃ
32 valent	160 L		le huitiéme	12 ʃ 6
33 valent	165 L		le ʃeiziéme	6 ʃ 3
34 valent	170 L		Les 2 tiers	3 L 6 ʃ 8
35 valent	175 L		le tiers	1 L 13 ʃ 4
36 valent	180 L		le ʃixiéme	16 ʃ 8
37 valent	185 L		le douziéme	8 ʃ 4
38 valent	190 L		le vingt-quatr.	4 ʃ 2

2 valent	12 L	39 valent	234 L
3 valent	18 L	40 valent	240 L
4 valent	24 L	50 valent	300 L
5 valent	30 L	60 valent	360 L
6 valent	36 L	70 valent	420 L
7 valent	42 L	80 valent	480 L
8 valent	48 L	90 valent	540 L
9 valent	54 L	100 valent	600 L
10 valent	60 L	200 valent	1200 L
11 valent	66 L	300 valent	1800 L
12 valent	72 L	400 valent	2400 L
13 valent	78 L	500 valent	3000 L
14 valent	84 L	600 valent	3600 L
15 valent	90 L	700 valent	4200 L
16 valent	96 L	800 valent	4800 L
17 valent	102 L	900 valent	5400 L
18 valent	108 L	1000 valent	6000 L
19 valent	114 L	2000 valent	12000 L
20 valent	120 L	3000 valent	18000 L
21 valent	126 L	4000 valent	24000 L
22 valent	132 L	5000 valent	30000 L
23 valent	138 L	6000 valent	36000 L
24 valent	144 L	7000 valent	42000 L
25 valent	150 L	8000 valent	48000 L
26 valent	156 L	9000 valent	54000 L
27 valent	162 L	10000 valent	60000 L
28 valent	168 L		
29 valent	174 L		

Les 3 quarts	4 L 10 ſ
le demy	3 L
le quart	1 L 10 ſ
le huitiéme	15 ſ
le ſeiziéme	7 ſ 6

Les 2 tiers	4 L
le tiers	2 L
le ſixiéme	1 L
le douziéme	10 ſ
le vingt-quatr.	5 ſ

30 valent	180 L
31 valent	186 L
32 valent	192 L
33 valent	198 L
34 valent	204 L
35 valent	210 L
36 valent	216 L
37 valent	222 L
38 valent	228 L

2 valent	14 L		39 valent	273 L
3 valent	21 L		40 valent	280 L
4 valent	28 L		50 valent	350 L
5 valent	35 L		60 valent	420 L
6 valent	42 L		70 valent	490 L
7 valent	49 L		80 valent	560 L
8 valent	56 L		90 valent	630 L
9 valent	63 L		100 valent	700 L
10 valent	70 L		200 valent	1400 L
11 valent	77 L		300 valent	2100 L
12 valent	84 L		400 valent	2800 L
13 valent	91 L		500 valent	3500 L
14 valent	98 L		600 valent	4200 L
15 valent	105 L		700 valent	4900 L
16 valent	112 L		800 valent	5600 L
17 valent	119 L		900 valent	6300 L
18 valent	126 L		1000 valent	7000 L
19 valent	133 L		2000 valent	14000 L
20 valent	140 L		3000 valent	21000 L
21 valent	147 L		4000 valent	28000 L
22 valent	154 L		5000 valent	35000 L
23 valent	161 L		6000 valent	42000 L
24 valent	168 L		7000 valent	49000 L
25 valent	175 L		8000 valent	56000 L
26 valent	182 L		9000 valent	63000 L
27 valent	189 L		10000 valent	70000 L
28 valent	196 L			
29 valent	203 L		Les 3 *quarts*	5 L 5 ſ
30 valent	210 L		le *demy*	3 L 10 ſ
31 valent	217 L		le *quart*	1 L 15 ſ
32 valent	224 L		le *huitiéme*	17 ſ 6
33 valent	231 L		le *seiziéme*	8 ſ 9
34 valent	238 L			
35 valent	245 L		Les 2 *tiers*	4 L 13 ſ 4
36 valent	252 L		le *tiers*	2 L 6 ſ 8
37 valent	259 L		le *sixiéme*	1 L 3 ſ 4
38 valent	266 L		le *douziéme*	11 ſ 8
			le *vingt-quatr.*	5 ſ 10

2 valent	16 L	39 valent	312 L
3 valent	24 L	40 valent	320 L
4 valent	32 L	50 valent	400 L
5 valent	40 L	60 valent	480 L
6 valent	48 L	70 valent	560 L
7 valent	56 L	80 valent	640 L
8 valent	64 L	90 valent	720 L
9 valent	72 L	100 valent	800 L
10 valent	80 L	200 valent	1600 L
11 valent	88 L	300 valent	2400 L
12 valent	96 L	400 valent	3200 L
13 valent	104 L	500 valent	4000 L
14 valent	112 L	600 valent	4800 L
15 valent	120 L	700 valent	5600 L
16 valent	128 L	800 valent	6400 L
17 valent	136 L	900 valent	7200 L
18 valent	144 L	1000 valent	8000 L
19 valent	152 L	2000 valent	16000 L
20 valent	160 L	3000 valent	24000 L
21 valent	168 L	4000 valent	32000 L
22 valent	176 L	5000 valent	40000 L
23 valent	184 L	6000 valent	48000 L
24 valent	192 L	7000 valent	56000 L
25 valent	200 L	8000 valent	64000 L
26 valent	208 L	9000 valent	72000 L
27 valent	216 L	10000 valent	80000 L
28 valent	224 L		
29 valent	232 L		
30 valent	240 L		
31 valent	248 L		
32 valent	256 L		
33 valent	264 L		
34 valent	272 L		
35 valent	280 L		
36 valent	288 L		
37 valent	296 L		
38 valent	304 L		

Les 3 quarts	6 L	
le demy	4 L	
le quart	2 L	
le huitiéme	1 L	
le feiziéme		10 f
Les 2 tiers	5 L	6 f 8
le tiers	2 L	13 f 4
le fixiéme	1 L	6 f 8
le douxiéme		13 f 4
le vingt-quatr.		6 f 8

2 valent	18 L	39 valent	351 L
3 valent	27 L	40 valent	360 L
4 valent	36 L	50 valent	450 L
5 valent	45 L	60 valent	540 L
6 valent	54 L	70 valent	630 L
7 valent	63 L	80 valent	720 L
8 valent	72 L	90 valent	810 L
9 valent	81 L	100 valent	900 L
10 valent	90 L	200 valent	1800 L
11 valent	99 L	300 valent	2700 L
12 valent	108 L	400 valent	3600 L
13 valent	117 L	500 valent	4500 L
14 valent	126 L	600 valent	5400 L
15 valent	135 L	700 valent	6300 L
16 valent	144 L	800 valent	7200 L
17 valent	153 L	900 valent	8100 L
18 valent	162 L	1000 valent	9000 L
19 valent	171 L	2000 valent	18000 L
20 valent	180 L	3000 valent	27000 L
21 valent	189 L	4000 valent	36000 L
22 valent	198 L	5000 valent	45000 L
23 valent	207 L	6000 valent	54000 L
24 valent	216 L	7000 valent	63000 L
25 valent	225 L	8000 valent	72000 L
26 valent	234 L	9000 valent	81000 L
27 valent	243 L	10000 valent	90000 L
28 valent	252 L		
29 valent	261 L	Les 3 quarts	6 L 15 ſ
30 valent	270 L	le demy	4 L 10 ſ
31 valent	279 L	le quart	2 L 5 ſ
32 valent	288 L	le huitiéme	1 L 2 ſ 6
33 valent	297 L	le seiziéme	11 ſ 3
34 valent	306 L	Les 2 tiers	6 L
35 valent	315 L	le tiers	3 L
36 valent	324 L	le sixiéme	1 L 10 ſ
37 valent	333 L	le douziéme	15 ſ
38 valent	342 L	le vingt-quatr.	7 ſ 6

2 valent 20 L		39 valent	390 L
3 valent 30 L		40 valent	400 L
4 valent 40 L		50 valent	500 L
5 valent 50 L		60 valent	600 L
6 valent 60 L		70 valent	700 L
7 valent 70 L		80 valent	800 L
8 valent 80 L		90 valent	900 L
9 valent 90 L		100 valent	1000 L
10 valent 100 L		200 valent	2000 L
11 valent 110 L		300 valent	3000 L
12 valent 120 L		400 valent	4000 L
13 valent 130 L		500 valent	5000 L
14 valent 140 L		600 valent	6000 L
15 valent 150 L		700 valent	7000 L
16 valent 160 L		800 valent	8000 L
17 valent 170 L		900 valent	9000 L
18 valent 180 L		1000 valent	10000 L
19 valent 190 L		2000 valent	20000 L
20 valent 200 L		3000 valent	30000 L
21 valent 210 L		4000 valent	40000 L
22 valent 220 L		5000 valent	50000 L
23 valent 230 L		6000 valent	60000 L
24 valent 240 L		7000 valent	70000 L
25 valent 250 L		8000 valent	80000 L
26 valent 260 L		9000 valent	90000 L
27 valent 270 L		10000 valent	100000 L
28 valent 280 L			
29 valent 290 L		Les 3 *quarts* 7 L 10 ſ	
30 valent 300 L		*le demy* 5 L	
31 valent 310 L		*le quart* 2 L 10 ſ	
32 valent 320 L		*le huitiéme* 1 L 5 ſ	
33 valent 330 L		*le feiziéme* 12 ſ 6	
34 valent 340 L		Les 2 *tiers* 6 L 13 ſ 4	
35 valent 350 L		*le tiers* 3 L 6 ſ 8	
36 valent 360 L		*le fixiéme* 1 L 13 ſ 4	
37 valent 370 L		*le douziéme* 16 ſ 8	
38 valent 380 L		*le vingt-quatr.* 8 ſ 4	

2 valent	22 L	39 valent	429 L
3 valent	33 L	40 valent	440 L
4 valent	44 L	50 valent	550 L
5 valent	55 L	60 valent	669 L
6 valent	66 L	70 valent	770 L
7 valent	77 L	80 valent	880 L
8 valent	88 L	90 valent	990 L
9 valent	99 L	100 valent	1100 L
10 valent	110 L	200 valent	2200 L
11 valent	121 L	300 valent	3300 L
12 valent	132 L	400 valent	4400 L
13 valent	143 L	500 valent	5500 L
14 valent	154 L	600 valent	6600 L
15 valent	165 L	700 valent	7700 L
16 valent	176 L	800 valent	8800 L
17 valent	187 L	900 valent	9900 L
18 valent	198 L	1000 valent	11000 L
19 valent	209 L	2000 valent	22000 L
20 valent	220 L	3000 valent	33000 L
21 valent	231 L	4000 valent	44000 L
22 valent	242 L	5000 valent	55000 L
23 valent	253 L	6000 valent	66000 L
24 valent	264 L	7000 valent	77000 L
25 valent	275 L	8000 valent	88000 L
26 valent	286 L	9000 valent	99000 L
27 valent	297 L	10000 valent	110000 L
28 valent	308 L		
29 valent	319 L	Les 3 *quarts* 8 L 5 ſ	
30 valent	330 L	*le demy* 5 L 10 ſ	
31 valent	341 L	*le quart* 2 L 15 ſ	
32 valent	352 L	*le huitiéme* 1 L 7 ſ 6	
33 valent	363 L	*le ſeiziéme* 13 ſ 9	
34 valent	374 L		
35 valent	385 L	Les 2 *tiers* 7 L 6 ſ 8	
36 valent	396 L	*le tiers* 3 L 13 ſ 4	
37 valent	407 L	*le ſixiéme* 1 L 16 ſ 8	
38 valent	418 L	*le douziéme* 18 ſ 4	
		le vingt-quatr. 9 ſ 2	

2 valent	24 L		39 valent	468 L
3 valent	36 L		40 valent	480 L
4 valent	48 L		50 valent	600 L
5 valent	60 L		60 valent	720 L
6 valent	72 L		70 valent	840 L
7 valent	84 L		80 valent	960 L
8 valent	96 L		90 valent	1080 L
9 valent	108 L		100 valent	1200 L
10 valent	120 L		200 valent	2400 L
11 valent	132 L		300 valent	3600 L
12 valent	144 L		400 valent	4800 L
13 valent	156 L		500 valent	6000 L
14 valent	168 L		600 valent	7200 L
15 valent	180 I		700 valent	8400 L
16 valent	192 L		800 valent	9600 L
17 valent	204 L		900 valent	10800 L
18 valent	216 L		1000 valent	12000 L
19 valent	228 L		2000 valent	24000 L
20 valent	240 L		3000 valent	36000 L
21 valent	252 L		4000 valent	48000 L
22 valent	264 L		5000 valent	60000 L
23 valent	276 L		6000 valent	72000 L
24 valent	288 L		7000 valent	84000 L
25 valent	300 L		8000 valent	96000 L
26 valent	312 L		9000 valent	108000 L
27 valent	324 L		10000 valent	120000 L
28 valent	336 L			
29 valent	348 L		Les 3 quarts	9 L
30 valent	360 L		le demy	6 L
31 valent	372 L		le quart	3 L
32 valent	384 L		le huitiéme	1 L 10 ſ
33 valent	396 L		le ſeiziéme	15 ſ
34 valent	408 L			
35 valent	420 L		Les 2 tiers	8 L
36 valent	432 L		le tiers	4 L
37 valent	444 L		le ſixiéme	2 L
38 valent	456 L		le douziéme	1 L
			le vingt-quatr.	10 ſ

TARIF

General & Univerſel

POUR

LES FRACTIONS.

AVIS.

APRES avoir mis ici devant le TARIF General pour les ENTIERS, j'ai trou‑ vé très-à-propos d'y mettre enſuite le TA‑ RIF General pour les FRACTIONS.

Les Fractions rendent ordinairement les Regles mal-aiſées, & ſi les multiplications n'étoient compoſées, c'eſt-à-dire, ſi après les Entiers il ne s'y rencontroit point de parties, les Regles ſeroient faciles à faire, mais pour l'ordinaire après les Toiſes il y a des Pieds, après les Pieds, il y a des Pou‑ ces & bien ſouvent des Lignes; ainſi ces moindres parties qui font les grandes Frac‑ tions (& qui valent le moins) ſont toujours celles qui donnent plus de peine.

Or comme j'aime & je me plaît à ſoula‑ ger le Public par mes petites nouveautez, j'ai inventé ce Tarif univerſel avec lequel on tirera les Fractions des nombres entiers ſans beaucoup de peine; on ſçaura tout d'un coup & par un regard ce qu'on ne peut ſçavoir que par diverſes repriſes, encore faut-il être habile.

Multiplier plusieurs nombres

Par 3 quarts & demi
Qui font sept huitiémes.

{ de la Toise,
du Pied,
du Pouce,
de la Perche,
de l'Arpent,
Et generalement de toute forte de Mefures, Poids & Monnoyes de quel Pays qu'elles puiffent être.

Multiplier

1 par 3 quars & demi valent   & 3 quars & demi
2 par 3 quars & demi valent   1 & 3 quars
3 par 3 quars & demi valent   2 &   demi & huit.
4 par 3 quars & demi valent   3 &   demi
5 par 3 quars & demi valent   4 &   quart & huit.
6 par 3 quars & demi valent   5 &   quart
7 par 3 quars & demi valent   6 &   huitiéme.
8 par 3 quars & demi valent   7
9 par 3 quars & demi valent   7 & 3 quars & demi
10 par 3 quars & demi valent   8 & 3 quars
11 par 3 quars & demi valent   9 &   demi & huit.
12 par 3 quars & demi valent 10 &   demi
13 par 3 quars & demi valent 11 &   quart & huit.
14 par 3 quars & demi valent 12 &   quart
15 par 3 quars & demi valent 13 &   huitiéme.
16 par 3 quars & demi valent 14
17 par 3 quars & demi valent 14 & 3 quars & demi
18 par 3 quars & demi valent 15 & 3 quars
19 par 3 quars & demi valent 16 &   demi & huit.
20 par 3 quars & demi valent 17 &   demi
21 par 3 quars & demi valent 18 &   quart & huit.
22 par 3 quars & demi valent 19 &   quart
23 par 3 quars & demi valent 20 &   huitiéme.
24 par 3 quars & demi valent 21
25 par 3 quars & demi valent 21 & 3 quars & demi
26 par 3 quars & demi valent 22 & 3 quars
27 par 3 quars & demi valent 23 &   demi & huit.
28 par 3 quars & demi valent 24 &   demi
29 par 3 quars & demi valent 25 &   quart & huit.
30 par 3 quars & demi valent 26 &   quart.

Notez que lefdits 3 quarts & demi Ou fept huitiémes.

Multiplier

31 par 3 qu. & demi valent   27 &   huitiéme
32 par 3 qu. & demi valent   28
33 par 3 qu. & demi valent   28 & 3 quars & demi
34 par 3 qu. & demi valent   29 & 3 quars
35 par 3 qu. & demi valent   30 &   demi & huit.
36 par 3 qu. & demi valent   31 &   demi
37 par 3 qu. & demi valent   32 &   quart & huit.
38 par 3 qu. & demi valent   33 &   quart
39 par 3 qu. & demi valent   34 &   huitiéme
40 par 3 qu. & demi valent   35
41 par 3 qu. & demi valent   35 & 3 quars & huit.
42 par 3 qu. & demi valent   36 & 3 quars
43 par 3 qu. & demi valent   37 &   demi & huit.
44 par 3 qu. & demi valent   38 &   demi
45 par 3 qu. & demi valent   39 &   quart & huit.
46 par 3 qu. & demi valent   40 &   quart
47 par 3 qu. & demi valent   41 &   huitiéme
48 par 3 qu. & demi valent   42
49 par 3 qu. & demi valent   42 & 3 quars & demi
50 par 3 qu. & demi valent   43 & 3 quars
60 par 3 qu. & demi valent   52 &   demi
70 par 3 qu. & demi valent   61 &   quart
80 par 3 qu. & demi valent   70
90 par 3 qu. & demi valent   78 & 3 quars
100 par 3 qu. & demi valent   87 &   demi
200 par 3 qu. & demi valent 175
300 par 3 qu. & demi valent 262 &   demi
400 par 3 qu. & demi valent 350
500 par 3 qu. & demi valent 437 &   demi
1000 par 3 qu. & demi valent 875

Multiplier plufieurs nombres

Par les trois quarts,
Qui font fix huitiémes.

- de la Toife,
- du Pied,
- du Pouce,
- de la Perche,
- de l'Arpent,

Et generalement de toute forte de Mefures, Poids & Monnoyes de quel Pays qu'elles puiffent être.

Multiplier

1	par trois quarts viendra			3	quarts
2	par trois quarts viendra	1	&		demi
3	par trois quarts viendra	2	&		quart
4	par trois quarts viendra	3			
5	par trois quarts viendra	3	&	3	quarts
6	par trois quarts viendra	4	&		demi
7	par trois quarts viendra	5	&		quart
8	par trois quarts viendra	6			
9	par trois quarts viendra	6	&	3	quarts
10	par trois quarts viendra	7	&		demi
11	par trois quarts viendra	8	&		quart
12	par trois quarts viendra	9			
13	par trois quarts viendra	9	&	3	quarts
14	par trois quarts viendra	10	&		demi
15	par trois quarts viendra	11	&		quart
16	par trois quarts viendra	12			
17	par trois quarts viendra	12	&	3	quarts
18	par trois quarts viendra	13	&		demi
19	par trois quarts viendra	14	&		quart
20	par trois quarts viendra	15			
21	par trois quarts viendra	15	&	3	quarts
22	par trois quarts viendra	16	&		demi
23	par trois quarts viendra	17	&		quart
24	par trois quarts viendra	18			
25	par trois quarts viendra	18	&	3	quarts
26	par trois quarts viendra	19	&		demi
27	par trois quarts viendra	20	&		quart
28	par trois quarts viendra	21			
29	par trois quarts viendra	21	&	3	quarts
30	par trois quarts viendra	22	&		demi

Notez que lesd. 3 *quarts* Ou fix huitiémes.

$\left\{\begin{array}{l}\end{array}\right.$

de la Toife,	font 4 pieds .	6 pouces
du Pied ,	font 9 pouces	lignes
du Pouce,	font 9 lignes	
de la Perche ,	font 13 pieds	6 pouces
de l'Arpent ,	font 75 perches	
du Cent ,	font 75	
du Marc ,	font 9 onces	
de l'Once ,	font 6 gros	
de la L. pefant ,	font 12 onces	
de la L. d'argent	font 15 fols	deniers
du Sol ,	font 9 deniers.	

Multiplier

31 par trois quarts viendra 23   quart
32 par trois quarts viendra 24
33 par trois quarts viendra 24 & 3 quarts
34 par trois quarts viendra 25 & demi
35 par trois quarts viendra 26 & quart
36 par trois quarts viendra 27
37 par trois quarts viendra 27 & 3 quarts
38 par trois quarts viendra 28 & demi
39 par trois quarts viendra 29 & quart
40 par trois quarts viendra 30
41 par trois quarts viendra 30 & 3 quarts
42 par trois quarts viendra 31 & demi
43 par trois quarts viendra 32 & quart
44 par trois quarts viendra 33
45 par trois quarts viendra 33 & 3 quarts
46 par trois quarts viendra 34 & demi
47 par trois quarts viendra 35 & quart
48 par trois quarts viendra 36
49 par trois quarts viendra 36 & 3 quarts
50 par trois quarts viendra 37 & demi
60 par trois quarts viendra 45
70 par trois quarts viendra 52 & demi
80 par trois quarts viendra 60
90 par trois quarts viendra 67 & demi
100 par trois quarts viendra 75
200 par trois quarts viendra 150
300 par trois quarts viendra 225
400 par trois quarts viendra 300
500 par trois quarts viendra 375
1000 par trois quarts viendra 750

Multiplier plusieurs nombres

$$\left\{\begin{array}{l} \text{de la Toise,} \\ \text{du Pied,} \\ \text{du Pouce,} \\ \text{de la Perche,} \\ \text{de l'Arpent,} \end{array}\right.$$

Par
Demi & demi quart
Qui sont cinq huitiémes.

Et generalement de toute sorte de Mesures, Poids & Monnoyes de quel Pays qu'elles puissent être.

Multiplier

1 par Demi & demiqu. c'est		Demi & huitiéme			
2 par Demi & demiqu. c'est	1 &	quart			
3 par Demi & demiqu. c'est	1 &	3	qu.	& demi	
4 par Demi & demiqu. c'est	2 &	demi			
5 par Demi & demiqu. c'est	3 &	huitiéme			
6 par Demi & demiqu. c'est	3 &	3	quars		
7 par Demi & demiqu. c'est	4 &	qu.	& demi		
8 par Demi & demiqu. c'est	5				
9 par Demi & demiqu. c'est	5 &	demi & huit			
10 par Demi & demiqu. c'est	6 &	quart			
11 par Demi & demiqu. c'est	6 &	3	qu.	& demi	
12 par Demi & demiqu. c'est	7 &	demi			
13 par Demi & demiqu. c'est	8 &	huitiéme			
14 par Demi & demiqu. c'est	8 &	3	quars		
15 par Demi & demiqu. c'est	9 &	qu.	& demi		
16 par Demi & demiqu. c'est	10				
17 par Demi & demiqu. c'est	10 &	demi & huit			
18 par Demi & demiqu. c'est	11 &	quart			
19 par Demi & demiqu. c'est	11 &	3	qu.	& demi	
20 par Demi & demiqu. c'est	12 &	demi			
21 par Demi & demiqu. c'est	13 &	huitiéme			
22 par Demi & demiqu. c'est	13 &	3	quars		
23 par Demi & demiqu. c'est	14 &	qu.	& demi		
24 par Demi & demiqu. c'est	15				
25 par Demi & demiqu. c'est	15 &	demi & huit			
26 par Demi & demiqu. c'est	16 &	quart			
27 par Demi & demiqu. c'est	16 &	3	qu.	& demi	
28 par Demi & demiqu. c'est	17 &	demi			
29 par Demi & demiqu. c'est	18 &	huitiéme			
30 par Demi & demiqu. c'est	18 &	3	quars		

Notez
Que le demi &
demi quart
Ou cinq huitiémes

{
de la Toise , font 3 pieds 9 pouces
du Pied , font 7 pouces 6 lignes
du Pouce , font 7 lignes & demi
de la Perche , font 11 pieds 3 pouces
de l'Arpent , font 161 perches 9 pieds
du Cent , font 62 & demi
du Marc , font 5 onces
de l'Once , font 5 gros
de la L. pesant , font 10 onces
de la L. d'argent font 12 sols 6 deniers
du Sol , font 7 deniers Obole.
}

Multiplier

31 par demi & demiqu. c'est 19 & quart & huit
32 par demi & demiqu. c'est 20
33 par demi & demiqu. c'est 20 & demi & huit
34 par demi & demiqu. c'est 21 & quart
35 par demi & demiqu. c'est 21 & 3 qu. & demi
36 par demi & demiqu. c'est 22 & demi
37 par demi & demiqu. c'est 23 & huitiéme
38 par demi & demiqu. c'est 23 & 3 quarts
39 par demi & demiqu. c'est 24 & quart & huit
40 par demi & demiqu. c'est 25
41 par demi & demiqu. c'est 25 & demi & huit
42 par demi & demiqu. c'est 26 & quart
43 par demi & demiqu. c'est 26 & 3 qu. & demi
44 par demi & demiqu. c'est 27 & demi
45 par demi & demiqu. c'est 28 & huitiéme
46 par demi & demiqu. c'est 18 & 3 quarts
47 par demi & demiqu. c'nst 19 & quart & huit
48 par demi & demiqu. c'est 30
49 par demi & demiqu. c'est 30 & demi & huit
50 par demi & demiqu. c'est 31 & quart
60 par demi & demiqu. c'est 37 & demi
70 par demi & demiqu. c'est 43 & 3 quarts
80 par demi & demiqu. c'est 50
90 par demi & demiqu. c'est 56 & quart
100 par demi & demiqu. c'est 62 & demi
200 par demi & demiqu. c'est 125
300 par demi & demiqu. c'est 187 & demi
400 par demi & demiqu. c'est 250
500 par demi & demiqu. c'est 312 & demi
1000 par demi & demiqu. c'est 625

Multiplier plusieurs nombres
de la Toise,
du Pied,
du Pouce,
de la Perche,
de l'Arpent,
Et generalement de toute forte de
Mesures, Poids & Monnoyes de
quel Pays qu'elles puissent être.

Par le Demi
Qui est quatre huitiémes.

Multiplier

1	par	Demi	viendra		Demi
2	par	Demi	viendra	1	
3	par	Demi	viendra	1 &	Demi
4	par	Demi	viendra	2	
5	par	Demi	viendra	2 &	Demi
6	par	Demi	viendra	3	
7	par	Demi	viendra	3 &	Demi
8	par	Demi	viendra	4	
9	par	Demi	viendra	4 &	Demi
10	par	Demi	viendra	5	
11	par	Demi	viendra	5 &	Demi
12	par	Demi	viendra	6	
13	par	Demi	viendra	6 &	Demi
14	par	Demi	viendra	7	
15	par	Demi	viendra	7 &	Demi
16	par	Demi	viendra	8	
17	par	Demi	viendra	8 &	Demi
18	par	Demi	viendra	9	
19	par	Demi	viendra	9 &	Demi
20	par	Demi	viendra	10	
21	par	Demi	viendra	10 &	Demi
22	par	Demi	viendra	11	
23	par	Demi	viendra	11 &	Demi
24	par	Demi	viendra	12	
25	par	Demi	viendra	12 &	Demi
26	par	Demi	viendra	13	
27	par	Demi	viendra	13 &	Demi
28	par	Demi	viendra	14	
29	par	Demi	viendra	14 &	Demi
30	par	Demi	viendra	15	

de la Toise,	font 3 pieds	pouces	
u Pied,	font 6 pouces	lignes	
du Pouce,	font 6 lignes		
de la Perche,	font 9 pieds	pouces	
de l'Arpent,	font 50 perches	pieds	
du Cent,	font 50		
u Marc,	font 4 onces		
de l'Once,	font 4 gros		
de la L. pefant,	font 8 onces		
de la L. d'argent	font 10 fols	deniers	
du Sol,	font 6	deniers	

Notez
Que le demi
Ou 4 huitiémes.

Multiplier

31	par Demi viendra	15	&	demi
32	par Demi viendra	16		
33	par Demi viendra	16	&	demi
34	par Demi viendra	17		
35	par Demi viendra	17	&	demi
36	par Demi viendra	18		
37	par Demi viendra	18	&	demi
38	par Demi viendra	19		
39	par Demi viendra	19	&	demi
40	par Demi viendra	20		
41	par Demi viendra	20	&	demi
42	par Demi viendra	21		
43	par Demi viendra	21	&	demi
44	par Demi viendra	22		
45	par Demi viendra	22	&	demi
46	par Demi viendra	23		
47	par Demi viendra	23	&	demi
48	par Demi viendra	24		
49	par Demi viendra	24	&	demi
50	par Demi viendra	25		
60	par Demi viendra	30		
70	par Demi viendra	35		
80	par Demi viendra	40		
90	par Demi viendra	45		
100	par Demi viendra	50		
200	par Demi viendra	100		
300	par Demi viendra	150		
400	par Demi viendra	200		
500	par Demi viendra	250		
1000	par Demi viendra	00		

Multiplier plusieurs nombres

de la Toise,
du Pied,
du Pouce,
de la Perche,
de l'Arpent,

Par
Le *Quart* & *Demi*
Qui font trois huitiémes.

Et generalement de toute sorte de Mesures, Poids & Monnoyes de quel Pays qu'elles puissent être.

Multiplier

1 par Quart & demi, c'est   quart & demi
2 par Quart & demi, c'est ·   3 quarts
3 par Quart & demi, c'est 1 & huitiéme
4 par Quart & demi, c'est 1 & demi,
5 par Quart & demi, c'est 1 & 3 quarts & demi
6 par Quart & demi, c'est 2 & quart
7 par Quart & demi, c'est 2 & demi & huit
8 par Quart & demi, c'est 3
9 par Quart & demi, c'est 3 & quarts & demi
10 par Quart & demi, c'est 3 & 3 quarts
11 par Quart & demi, c'est 4 & huitiéme
12 par Quart & demi, c'est 4 & demi
13 par Quart & demi, c'est 4 & 3 quarts & demi
14 par Quart & demi, c'est 5 & quart
15 par Quart & demi, c'est 5 & demi & huit
16 par Quart & demi, c'est 6
17 par Quart & demi, c'est 6 & quart & demi
18 par Quart & demi, c'est 6 & 3 quarts
19 par Quart & demi, c'est 7 & huitiéme
20 par Quart & demi, c'est 7 & demi,
21 par Quart & demi, c'est 7 & 3 quarts & demi
22 par Quart & demi, c'est 8 & quart
23 par Quart & demi, c'est 8 & demi & huit
24 par Quart & demi, c'est 9
25 par Quart & demi, c'est 9 & quart & demi
26 par Quart & demi, c'est 9 & 3 quarts
27 par Quart & demi, c'est 10 & huitiéme
28 par Quart & demi, c'est 10 & demi,
29 par Quart & demi, c'est 10 & 3 quarts & demi
30 par Quart & demi, c'est 11 & quart

Notez Que led. Quart & demy ou trois huitiémes.	de la Toife,	font 2 pieds	3 pouces
	du Pied,	font 4 pouces	lignes
	du Pouce,	font 4 lignes	& demi
	de la Perche,	font 6 pieds	9 pouces
	de l'Arpent,	font 37 perches	9 pieds
	du Cent,	font 37 & demi	
	du Marc,	font 3 onces	
	de l'Once,	font 3 gros	
	de la L. pefant,	font 6 onces	
	de la L. d'argent	font 7 fols	6 deniers
	du Sol,	font 4 deniers Obole.	

Multiplier

3 [•••] Quart & demi, c'eft   11 & demi & huit
32 par Quart & demi, c'eft   12
33 par Quart & demi, c'eft   12 & quart & demi
34 par Quart & demi, c'eft   12 & 3 quarts
35 par Quart & demi, c'eft   13 & huitiéme
36 par Quart & demi, c'eft   13 & demi
37 par Quart & demi, c'eft   13 & 3 qu. & demi
38 par Quart & demi, c'eft   14 & quart
39 par Quart & demi, c'eft   14 & demi & huit
40 par Quart & demi, c'eft   15
41 par Quart & demi, c'eft   15 & quart & demi
42 par Quart & demi, c'eft   15 & 3 quarts
43 par Quart & demi, c'eft   16 & huitiéme
44 par Quart & demi, c'eft   16 & demi
45 par Quart & demi, c'eft   16 & 3 qu. & demi
46 par Quart & demi, c'eft   17 & quart
47 par Quart & demi, c'eft   17 & demi & huit
48 par Quart & demi, c'eft   18
49 par Quart & demi, c'eft   18 & quart & demi
50 par Quart & demi, c'eft   18 & 3 quarts
60 par Quart & demi, c'eft   22 & demi
70 par Quart & demi, c'eft   26 & quart
80 par Quart & demi, c'eft   30
90 par Quart & demi, c'eft   33 & 3 quarts
100 par Quart & demi, c'eft   37 & demi
200 par Quart & demi, c'eft   75
300 par Quart & demi, c'eft 112 & demi
400 par Quart & demi, c'eft 150
500 par Quart & demi, c'eft 187 & demi
1000 par Quart & demi, c'eft 375

Multiplier plusieurs nombres

Par le Quart
Qui est deux huitiémes.

{
de la Toise,
du Pied,
du Pouce,
de la Perche,
de l'Arpent,
Et generalement de toute sorte
de Mesures, Poids & Monnoyes de
quel Pays qu'elles puissent être.
}

Multiplier

1	par	Quart	doit	venir		quart
2	par	Quart	doit	venir		demi
3	par	Quart	doit	venir		3 quarts
4	par	Quart	doit	venir	1	
5	par	Quart	doit	venir	1	& quart
6	par	Quart	doit	venir	1	& demi
7	par	Quart	doit	venir	1	& 3 quarts
8	par	Quart	doit	venir	2	
9	par	Quart	doit	venir	2	& quart
10	par	Quart	doit	venir	2	& demi
11	par	Quart	doit	venir	2	& 3 quarts
12	par	Quart	doit	venir	3	
13	par	Quart	doit	venir	3	& quart
14	par	Quart	doit	venir	3	& demi
15	par	Quart	doit	venir	3	& 3 quarts
16	par	Quart	doit	venir	4	
17	par	Quart	doit	venir	4	& quart
18	par	Quart	doit	venir	4	& demi
19	par	Quart	doit	venir	4	& 3 quarts
20	par	Quart	doit	venir	5	
21	par	Quart	doit	venir	5	& quart
22	par	Quart	doit	venir	5	& demi
23	par	Quart	doit	venir	5	& 3 quarts
24	par	Quart	doit	venir	6	
25	par	Quart	doit	venir	6	& quart
26	par	Quart	doit	venir	6	& demi
27	par	Quart	doit	venir	6	& 3 quarts
28	par	Quart	doit	venir	7	
29	par	Quart	doit	venir	7	& quart
30	par	Quart	doit	venir	7	& demi

Notez
que ledit Quart
Ou deux huitièmes.

{ de la Toise, font 1 pied 6 pouces
u Pied, font 3 pouces
du Pouce, font 3 lignes
de la Perche, font 4 pieds 6 pouces
de l'Arpent, font 25 perches
du Cent, font 25
du Marc, font 2 onces
l'Once, font 2 gros
de la L. pefant, font 4 onces
de la L. d'argent font 5 fols
du fol, font 3 deniers

Multiplier

31	par	Quart	doit	venir	7	& 3 quarts
32	par	Quart	doit	venir	8	
33	par	Quart	doit	venir	8	& quart
34	par	Quart	doit	venir	8	& demi
35	par	Quart	doit	venir	8	& 3 quarts
36	par	Quart	doit	venir	9	
37	par	Quart	doit	venir	9	& quart
38	par	Quart	doit	venir	9	& demi
39	par	Quart	doit	venir	9	& 3 quarts
40	par	Quart	doit	venir	10	
41	par	Quart	doit	venir	10	& quart
42	par	Quart	doit	venir	10	& demi
43	par	Quart	doit	venir	10	& 3 quarts
44	par	Quart	doit	venir	11	
45	par	Quart	doit	venir	11	& quart
46	par	Quart	doit	venir	11	& demi
47	par	Quart	doit	venir	11	& 3 quarts
48	par	Quart	doit	venir	12	
49	par	Quart	doit	venir	12	& quart
50	par	Quart	doit	venir	12	& demi
60	par	Quart	doit	venir	15	
70	par	Quart	doit	venir	17	& demi
80	par	Quart	doit	venir	20	
90	par	Quart	doit	venir	22	& demi
100	par	Quart	doit	venir	25	
200	par	Quart	doit	venir	50	
300	par	Quart	doit	venir	75	
400	par	Quart	doit	venir	100	
500	par	Quart	doit	venir	125	
1000	par	Quart	doit	venir	250	

de la Toise,
du Pied,
du Pouce,
de la Perche,
de l'Arpent,

Par.
Le Demi-Quart
Qui est un huitiéme.

Et generalement de toute sorte de mesures, Poids & Monnoyes de quel Pays qu'elles puissent être.

Multiplier

1	par	Demi quart vient		demi	quart
2	par	Demi quart vient		quart	
3	par	Demi quart vient		quart	& demi
4	par	Demi quart vient		demi	
5	par	Demi quart vient		demi	& huit.
6	par	Demi quart vient		3 quarts	
7	par	Demi quart vient		3 quarts	& demi
8	par	Demi quart vient	1		
9	par	Demi quart vient	1 &	demi	quart
10	par	Demi quart vient	1 &	quart	
11	par	Demi quart vient	1 &	quart	& demi
11	par	Demi quart vient	1 &	demi	
13	par	Demi quart vient	1 &	demi	& huit.
14	par	Demi quart vient	1 &	3 quarts	
15	par	Demi quart vient	1 &	3 quarts	& demi
16	par	Demi quart vient	2		
17	par	Demi quart vient	2 &	demi	quart
18	par	Demi quart vient	2 &	quart	
19	par	Demi quart vient	2 &	quart	& demi
20	par	Demi quart vient	2 &	demi	
21	par	Demi quart vient	2 &	demi	& huit.
22	par	Demi quart vient	2 &	3 quarts	
23	par	Demi quart vient	2 &	3 quarts	& demi
24	par	Demi quart vient	3		
25	par	Demi quart vient	3 &	demi	quart
26	par	Demi quart vient	3 &	quart	
27	par	Demi quart vient	3 &	quart	& demi
28	par	Demi quart vient	3 &	demi	
29	par	Demi quart vient	3 &	demi	& huit.
30	par	Demi quart vient	3 &	3 quarts	

	de la Toise,	font		9 pouces
	u Pied,	font	1 pouce	6 lignes
	du Pouce,	font	1 ligne	demi
Notez	de la Perche,	font	2 pieds	3 pouces
Que le demi	le l'Arpent,	font	12 perches	9 pieds
Quart.	du Cent,	font	12 &	demi
Ou huitiéme.	du Marc,	font	1 once	
	de l'Once,	font	1 gros	
	de la L. pefant,	font	2 onces	
	de la L. d'argent	font	2 fols	6 deniers
	du Sol,	font	1 denier	Obole

Multiplier

31 par Demi quart vient   3 & 3 qu. & demi

32 par Demi quart vient   4

33 par Demi quart vient   4 & demi quart

34 par Demi quart vient   4 & quart

35 par Demi quart vient   4 & quart & demi

36 par Demi quart vient   4 & demi

37 par Demi quart vient   4 & demi & huit.

38 par Demi quart vient   4 & 3 quarts

39 par Demi quart vient   4 & 3 qu. & demi

40 par Demi quart vient   5

41 par Demi quart vient   5 & demi quart

42 par Demi quart vient   5 & quart

43 par Demi quart vient   5 & quart & demi

44 par Demi quart vient   5 & demi

45 par Demi quart vient   5 & demi & huit.

46 par Demi quart vient   5 & 3 quarts

47 par Demi quart vient   5 & 3 qu. & demi

48 par Demi quart vient   6

49 par Demi quart vient   6 & demi quart

50 par Demi quart vient   6 & quart

60 par Demi quart vient   7 & demi

70 par Demi quart vient   8 & 3 quarts

80 par Demi quart vient   10

90 par Demi quart vient   11 & quart

100 par Demi quart vient   12 & demi

200 par Demi quart vient   25

300 par Demi quart vient   37 & demi

400 par Demi quart vient   50

500 par Demi quart vient   62 & demi

1000 par Demi quart vient 125

Multiplier plusieurs nombres

<pre>
                    de la Toise,
           ⎧ du Pied,
    Par   ⎪ du Pouce,
Deux tiers & Demi ⎨ de la Perche,
Qui sont cinq sixiémes. ⎪ de l'Arpent,
           ⎩ Et généralement de toute sorte
             de Mesures, Poids & Monnoyes de
             quel Pays qu'elles puissent être.
</pre>

Multiplier

1 par 2 tiers & demi, c'est   2 tiers   & demi

2 par 2 tiers & demi, c'est 1 & 2 tiers

3 par 2 tiers & demi, c'est 2 & demi

4 par 2 tiers & demi, c'est 3 & tiers

5 par 2 tiers & demi, c'est 4 & demi tiers

6 par 2 tiers & demi, c'est 5

7 par 2 tiers & demi, c'est 5 & 2 tiers   & demi

8 par 2 tiers & demi, c'est 6 & 2 tiers

9 par 2 tiers & demi, c'est 7 & demi

10 par 2 tiers & demi, c'est 8 & tiers

11 par 2 tiers & demi, c'est 9 & demi tiers

12 par 2 tiers & demi, c'est 10

13 par 2 tiers & demi, c'est 10 & 2 tiers   & demi

14 par 2 tiers & demi, c'est 11 & 2 tiers

15 par 2 tiers & demi, c'est 12 & demi

16 par 2 tiers & demi, c'est 13 & tiers

17 par 2 tiers & demi, c'est 14 & demi tiers

18 par 2 tiers & demi, c'est 15

19 par 2 tiers & demi, c'est 15 & 2 tiers   & demi

20 par 2 tiers & demi, c'est 16 & 2 tiers

21 par 2 tiers & demi, c'est 17 & demi

22 par 2 tiers & demi, c'est 18 & tiers

23 par 2 tiers & demi, c'est 19 & demi tiers

24 par 2 tiers & demi, c'est 20

25 par 2 tiers & demi, c'est 20 & 2 tiers   & demi

26 par 2 tiers & demi, c'est 21 & 2 tiers

27 par 2 tiers & demi, c'est 22 & demi

28 par 2 tiers & demi, c'est 23 & tiers

29 par 2 tiers & demi, c'est 24 & demi tiers

30 par 2 tiers & demi, c'est 25

{
de la Toise, sont 5 pieds
du Pied, sont 10 pouces
du Pouce, sont 10 lignes
de la Perche, sont 15 pieds
de l'Arpent, sont 83 perches 6 pieds
du Cent, sont 83 & tiers
du Marc, sont 6 onces 5 gros 1 d.
de l'Once, sont 6 gros 2 deni.rs
de la L. pesant, sont 13 onces 2 gros 2 d.
de la L. d'argent sont 11 sols 8 deniers
du Sol, sont 10 deniers
}

Multiplier

31 par 2 tiers & demi, c'est   25 & 2 tiers & demi
32 par 2 tiers & demi, c'est   26 & 2 tiers
33 par 2 tiers & demi, c'est   27 & demi
34 par 2 tiers & demi, c'est   28 & tiers
35 par 2 tiers & demi, c'est   29 & demi tiers
36 par 2 tiers & demi, c'est   30
37 par 2 tiers & demi, c'est   30 & 2 tiers & demi
38 par 2 tiers & demi, c'est   31 & 2 tiers
39 par 2 tiers & demi, c'est   32 & demi
40 par 2 tiers & demi, c'est   33 & tiers
41 par 2 tiers & demi, c'est   34 & demi tiers
42 par 2 tiers & demi, c'est   35
43 par 2 tiers & demi, c'est   35 & 2 tiers & demi
44 par 2 tiers & demi, c'est   36 & 2 tiers
45 par 2 tiers & demi, c'est   37 & demi
46 par 2 tiers & demi, c'est   38 & tiers
47 par 2 tiers & demi, c'est   39 & demi tiers
48 par 2 tiers & demi, c'est   40
49 par 2 tiers & demi, c'est   40 & 2 tiers & demi
50 par 2 tiers & demi, c'est   41 & 2 tiers
60 par 2 tiers & demi, c'est   50
70 par 2 tiers & demi, c'est   58 & tiers
80 par 2 tiers & demi, c'est   66 & 2 tiers
90 par 2 tiers & demi, c'est   75
100 par 2 tiers & demi, c'est   83 & tiers
200 par 2 tiers & demi, c'est   166 & 2 tiers
300 par 2 tiers & demi, c'est   250
400 par 2 tiers & demi, c'est   333 & tiers
500 par 2 tiers & demi, c'est   416 & 2 tiers
1000 par 2 tiers & demi, c'est 833 & tiers

Multiplier plusieurs nombres
de la Toise,
{ du Pied,
du Pouce,
de la Perche,
de l'Arpent,

Par 2 Tiers,
Qui font quatre fixiémes.

Et generalement de toute forte de
Mefures, Poids & Monnoyes de
quel Pays qu'elles puiffent être.

Multiplier

1	par	Deux	tiers	viendra			2 tiers
2	par	Deux	tiers	viendra	1	&	tiers
3	par	Deux	tiers	viendra	2		
4	par	Deux	tiers	viendra	2	&	2 tiers
5	par	Deux	tiers	viendra	3	&	tiers
6	par	Deux	tiers	viendra	4		
7	par	Deux	tiers	viendra	4	&	2 tiers
8	par	Deux	tiers	viendra	5	&	tiers
9	par	Deux	tiers	viendra	6		
10	par	Deux	tiers	viendra	6	&	2 tiers
11	par	Deux	tiers	viendra	7	&	tiers
12	par	Deux	tiers	viendra	8		
13	par	Deux	tiers	viendra	8	&	2 tiers
14	par	Deux	tiers	viendra	9	&	tiers
15	par	Deux	tiers	viendra	10		
16	par	Deux	tiers	viendra	10	&	2 tiers
17	par	Deux	tiers	viendra	11	&	tiers
18	par	Deux	tiers	viendra	12		
19	par	Deux	tiers	viendra	12	&	2 tiers
20	par	Deux	tiers	viendra	13	&	tiers
21	par	Deux	tiers	viendra	14		
22	par	Deux	tiers	viendra	14	&	2 tiers
23	par	Deux	tiers	viendra	15	&	tiers
24	par	Deux	tiers	viendra	16		
25	par	Deux	tiers	viendra	16	&	2 tiers
26	par	Deux	tiers	viendra	17	&	tiers
27	par	Deux	tiers	viendra	18		
28	par	Deux	tiers	viendra	18	&	2 tiers
29	par	Deux	tiers	viendra	19	&	tiers
30	par	Deux	tiers	viendra	20		

Notez
que lesd. 2 tiers,
Ou quatre sixiémes.

{
de la Toife, font 4 pieds
du Pied, font 8 pouces
lu Pouce, font 8 lignes
de la Perche, font 12 pieds
de l'Arpent, font 65 perches 12 pieds
du Cent, font 66 2 tiers
du Marc, font 5 onces 2 gros 2 d.
de l'Once, font 5 gros 1 denier
de la L. pefant, font 10 onces 5 gros 1 d.
de la L. d'argent font 13 fols 4 deniers
du Sol, font 8 deniers.
}

Multiplier

31 par deux tiers viendra	20	&	2	tiers
32 par deux tiers viendra	21	&		tiers
33 par deux tiers viendra	22			
34 par deux tiers viendra	22	&	2	tiers
35 par deux tiers viendra	23	&		tiers
36 par deux tiers viendra	24			
37 par deux tiers viendra	24	&	2	tiers
38 par deux tiers viendra	25	&		tiers
39 par deux tiers viendra	26			
40 par deux tiers viendra	26	&	2	tiers
41 par deux tiers viendra	27	&		tiers
42 par deux tiers viendra	28			
43 par deux tiers viendra	28	&	2	tiers
44 par deux tiers viendra	29	&		tiers
45 par deux tiers viendra	30			
46 par deux tiers viendra	30	&	2	tiers
47 par deux tiers viendra	31	&		tiers
48 par deux tiers viendra	32			
49 par deux tiers viendra	32	&	2	tiers
50 par deux tiers viendra	33	&		tiers
60 par deux tiers viendra	40			
70 par deux tiers viendra	46	&	2	tiers
80 par deux tiers viendra	53	&		tiers
90 par deux tiers viendra	60			
100 par deux tiers viendra	66	&	2	tiers
200 par deux tiers viendra	133	&		tiers
300 par deux tiers viendra	200			
400 par deux tiers viendra	266	&	2	tiers
500 par deux tiers viendra	333	&		tiers
1000 par deux tiers viendra	666	&	2	tiers

Multiplier plusieurs nombres
de la Toise,
du Pied,
du Pouce,
de la Perche,
de l'Arpent,

Par un Tiers
Qui font deux sixiémes.

Et generalement de toute sorte
de Mesures, Poids & Monnoyes de
quel Pays qu'elles puissent être.

Multiplier

1	par	un	tiers	doit	venir		tiers
2	par	un	tiers	doit	venir		2 tiers
3	par	un	tiers	doit	venir	1	
4	par	un	tiers	doit	venir	1	& tiers
5	par	un	tiers	doit	venir	1	& 2 tiers
6	par	un	tiers	doit	venir	2	
7	par	un	tiers	doit	venir	2	& tiers
8	par	un	tiers	doit	venir	2	& 2 tiers
9	par	un	tiers	doit	venir	3	
10	par	un	tiers	doit	venir	3	& tiers
11	par	un	tiers	doit	venir	3	& 2 tiers
12	par	un	tiers	doit	venir	4	
13	par	un	tiers	doit	venir	4	& tiers
14	par	un	tiers	doit	venir	4	& 2 tiers
15	par	un	tiers	doit	venir	5	
16	par	un	tiers	doit	venir	5	& tiers
17	par	un	tiers	doit	venir	5	& 2 tiers
18	par	un	tiers	doit	venir	6	
19	par	un	tiers	doit	venir	6	& tiers
20	par	un	tiers	doit	venir	6	& 2 tiers
21	par	un	tiers	doit	venir	7	
22	par	un	tiers	doit	venir	7	& tiers
23	par	un	tiers	doit	venir	7	& 2 tiers
24	par	un	tiers	doit	venir	8	
25	par	un	tiers	doit	venir	8	& tiers
26	par	un	tiers	doit	venir	8	& 2 tiers
27	par	un	tiers	doit	venir	9	
28	par	un	tiers	doit	venir	9	& tiers
29	par	un	tiers	doit	venir	9	& 2 tiers
30	par	un	tiers	doit	venir	10	

Notez que ledit Tiers, Qui eft 2 fixiémes.

Multiplier

31	par	un	doit	venir	10	&	tiers
32	par	un	doit	venir	10	& 2	tiers
33	par	un	doit	venir	11		
34	par	un	doit	venir	11	&	tiers
35	par	un	doit	venir	11	& 2	tiers
36	par	un	doit	venir	12		
37	par	un	doit	venir	12	&	tiers
38	par	un	doit	venir	12	& 2	tiers
39	par	un	doit	venir	13		
40	par	un	doit	venir	13	&	tiers
41	par	un	doit	venir	13	& 2	tiers
42	par	un	doit	venir	14		
43	par	un	doit	venir	14	&	tiers
44	par	un	doit	venir	14	& 2	tiers
45	par	un	doit	venir	15		
46	par	un	doit	venir	15	&	tiers
47	par	un	doit	venir	15	& 2	tiers
48	par	un	doit	venir	16		
49	par	un	doit	venir	16	&	tiers
50	par	un	doit	venir	16	& 2	tiers
60	par	un	doit	venir	20		
70	par	un	doit	venir	23	&	tiers
80	par	un	doit	venir	26	& 2	tiers
90	par	un	doit	venir	30		
100	par	un	doit	venir	33	&	tiers
200	par	un	doit	venir	66	& 2	tiers
300	par	un	doit	venir	100		
400	par	un	doit	venir	133	&	tiers
500	par	un	doit	venir	166	& 2	tiers
1000	par	un	doit	venir	333	&	tiers

Multiplier plufieurs nombres

$$\left\{\begin{array}{l}\text{de la Toife,}\\\text{du Pied,}\\\text{du Pouce,}\\\text{de la Perche,}\\\text{de l'Arpent,}\end{array}\right.$$

Par Demi Tiers,
Qui eft un fixiéme.

Et generalement de toute forte de Mefures, Poids & Monnoyes de quel Pays qu'elles puiffent être.

Multiplier

1 par demi tiers viendra		demi tiers
2 par demi tiers viendra		tiers
3 par demi tiers viendra		tiers & demi
4 par demi tiers viendra		2 tiers
5 par demi tiers viendra		2 tiers & demi
6 par demi tiers viendra	1	
7 par demi tiers viendra	1 &	demi tiers
8 par demi tiers viendra	1 &	tiers
9 par demi tiers viendra	1 &	tiers & demi
10 par demi tiers viendra	1 &	2 tiers
11 par demi tiers viendra	1 &	2 tiers & demi
12 par demi tiers viendra	2	
13 par demi tiers viendra	2 &	demi tiers
14 par demi tiers viendra	2 &	tiers
15 par demi tiers viendra	2 &	tiers & demi
16 par demi tiers viendra	2 &	2 tiers
17 par demi tiers viendra	2 &	2 tiers & demi
18 par demi tiers viendra	3	
19 par demi tiers viendra	3 &	demi tiers
20 par demi tiers viendra	3 &	tiers
21 par demi tiers viendra	3 &	tiers & demi
22 par demi tiers viendra	3 &	2 tiers
23 par demi tiers viendra	3 &	2 tiers & demi
24 par demi tiers viendra	4	
25 par demi tiers viendra	4 &	demi tiers
26 par demi tiers viendra	4 &	tiers
27 par demi tiers viendra	4 &	tiers & demi
28 par demi tiers viendra	4 &	2 tiers
29 par demi tiers viendra	4 &	2 tiers & demi
30 par demi tiers viendra	5	

Notez Que ledit demi Tiers, Ou un sixiéme.		
de la Toise,	font	1 pied
du Pied,	font	2 pouces
du Pouce,	font	2 lignes
de la Perche,	font	3 pieds
de l'Arpent,	font	16 perches 12 pieds
du Cent,	font	16 & 2 tiers
du Marc,	font	1 once 2 gros 2 d.
de l'Once,	font	1 gros 1 denier
de la L. pesant,	font	2 onces 5 gros 1 d.
de la L. d'argent	font	3 sols 4 deniers
du Sol,	font	2 deniers

Multiplier

31 par demi tiers viendra	5 & demi tiers
32 par demi tiers viendra	5 & tiers
33 par demi tiers viendra	5 & tiers & demi
34 par demi tiers viendra	5 & 2 tiers
35 par demi tiers viendra	5 & 2 tiers & demi
36 par demi tiers viendra	6
37 par demi tiers viendra	6 & demi tiers
38 par demi tiers viendra	6 & tiers
39 par demi tiers viendra	6 & tiers & demi
40 par demi tiers viendra	6 & 2 tiers
41 par demi tiers viendra	6 & 2 tiers & demi
42 par demi tiers viendra	7
43 par demi tiers viendra	7 & demi tiers
44 par demi tiers viendra	7 & tiers
45 par demi tiers viendra	7 & tiers & demi
46 par demi tiers viendra	7 & 2 tiers
47 par demi tiers viendra	7 & 2 tiers & demi
48 par demi tiers viendra	8
49 par demi tiers viendra	8 & demi tiers
50 par demi tiers viendra	8 & tiers
60 par demi tiers viendra	10
70 par demi tiers viendra	11 & 2 tiers
80 par demi tiers viendra	13 & tiers
90 par demi tiers viendra	15
100 par demi tiers viendra	16 & 2 tiers
200 par demi tiers viendra	33 & tiers
300 par demi tiers viendra	50
400 par demi tiers viendra	66 & 2 tiers
500 par demi tiers viendra	83 & tiers
1000 par demi tiers viendra	166 & 2 tiers

C'eſt une maxime generale qu'en toute ſorte de Multiplications il faut multiplier.

Premierement les Entiers par les Entiers.
Secondement les Entiers par les Fractions.
Troiſiémement les Fractions par les Fractions.

Or cette troiſiéme ſorte de Multiplication m'a fait inventer ce nouveau Tarif.

TARIF

POUR

Les FRACTIONS Des FRACTIONS.

AVIS.

Ce n'eſt pas aſſez d'avoir mis ici devant

Le TARIF general pour les ENTIERS &
Le TARIF general pour les FRACTIONS,

Si je ne donnois enſuite

Le TARIF particulier pour les FRACTIONS
des FRACTIONS

Parce qu'aux Multiplications du TOISE' il n'y a rien de plus mal-aiſé que de prendre les Parties des Parties, c'eſt-à-dire les Fractions des Fractions.

C'eſt pourquoi j'ai été obligé de mettre ici ce *Troiſiéme Tarif*, afin qu'on puiſſe faire toutes ces Multiplications par la ſeule Addition,

Par CINQ-SIXIE'MES de la Toise,

qui sont 5 PIEDS, ou $\frac{5}{6}$

Multiplier
    Cinq sixiémes de la TOISE
par *Cinq-sixiémes* valent 4 Pieds   2 Pouces.

    Deux tiers
par *Cinq-sixiémes* valent 3 Pieds   4 Pouces.
    Demi
par *Cinq-sixiémes* valent 2 Pieds   6 Pouces.
    Un tiers
par *Cinq-sixiémes* valent 1 Pied   8 Pouces.
    Un sixiéme
par *Cinq-sixiémes* valent   10 Pouces.

    Sept huitiémes.
par *Cinq-sixiémes* font 4 Pieds 4 Pouces 6 lig.

    Trois quarts
par *Cinq-Sixiémes* font 3 Pieds 9 Pouces.

    Cinq huitiémes.
par *Cinq-sixiémes* font 3 Pieds 1 Pouce 6 lig.

    Trois huitiémes.
par *Cinq-sixiémes* font 1 Pied 10 Pouces 6 lig.

    Un quart
par *Cinq-sixiémes* font 1 Pied 3 Pouces.

    Un huitiéme
par *Cinq-sixiémes* font   7 Pouces 6 lig.

Par DEUX TIERS de la Toife,

qui font 4 PIEDS, ou $\frac{2}{3}$

Multiplier
Cinq fixiémes de la TOISE.
par *Deux tiers* valent 3 Pieds 4 Pouces.

Deux tiers
par *Deux tiers* valent 2 Pieds 8 Pouces.
Demi
par *Deux tiers* valent 2 Pieds.
Un tiers
par *Deux tiers* valent 1 Pied 4 Pouces.
Un huitiéme
par *Deux tiers* valent   8 Pouces.

Sept huitiémes.
par *Deux tiers* valent 3 Pieds 6 Pouces.

Trois quarts.
par *Deux tiers* valent 3 Pieds

Cinq huitiémes.
par *Deux tiers* valent 2 Pieds 6 Pouces.

Trois huitiémes
par *Deux tiers* valent 1 Pied 6 Pouces.

Un Quart
par *Deux tiers* valent 1 Pied.

Un huitieme.
par *Deux tiers* valent   6 Pouces.

Multiplier

Cinq sixiémes de la TOISE
par *Demi* valent 2 Pieds 6 pouces,

Demi tiers
par *Demi* valent 2 Pieds
Demi
par *Demi* valent 1 Pied 6 pouces.
Un tiers
par *Demi* valent 1 Pied
Un sixiéme
par *Demi* valent   6 pouces.

Sept huitiémes
par *Demi* valent 2 Pieds   7 pouces 6 lignes,

Trois quarts.
par *Demi* valent 2 pieds   3 pouces.

Cinq huitiémes
par *Demi* valent 1 Pied 10 pouces 6 lignes,

Trois huitiémes
par *Demi* valent 1 Pied   1 pouce 6 lignes

Un quart
par *Demi* valent   9 pouces

Un huitiéme
par *Demi* valent   4 pouces 6 lignes.

Yy

Par UN TIERS de la Toise,

qui est 2 PIEDS, ou ⅓

Multiplier

Cinq sixiéme de la TOISE
par *Un tiers* valent 1 Pied 8 pouces.

Deux tiers
par *Un tiers* valent 1 Pied 4 pouces.
Demi
par *Un tiers* valent 1 Pied
Un tiers
par *Un tiers* valent   8 pouces.
Un sixiéme
par *Un tiers* valent   4 pouces.

Sept huitiémes
par *Un tiers* valent 1 Pied 9 pouces.

Trois quarts
par *Un tiers* valent 1 Pied 6 pouces.

Cinq huitiémes
par *Un tiers* valent 1 Pied 3 pouces.

Trois huitiémes
par *Un tiers* valent   9 pouces.

Un quart
par *Un tiers* valent   6 pouces.

Un huitiéme
par *Un tiers* valent   3 pouces.

Multiplier plusieurs FRACTIONS

Par UN SIXIE'ME de la Toise,

qui est 1 PIED, ou ⅙

Multiplier

Cinq sixiémes de la TOISE
par *Un sixiéme* valent 10 pouces.

Deux tiers
par *Un sixiéme* valent 8 pouces.
Demi
par *Un sixiéme* valent 6 pouces.
Un tiers
par *Un sixiéme* valent 4 pouces.
Un sixiéme
par *Un sixiéme* valent 2 pouces.

Sept huitiémes
par *Un sixiéme* valent 10 pouces 6 lignes

Trois quarts
par *Un sixiéme* valent 9 pouces.

Cinq huitiémes
par *Un sixiéme* valent 7 pouces 6 lignes

Trois huitiémes
par *Un sixiéme* valent 4 pouces 6 lignes.

Un quart
par *Un sixiéme* valent 3 pouces.

Un huitiéme
par *Un sixiéme* valent 1 pouce 6 lignes.

Par SEPT HUITIE'MES,

qui font 5 PIEDS 3 POUCES, ou $\frac{7}{8}$

Multiplier

Cinq huitiémes de la TOISE
par *Sept huitiémes* font 4 Pieds. 4 pouces 6 lig.

Deux tiers
par *Sept huitiémes* font 3 Pieds 6 pouces
Demi
par *Sept huitiémes* font 2 Pieds 7 pouces 6 lig.
Un tiers
par *Sept huitiémes* font 1 Pied 9 pouces
Un fixiéme
par *Sept huitiémes* 10 pouces 6 lig.

Sept huitiémes
par *Sept huitiémes* font 4 Pieds 7 pouces 1 lig.

Trois quarts
par *Sept huitiémes* font 3 Pieds 4 pouces 6 lig.

Cinq huitiémes
par *Sept huitiémes* font 3 Pieds 3 pouces 4 lig.

Trois huitiémes
par *Sept huitiémes* font 1 Pied 11 pouces 7 lig.

Un quart
par *Sept huitiémes* font 1 Pied 3 pouces 9 lig.

Un huitiéme
par *Sept huitiémes* font 7 pouces 10 l. d.

Par TROIS QUARTS

qui font 4 PIEDS 6 POUCES, ou ¾

Multiplier

Cinq fixiémes de la Toisa
par *Trois quarts* valent 3 Pieds 9 pouces

Deux tiers
par *Trois quarts* valent 3 Pieds
Demi
par *Trois quarts* valent 2 Pieds 3 pouces.
Un tiers
par *Trois quarts* valent 1 Pied 6 pouces.
Un fixieme
par *Trois quarts* valent 9 pouces.

Sept huitiémes
par *Trois quarts* font 3 Pieds 11 pouces 3 lig.

Trois quarts
par *Trois quarts* font 3 Pieds 4 pouces 6 lig.

Cinq huitiémes
par *Trois quarts* font 2 Pieds 9 pouces 9 lig.

Trois huitiémes
par *Trois quarts* font 1 Pied 8 pouces 3 lig.

Un quart
par *Trois quarts* font 1 Pied 1 pouce 6 lig.

Un huitiéme
par *Trois quarts* font 6 pouces 9 lig.

Multiplier plusieurs FRACTIONS

Par CINQ HUITIE'MES,

qui font 3 PIEDS 9 POUCES, ou $\frac{5}{8}$

Multiplier

Cinq fixiéme de la TOISE
par *Cinq huitiémes* font 3 Pieds   1 pouce 6 lig.

Deux tiers
par *Cinq-huitiémes* font 2 Pieds 6 pouces.

Demi
par *Cinq-huitiémes* font 1 Pied   10 pouces 6 lig.

Un tiers
par *Cinq-huitiémes* font 1 pied   3 pouces.

Un fixiéme
par *Cinq-huitiémes*   7 pouces 6 lig.

Sept huitiémes
par *Cinq-huitiémes* font 3 Pieds 3 pouces 4 lig.

Trois quarts
par *Cinq-huitiémes* font 2 Pieds 9 pouces 9 lig.

Cinq huitiémes
par *Cinq-huitiémes* font 2 Pieds 4 pouces 1 lig.

Trois huitiémes
par *Cinq-huitiémes* font 1 Pied 4 pouces 10 lig.

Un quart
par *Cinq-huitiémes* font   11 pouces 3 lig.

Un huitiéme
par *Cinq-huitiémes* font   7 pouces 7 lig.

Par TROIS-HUITIE'MES de la Toife,

qui font 2 PIEDS 3 POUCES, ou ⅜

Multiplier

Cinq fixiémes de la TOISE
par *Trois-huitiémes* font 1 Pied 10 pouces 6 lig.

Deux tiers
par *Trois-huitiémes* font 1 Pied 6 pouces
Demi
par *Trois-huitiémes* font 1 Pied 1 pouces 6 lig.
Un tiers
par *Trois-huitiémes* font 9 pouces
Un fixiéme
par *Trois-huitiémes* font 4 pouces 6 lig.

Sept huitiémes
par *Trois huitiémes* font 1 Pied 11 pouces 7 lig.

Trois quarts
par *Trois-huitiémes* font 1 Pied 8 pouces 3 lig.

Cinq huitiémes
par *Trois-huitiémes* font 1 Pied 4 pouces 10 lig.

Trois huitiémes
par *Trois-huitiémes* font 10 pouces 1 lig.

Un quart
par *Trois-huitiémes* font 6 pouces 9 lig.

Un huitiéme
par *Trois-huitiémes* font 3 pouces 4 lig.

Multiplier plusieurs F R A C T I O N S

Par U N Q U A R T,

qui font 1 P I E D 6 P O U C E S, ou $\frac{1}{4}$

Multiplier

Cinq sixiémes de la Toise
par *Un quart* valent 1 Pied 3 pouces

Deux tiers
par *Un quart* valent 1 Pied
Demi
par *Un quart* valent   9 pouces
Un tiers
par *Un quart* valent   6 pouces
Un sixiéme
par *Un quart* valent   3 pouces

Sept huitiémes
par *Un quart* font 1 Pied 3 pouces 9 lignes.

Trois quarts
par *Un quart* font 1 Pied 1 pouce 6 lignes.

Cinq huitiémes
par *Un quart* font   11 pouces 3 lignes.

Trois huitiémes
par *Un quart* font   6 pouces 9 lignes.

Un quart
par *Un quart* font   4 pouces 6 lignes.

Un huitiéme
par *Un quart* font   2 pouces 3 lignes.

Multiplier plufieurs FRACTIONS

Par UN HUITIE'ME,

qui font 9 POUCES, ou $\frac{1}{8}$

Multiplier

Cinq fixiémes de la TOISE
par *Un huitiéme* valent 7 pouces 6 lignes.

Deux tiers
par *Un huitiéme* valent 6 pouces

Demi
par *Un huitiéme* valent 4 pouces 6 lignes.

Un tiers
par *Un huitiéme* valent 3 pouces

Un fixiéme
par *Un huitiéme* valent 1 pouce 6 lignes.

Sept huitiémes
par *Un huitiéme* valent 7 pouces 10 lignes.

Trois quarts
par *Un huitiéme* valent 6 pouces 9 lignes.

Cinq huitiémes
par *Un huitiéme* valent 5 pouces 7 lignes.

Trois huitiémes
par *Un huitiéme* valent 3 pouces 4 lignes.

Un quart
par *Un huitiéme* valent 2 pouces 3 lignes.

Un huitiéme
par *Un huitiéme* valent 1 pouce 1 ligne.

LES
TARIFS
PARTICULIERS
POUR LE
TOISE'.

Il faut obferver

Qu'à ces Tarifs particuliers du Toifé les feuillets font marquez par des Lettres Capitales.

C'eft une Maxime generale
qu'en multipliant

Toifes *fur* Toifes *valent* Toifes
Pieds *fur* Pieds *valent* Pieds
Pouces *fur* Pouces *valent* Pouces
& Lignes *fur* Lignes *valent* Lignes

Pourvû

Que chacune defdites Efpeces foient les premieres à la Multiplication & les plus grandes en valeur ; car autrement elles ne feroient que *Parties* de celles qui les devancent & qui les précedent, ainfi que je l'expliquerai & ferai voir cy-après.

TABLE

Quand les Toises *font premieres à la Multiplication.*

Pour Multiplier

Quand les PIEDS *font premiers à la Multiplication.*

Pour Multiplier

AVANT-PROPOS.

LA plus grande difficulté qui se rencontre aux Multiplications du Toisé, est lorsque les Toises sont suivies des *trois Especes* qui en dépendent, qui sont P I E D S, P O U C E S & L I G N E S, pour lors les Multiplications sont embarassantes, malaisées & difficiles, parce que ces petites especes qu'il faut multiplier entre-elles les unes après les autres, ont des produits si differens & si difficiles, qu'il faut être trèshabile pour les sçavoir distinguer.

Explications particulieres & curieuses.

Quand les TOISES sont premieres à la Multiplication.

Pieds sur Toises   valent Pieds *justes*
Pieds sur Pieds   valent *sixiémes* de pieds
Pieds sur Pouces valent *sixiémes* de pouces
& Pieds sur Lignes valent *sixiémes* de lignes

Pouces sur Toises   valent pouces *justes*
Pouces sur Pieds   valent *sixiémes* de pouces
Pouces sur Pouces valent *sixiémes* de lignes
& Pouces sur Lignes valent *sixiémes*
                       de *sixiémes* de Lignes

C'est-à-dire des 36-ziémes de Ligne.

Lignes sur Toises   valent Lignes *justes*
Lignes sur Pieds   valent *sixiémes* de Lignes
Lignes sur Pouces valent *sixiémes*

                       de *sixiémes* de Lignes
& Lignes sur Lignes valent *sixiémes*
                       de *sixiémes*
                       de *sixiémes* de Lignes

|C'est-à-dire des 216-ziémes de Lignes.

Quand les PIEDS sont premiers à la Multiplication.

Pouces sur Pieds   valent Pouces *justes*
Pouces sur Pouces valent *douziémes* de pouces
Pouces sur Lignes valent *douziémes* de lignes.

Lignes sur Pieds   valent Lignes *justes*
Lignes sur Pouces valent *douziémes* de Lignes
Lignes sur Lignes valent *douziémes*
                       de *douziémes* de Lignes

C'est-à-dire 144-triémes de Lignes.

Z 4

E

AVIS.

JE ne commence pas ces Tarifs

Par *Toises*, sur *Pieds*, sur *Pouces & Lignes*,
    Parce que les Toises étant multipliées
Par des Pieds , le produit sont des Pieds ,
Par des Pouces, le produit sont des Pouces,
Par des Lignes, le produit sont des Lignes,

Ainsi il ne faut que sçavoir faire la Reduction, mais pour ceux qui ne la sçavent
pas faire , ils trouveront ces trois Reductions toutes faites après ces Tarifs, lesquelles à mon avis seront suffisantes pour ce qui
dépend des Toises multipliées par ces moindres espéces.

Mais la difficulté consiste à sçavoir multiplier ces petites parties entre-elles , & sçavoir distinguer ces differens produits les
uns des autres , comme je l'ay cy-devant
expliqué. C'est pourquoi je me suis appli-
qué à chercher & trouver un moyen facile
& commode pour soulager les Sçavans , &
pour instruire & soulager aussi ceux qui ne
le sont pas.

Quand les TOISES *font premieres*
à la Multiplication.
PIEDS fur PIEDS,
valent fixiéme de Pied.

Multiplier

1 pied fur 1 pied vault	2 pouces
1 pied fur 2 pieds valent	4 pouces
1 pied fur 3 pieds valent	6 pouces
1 pied fur 4 pieds valent	8 pouces
1 pied fur 5 pieds valent	10 pouces
2 pieds fur 1 pied valent	4 pouces
2 pieds fur 2 pieds valent	8 pouces
2 pieds fur 3 pieds valent 1 pied	
2 pieds fur 4 pieds valent 1 pied	4 pouces
2 pieds fur 5 pieds valent 1 pied	8 pouces
3 pieds fur 1 pied valent	6 pouces
3 pieds fur 2 pieds valent 1 pied	
3 pieds fur 3 pieds valent 1 pied	6 pouces
3 pieds fur 4 pieds valent 2 pieds	
3 pieds fur 5 pieds valent 3 pieds	6 pouces
4 pieds fur 1 pied valent	8 pouces
4 pieds fur 2 pieds valent 1 pied	4 pouces
4 pieds fur 3 pieds valent 2 pieds	
4 pieds fur 4 pieds valent 2 pieds	8 pouces
4 pieds fur 5 pieds valent 3 pieds	4 pouces
5 pieds fur 1 pied valent	10 pouces
5 pieds fur 2 pieds valent 1 pied	8 pouces
5 pieds fur 3 pieds valent 2 pieds	6 pouces
5 pieds fur 4 pieds valent 3 pieds	4 pouces
5 pieds fur 5 pieds valent 4 pieds	2 pouces

Quand les P I E D S *font premiers*

à la Multiplication.

P I E D S fur P O U C E S,

valent fixiéme de Pouces.

1 pied fur	1 pouce vault			2 lignes
1 pied fur	2 pouces valent			4 lignes
1 pied fur	3 pouces valent			6 lignes
1 pied fur	4 pouces valent			8 lignes
1 pied fur	5 pouces valent			10 lignes
1 pied fur	6 pouces valent	1 pouce		
1 pied fur	7 pouces valent	1 pouce	2 lignes
1 pied fur	8 pouces valent	1 pouce	4 lignes
1 pied fur	9 pouces valent	1 pouce	6 lignes
1 pied fur	10 pouces valent	1 pouce	8 lignes
1 pied fur	11 pouces valent	1 pouce	10 lignes

2 pieds fur	1 pouce valent			4 lignes
2 pieds fur	2 pouces valent			8 lignes
2 pieds fur	3 pouces valent	1 pouce		
2 pieds fur	4 pouces valent	1 pouce	4 lignes
2 pieds fur	5 pouces valent	1 pouces	8 lignes
2 pieds fur	6 pouces valent	2 pouces		
2 pieds fur	7 pouces valent	2 pouces	4 lignes
2 pieds fur	8 pouces valent	2 pouces	8 lignes
2 pieds fur	9 pouces valent	3 pouces		
2 pieds fur	10 pouces valent	3 pouces	4 lignes
2 pieds fur	11 pouces valent	3 pouces	8 lignes

SUITE *des Pouces sur Pieds,*
ou des Pieds sur Pouces.

3 pieds sur 1 pouce valent   6 lignes
3 pieds sur 2 pouces valent 1 pouce
3 pieds sur 3 pouces valent 1 pouce 6 lignes
3 pieds sur 4 pouces valent 2 pouces
3 pieds sur 5 pouces valent 2 pouces 6 lignes
3 pieds sur 6 pouces valent 3 pouces
3 pieds sur 7 pouces valent 3 pouces 6 lignes
3 pieds sur 8 pouces valent 4 pouces
3 pieds sur 9 pouces valent 4 pouces 6 lignes
3 pieds sur 10 pouces valent 5 pouces
3 pieds sur 11 pouces valent 5 pouces 6 lignes

4 pieds sur 1 pouce valent   8 lignes
4 pieds sur 2 pouces valent 1 pouce 4 lignes
4 pieds sur 3 pouces valent 2 pouces
4 pieds sur 4 pouces valent 2 pouces 8 lignes
4 pieds sur 5 pouces valent 3 pouces 4 lignes
4 pieds sur 6 pouces valent 4 pouces
4 pieds sur 7 pouces valent 4 pouces 8 lignes
4 pieds sur 8 pouces valent 5 pouces 4 lignes
4 pieds sur 9 pouces valent 6 pouces
4 pieds sur 10 pouces valent 6 pouces 8 lignes
4 pieds sur 11 pouces valent 7 pouces 4 lignes

5 pieds sur 1 pouce valent   10 lignes
5 pieds sur 2 pouces valent 1 pouce 8 lignes
5 pieds sur 3 pouces valent 2 pouces 6 lignes
5 pieds sur 4 pouces valent 3 pouces 4 lignes
5 pieds sur 5 pouces valent 4 pouces 2 lignes
5 pieds sur 6 pouces valent 5 pouces
5 pieds sur 7 pouces valent 5 pouces 10 lignes
5 pieds sur 8 pouces valent 6 pouces 8 lignes
5 pieds sur 9 pouces valent 7 pouces 6 lignes
5 pieds sur 10 pouces valent 8 pouces 4 lignes
5 pieds sur 11 pouces valent 9 pouces 2 lignes

Quand les TOISES *font premieres*

à la Multiplication.

PIEDS fur LIGNES,

valent Sixiéme de lignes.

1 pied	fur	1	ligne	vaut	*fixiéme de ligne*
1 pied	fur	2	lignes	valent	*un tiers de ligne*
1 pied	fur	3	lignes	valent	*demi ligne*
1 pied	fur	4	lignes	valent	*deux tiers de ligne*
1 pied	fur	5	lignes	valent	*cinq fixiémes de ligne*
1 pied	fur	6	lignes	valent	1 Ligne *jufte*
1 pied	fur	7	lignes	valent	1 Ligne &
1 pied	fur	8	lignes	valent	1 Ligne &
1 pied	fur	9	lignes	valent	1 Ligne &
1 pied	fur	10	lignes	valent	1 Ligne &
1 pied	fur	11	lignes	valent	2 Lignes &
2 pieds	fur	1	ligne	valent	*un tiers de ligne*
2 pieds	fur	2	lignes	valent	*deux tiers de lignes*
2 pieds	fur	3	lignes	valent	1 Ligne *jufte*
2 pieds	fur	4	lignes	valent	1 Ligne &
2 pieds	fur	5	lignes	valent	1 Ligne &
2 pieds	fur	6	lignes	valent	2 Lignes *jufte*
2 pieds	fur	7	lignes	valent	2 Lignes &
2 pieds	fur	8	lignes	valent	2 Lignes &
2 pieds	fur	9	lignes	valent	3 Lignes *jufte*
2 pieds	fur	10	lignes	valent	3 Lignes &
2 pieds	fur	11	lignes	valent	3 Lignes &

SUITE *des Pieds fur lignes* ou *des lignes fur pieds.*

3 pieds fur   1 ligne   valent   demi. ligne
3 pieds fur   2 lignes valent   1 ligne *jufte*
3 pieds fur   3 lignes valent   1 ligne &
3 pieds fur   4 lignes valent   2 ligne
3 pieds fur   5 lignes valent   2 lignes &
3 pieds fur   6 lignes valent   3 lignes
3 pieds fur   7 lignes valent   3 lignes &
3 pieds fur   8 lignes valent   4 lignes
3 pieds fur   9 lignes valent   4 lignes &
3 pieds fur 10 lignes valent   5 lignes
3 pieds fur 11 lignes valent   5 lignes &

4 pieds fur   1 ligne   valent   *deux-tiers de lign.*
4 pieds fur   2 lignes valent   1 ligne
4 pieds fur   3 lignes valent   2 lignes *jufte*
4 pieds fur   4 lignes valent   2 lignes &
4 pieds fur   5 lignes valent   3 lignes &
4 pieds fur   6 lignes valent   4 lignes *jufte*
4 pieds fur   7 lignes valent   4 lignes &
4 pieds fur   8 lignes valent   5 lignes &
4 pieds fur   9 lignes valent   6 lignes *jufte*
4 pieds fur 10 lignes valent   6 lignes &
4 pieds fur 11 lignes valent   7 lignes &

5 pieds fur   1 ligne   valent   *cinq fixiéme de lig.*
5 pieds fur   2 lignes valent   1 ligne &
5 pieds fur   3 lignes valent   2 lignes &
5 pieds fur   4 lignes valent   3 lignes &
5 pieds fur   5 lignes valent   4 lignes &
5 pieds fur   6 lignes valent   5 lignes *jufte*
5 pieds fur   7 lignes valent   5 lignes &
5 pieds fur   8 lignes valent   6 lignes &
5 pieds fur   9 lignes valent   7 lignes &
5 pieds fur 10 lignes valent   8 lignes &
5 pieds fur 11 lignes valent   9 lignes &

Quand les TOISES *font premieres*

à la Multiplication.

POUCES fur POUCES.

valent *Sixiéme* de lignes.

1 pouce fur	1 pouce vaut	*fixiéme de ligne*
1 pouce fur	2 pouces valent	*un tiers de ligne*
1 pouce fur	3 pouces valent	*demi* ligne
1 pouce fur	4 pouces valent	*deux tiers de lig.*
1 pouce fur	5 pouces valent	*cinq 6 de ligne*
1 pouce fur	6 pouces valent	1 ligne *jufte*
1 pouce fur	7 pouces valent	1 ligne &
1 pouce fur	8 pouces valent	1 ligne &
1 pouce fur	9 pouces valent	1 ligne &
1 pouce fur	10 pouces valent	1 ligne &
1 pouce fur	11 pouces valent	2 lignes &
2 pouces fur	1 pouce valent	*un tiers de ligne*
2 pouces fur	2 pouces valent	*deux tiers de lig.*
2 pouces fur	3 pouces valent	1 ligne *jufte*
2 pouces fur	4 pouces valent	1 ligne &
2 pouces fur	5 pouces valent	1 ligne &
2 pouces fur	6 pouces valent	2 lignes *jufte*
2 pouces fur	7 pouces valent	2 lignes &
2 pouces fur	8 pouces valent	2 lignes &
2 pouces fur	9 pouces valent	3 lignes *jufte*
2 pouces fur	10 pouces valent	3 lignes &
2 pouces fur	11 pouces valent	3 lignes &

SUITE *de Pouces sur Pouces,*
les Toises étans premieres.

Multiplier

3 pouces sur   1 pouce valent   *Demi ligne*
3 pouces sur   2 pouces valent 1 ligne.
3 pouces sur   3 pouces valent 1 ligne demi
3 pouces sur   4 pouces valent 2 lignes
3 pouces sur   5 pouces valent 2 lignes demi
3 pouces sur   6 pouces valent 3 lignes
3 pouces sur   7 pouces valent 3 lignes demi
3 pouces sur   8 pouces valent 4 lignes
3 pouces sur   9 pouces valent 4 lignes demi
3 pouces sur 10 pouces valent 5 lignes
3 pouces sur 11 pouces valent 5 lignes demi

4 pouces sur   1 pouce valent *deux tiers de ligne*
4 pouces sur   2 pouces valent 1 ligne &
4 pouces sur   3 pouces valent 2 lignes *justes*
4 pouces sur   4 pouces valent 2 lignes &
4 pouces sur   5 pouces valent 3 lignes &
4 pouces sur   6 pouces valent 4 lignes *justes*
4 pouces sur   7 pouces valent 4 lignes &
4 pouces sur   8 pouces valent 5 lignes &
4 pouces sur   9 pouces valent 6 lignes *justes*
4 pouces sur 10 pouces valent 6 lignes &
4 pouces sur 11 pouces valent 7 lignes &

5 pouces sur   1 pouce valent *cinq sixiém. de lig.*
5 pouces sur   2 pouces valent 1 ligne &
5 pouces sur   3 pouces valent 2 lignes &
5 pouces sur   4 pouces valent 3 lignes &
5 pouces sur   5 pouces valent 4 lignes &
5 pouces sur   6 pouces valent 5 lignes *justes*
5 pouces sur   7 pouces valent 5 lignes &
5 pouces sur   8 pouces valent 6 lignes &
5 pouces sur   9 pouces valent 7 lignes &
5 pouces sur 10 pouces valent 8 lignes &
5 pouces sur 11 pouces valent 9 lignes &

SUITE de Pouces sur Pouces
les Toises étant premieres.

Multiplier

6 pouces sur 1 pouce valent 1 ligne,
6 pouces sur 2 pouces valent 2 lignes
6 pouces sur 3 pouces valent 3 lignes
6 pouces sur 4 pouces valent 4 lignes
6 pouces sur 5 pouces valent 5 lignes
6 pouces sur 6 pouces valent 6 lignes
6 pouces sur 7 pouces valent 7 lignes
6 pouces sur 8 pouces valent 8 lignes
6 pouces sur 9 pouces valent 9 lignes
6 pouces sur 10 pouces valent 10 lignes
6 pouces sur 11 pouces valent 11 lignes

7 pouces sur 1 pouce valent 1 ligne &
7 pouces sur 2 pouces valent 2 lignes &
7 pouces sur 3 pouces valent 3 lignes &
7 pouces sur 4 pouces valent 4 lignes &
7 pouces sur 5 pouces valent 5 lignes &
7 pouces sur 6 pouces valent 7 lignes *juste*
7 pouces sur 7 pouces valent 8 lignes &
7 pouces sur 8 pouces valent 9 lignes &
7 pouces sur 9 pouces valent 10 lignes &
7 pouces sur 10 pouces valent 11 lignes &
7 pouces sur 11 pouces valent 1 pouce 1 lig.

8 pouces sur 1 pouce valent 1 ligne &
8 pouces sur 2 pouces valent 2 lignes &
8 pouces sur 3 pouces valent 4 lignes *justes*
8 pouces sur 4 pouces valent 5 lignes &
8 pouces sur 5 pouces valent 6 lignes &
8 pouces sur 6 pouces valent 8 lignes *justes*
8 pouces sur 7 pouces valent 9 lignes &
8 pouces sur 8 pouces valent 10 lignes &
8 pouces sur 9 pouces valent 1 pouce *juste*
8 pouces sur 10 pouces valent 1 pouce 1 lig.
8 pouces sur 11 pouces valent 1 pouce 2 lig.

SUITE de *Pouces fur Pouces* les *Toifes étant premieres.*

Multiplier

9 pouces fur   1 pouce valent   1 ligne demi
9 pouces fur   2 pouces valent   3 lignes
9 pouces fur   3 pouces valent   4 lignes demi
9 pouces fur   4 pouces valent   6 lignes
9 pouces fur   5 pouces valent   7 lignes demi
9 pouces fur   6 pouces valent   9 lignes
9 pouces fur   7 pouces valent 10 lignes demi
9 pouces fur   8 pouces valent   1 pouce *jufte*
9 pouces fur   9 pouces valent   1 pouce 1 lig.
9 pouces fur 10 pouces valent   1 pouce 3 lig.
9 pouces fur 11 pouces valent   1 pouce 4 lig.

10 pouces fur   1 pouce valent   1 ligne &
10 pouces fur   2 pouces valent   3 lignes &
10 pouces fur   3 pouces valent   5 lignes *jufte*
10 pouces fur   4 pouces valent   6 lignes &
10 pouces fur   5 pouces valent   8 lignes &
10 pouces fur   6 pouces valent 10 lignes *jufte*
10 pouces fur   7 pouces valent 11 lignes &
10 pouces fur   8 pouces valent   1 pouce 1 lig.
10 pouces fur   9 pouces valent   1 pouce 3 lig.
10 pouces fur 10 pouces valent   1 pouce 4 lig.
10 pouces fur 11 pouces valent   1 pouce 6 lig.

11 pouces fur   1 pouce valent   1 ligne &
11 pouces fur   2 pouces valent   3 lignes &
11 pouces fur   3 pouces valent   5 lignes &
11 pouces fur   4 pouces valent   7 lignes &
11 pouces fur   5 pouces valent   9 lignes &
11 pouces fur   6 pouces valent 11 lignes *jufte*
11 pouces fur   7 pouces valent   1 pouce 1 lig.
1 pouces fur   8 pouces valent   1 pouce 2 lig.
11 pouces fur   9 pouces valent   1 pouce 4 lig.
11 pouces fur 10 pouces valent   1 pouce 6 lig.
11 pouces fur 11 pouces valent   1 pouce 8 lig.

L' POUCES fur LIGNES

après les Toifes

Ne valent que la 36-ziéme partie d'une ligne.

C'eft pourquoi,

La chofe étant de fi petite importance, je ne commence ce Tarif que par ce qui peut produire au moins une ligne.

Et je fais fçavoir que les (&c.) qui font au bout des lignes ne fignifient que quelque partie ou fraction d'une ligne.

Je fais fçavoir auffi que je ne fais pas fuivre les Tarifs,

De LIGNES fur LIGNES

Parce qu'étant après les Toifes elles ne produifent rien, & que le plus haut qui pourroit arriver, feroit

11 *Lignes fur* 11 *Lignes*

dont le produit ne fçauroit valoir

trois quarts d'une Ligne.

Quand les TOISES font premieres
à la Multiplication.

POUCES fur LIGNES,
valent *Sixiéme*
de *Sixiéme* de lignes.

Multiplier

4 pouces fur   8 lignes *ne valent pas une ligne*
4 pouces fur   9 lignes ne valent pas 1 ligne *jufte*
4 pouces fur 10 lignes ne valent pas 1 ligne &
4 pouces fur 11 lignes ne valent pas 1 ligne &

5 pouces fur   7 lignes *ne valent pas une ligne*
5 pouces fur   8 lignes ne valent pas 1 ligne &
5 pouces fur   9 lignes ne valent pas 1 ligne &
5 pouces fur 10 lignes ne valent pas 1 ligne &
5 pouces fur 11 lignes ne valent pas 1 ligne &

6 pouces fur   5 lignes *ne valent pas une ligne*
6 pouces fur   6 lignes ne valent pas 1 ligne *jufte*
6 pouces fur   7 lignes ne valent pas 1 ligne &
6 pouces fur   8 lignes ne valent pas 1 ligne &
6 pouces fur   9 lignes ne valent pas 1 ligne &
6 pouces fur 10 lignes ne valent pas 1 ligne &
6 pouces fur 11 lignes ne valent pas 1 ligne &

7 pouces fur   5 lignes *ne valent pas une ligne*
7 pouces fur   6 lignes ne valent pas 1 ligne &
7 pouces fur   7 lignes ne valent pas 1 ligne &
7 pouces fur   8 lignes ne valent pas 1 ligne &
7 pouces fur   9 lignes ne valent pas 1 ligne &
7 pouces fur 10 lignes ne valent pas 1 ligne &
7 pouces fur 11 lignes ne valent pas 1 ligne &

SUITE de Lignes ſur Pouces
ou de Pouces ſur Lignes.

Multiplier

8 pouces ſur 5 lignes valent 1 ligne &
8 pouces ſur 6 lignes valent 1 ligne &
8 pouces ſur 7 lignes valent 1 ligne &
8 pouces ſur 8 lignes valent 1 ligne &
8 pouces ſur 9 lignes valent 2 lignes *juſte*
8 pouces ſur 10 lignes valent 2 lignes &
8 pouces ſur 11 lignes valent 2 lignes &

9 pouces ſur 4 lignes valent 1 ligne *juſte*
9 pouces ſur 5 lignes valent 1 ligne &
9 pouces ſur 6 lignes valent 1 ligne &
9 pouces ſur 7 lignes valent 1 ligne &
9 pouces ſur 8 lignes valent 2 lignes *juſte*
9 pouces ſur 9 lignes valent 2 lignes &
9 pouces ſur 10 lignes valent 2 lignes &
9 pouces ſur 11 lignes valent 2 lignes &

10 pouces ſur 4 lignes valent 1 ligne &
10 pouces ſur 5 lignes valent 1 ligne &
10 pouces ſur 6 lignes valent 1 ligne &
10 pouces ſur 7 lignes valent 2 lignes
10 pouces ſur 8 lignes valent 2 lignes &
10 pouces ſur 9 lignes valent 2 lignes &
10 pouces ſur 10 lignes valent 2 lignes &
10 pouces ſur 11 lignes valent 3 lignes

11 pouces ſur 4 lignes valent 1 ligne &
11 pouces ſur 5 lignes valent 1 ligne &
11 pouces ſur 6 lignes valent 1 ligne &
11 pouces ſur 7 lignes valent 2 lignes &
11 pouces ſur 8 lignes valent 2 lignes &
11 pouces ſur 9 lignes valent 2 lignes &
11 pouces ſur 10 lignes valent 3 lignes &
11 pouces ſur 11 lignes valent 3 lignes. &

LIGNES fur LIGNES
après les TOISES
ne produifent rien,

Parce qu'elles ne donnent que
la 216-ziéme partie d'une ligne,
qui multiplieroit après Toifes
11 lignes fur 11 lignes,

ne trouveroit pas une feule ligne c'eft
pourquoi je n'en ferai point de Tarif,
comme j'ai dit cy-devant.

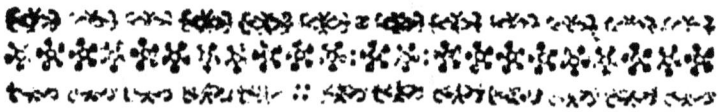

Mais je fais fuivre cy - après

LES

TARIFS

Quand les PIEDS font premiers
à la Multiplication.

Quand les PIEDS *font premiers*
à la Multiplication.
POUCES fur POUCES
valent *Douziéme* de Pouces.

Multiplier

1 pouce	fur	1	pouce	valent	1	ligne
1 pouce	fur	2	pouces	valent	2	lignes
1 pouce	fur	3	pouces	valent	3	lignes
1 pouce	fur	4	pouces	valent	4	lignes
1 pouce	fur	5	pouces	valent	5	lignes
1 pouce	fur	6	pouces	valent	6	lignes
1 pouce	fur	7	pouces	valent	7	lignes
1 pouce	fur	8	pouces	valent	8	lignes
1 pouce	fur	9	pouces	valent	9	lignes
1 pouce	fur	10	pouces	valent	10	lignes
1 pouce	fur	11	pouces	valent	11	lignes

2 pouces	fur	1	pouce	valent	2	lignes	
2 pouces	fur	2	pouces	valent	4	lignes	
2 pouces	fur	3	pouces	valent	6	lignes	
2 pouces	fur	4	pouces	valent	8	lignes	
2 pouces	fur	5	pouces	valent	10	lignes	
2 pouces	fur	6	pouces	valent	1	pouce	*jufte*
2 pouces	fur	7	pouces	valent	1	pouce	2 lig.
2 pouces	fur	8	pouces	valent	1	pouce	4 lig.
2 pouces	fur	9	pouces	valent	1	pouce	6 lig.
2 pouces	fur	10	pouces	valent	1	pouce	8 lig.
2 pouces	fur	11	pouces	valent	1	pouce	10 lig.

SUITE *les Pieds étant premiers*

Multiplier

3 pouces sur	1 pouce valent	3 lignes
3 pouces sur	2 pouces valent	6 lignes
3 pouces sur	3 pouces valent	9 lignes
3 pouces sur	4 pouces valent	1 pouce *juste*
3 pouces sur	5 pouces valent	1 pouce 3 lignes
3 pouces sur	6 pouces valent	1 pouce 6 lignes
3 poucès sur	7 pouces valent	1 pouces 9 lignes
3 pouces sur	8 pouces valent	2 pouces *juste*
3 pouces sur	9 pouces valent	2 pouces 3 lignes
3 pouces sur	10 pouces valent	2 pouces 6 lignes
3 pouces sur	11 pouces valent	2 pouces 9 lignes

4 pouces sur	1 pouce valent	4 lignes
4 pouces sur	2 pouces valent	8 lignes
4 pouces sur	3 pouces valent	1 pouce *juste*
4 pouces sur	4 pouces valent	1 pouce 4 lignes
4 pouces sur	5 pouces valent	1 pouces 8 lignes
4 pouces sur	6 pouces valent	2 pouces *juste*
4 pouces sur	7 pouces valent	2 pouces 4 lignes
4 pouces sur	8 pouces valent	2 pouces 8 lignes
4 pouces sur	9 pouces valent	3 pouces *juste*
4 pouces sur	10 pouces valent	3 pouces 4 lignes
4 pouces sur	11 pouces valent	3 pouces 8 lignes

5 pouces sur	1 pouce valent	5 lignes
5 pouces sur	2 pouces valent	10 lignes
5 pouces sur	3 pouces valent	1 pouce 3 lignes
5 pouces sur	4 pouces valent	1 pouce 8 lignes
5 pouces sur	5 pouces valent	2 pouces 1 ligne
5 pouces sur	6 pouces valent	2 pouces 6 lignes
5 pouces sur	7 pouces valent	2 pouces 11 lignes
5 pouces sur	8 pouces valent	3 pouces 4 lignes
5 pouces sur	9 pouces valent	3 pouces 9 lignes
5 pouces sur	10 pouces valent	4 pouces 2 lignes
5 pouces sur	11 pouces valent	4 pouces 7 lignes

SUITE *les Pieds étant premiers.*

Multiplier

6 pouces fur 1 pouce valent   6 lign.
6 pouces fur 2 pouces valent 1 pouce *jufte*
6 pouces fur 3 pouces valent 1 pouce   6 lign.
6 pouces fur 4 pouces valent 2 pouces
6 pouces fur 5 pouces valent 2 pouces 6 lign.
6 pouces fur 6 pouces valent 3 pouces
6 pouces fur 7 pouces valent 3 pouces 6 lign.
6 pouces fur 8 pouces valent 4 pouces
6 pouces fur 9 pouces valent 4 pouces 6 lign.
6 pouces fur 10 pouces valent 5 pouces
6 pouces fur 11 pouces valent 5 pouces 6 lign.

7 pouces fur 1 pouce valent   7 lign.
7 pouces fur 2 pouces valent 1 pouce   2 lign.
7 pouces fur 3 pouces valent 1 pouce   9 lign.
7 pouces fur 4 pouces valent 2 pouces 4 lign.
7 pouces fur 5 pouces valent 2 pouces 11 lign.
7 pouces fur 6 pouces valent 3 pouces 6 lign.
7 pouces fur 7 pouces valent 4 pouces 1 lign.
7 pouces fur 8 pouces valent 4 pouces 8 lign.
7 pouces fur 9 pouces valent 5 pouces 3 lign.
7 pouces fur 10 pouces valent 5 pouces 10 lign.
7 pouces fur 11 pouces valent 6 pouces 5 lign.

8 pouces fur 1 pouce valent   8 lign.
8 pouces fur 2 pouces valent 1 pouces 4 lign.
8 pouces fur 3 pouces valent 2 pouces *jufte*
8 pouces fur 4 pouces valent 2 pouces 8 lign.
8 pouces fur 5 pouces valent 3 pouces 4 lign.
8 pouces fur 6 pouces valent 4 pouces *jufte*
8 pouces fur 7 pouces valent 4 pouces 8 lign.
8 pouces fur 8 pouces valent 5 pouces 4 lign.
8 pouces fur 9 pouces valent 6 pouces *jufte*
8 pouces fur 10 pouces valent 6 pouces 8 lign.
8 pouces fur 11 pouces valent 7 pouces 4 lign.

SUITE *les Pieds étant premiers.*

Multiplier

9 pouces fur   1 pouce   valent   9 lign.
9 pouces fur   2 pouces valent 1 pouce 6 lign.
9 pouces fur   3 pouces valent 2 pouces 3 lign.
9 pouces fur   4 pouces valent 3 pouces *juste*
9 pouces fur   5 pouces valent 3 pouces 9 lign.
9 pouces fur   6 pouces valent 4 pouces 6 lign.
9 pouces fur   7 pouces valent 5 pouces 3 lign.
9 pouces fur   8 pouces valent 6 pouces *juste*
9 pouces fur   9 pouces valent 6 pouces 9 lign.
9 pouces fur 10 pouces valent 7 pouces 6 lign.
9 pouces fur 11 pouces valent 8 pouces 3 lign.

10 pouces fur 1 pouce   valent   10 lign.
10 pouces fur 2 pouces valent 1 pouce 8 lign.
10 pouces fur 3 pouces valent 2 pouces 6 lign.
10 pouces fur 4 pouces valent 3 pouces 4 lign.
10 pouces fur 5 pouces valent 4 pouces 2 lign.
10 pouces fur 6 pouces valent 5 pouces *juste*
10 pouces fur 7 pouces valent 5 pouces 10 lign.
10 pouces fur 8 pouces valent 6 pouces 8 lign.
10 pouces fur 9 pouces valent 7 pouces 6 lign.
10 pouces fur 10 pouces valent 8 pouces 4 lign.
10 pouces fur 11 pouces valent 9 pouces 2 lign.

11 pouces fur 1 pouce   valent   11 lign.
11 pouces fur 2 pouces valent 1 pouce 10 lign.
11 pouces fur 3 pouces valent 2 pouces 9 lign.
11 pouces fur 4 pouces valent 3 pouces 8 lign.
11 pouces fur 5 pouces valent 4 pouces 7 lign.
11 pouces fur 6 pouces valent 5 pouces 6 lign.
11 pouces fur 7 pouces valent 6 pouces 5 lign.
11 pouces fur 8 pouces valent 7 pouces 4 lign.
11 pouces fur 9 pouces valent 8 pouces 3 lign.
11 pouces fur 10 pouces valent 9 pouces 2 lign.
11 pouces fur 11 pouces valent 10 pouces 1 lign.

O

Quand les PIEDS *font premieres*
à la Multiplication.

POUCES fur LIGNES.

valent *douziéme* de lignes.

Multiplier

1 pouce fur 11 lignes *ne valent pas une ligne.*
2 pouces fur 5 lignes ne valent pas une ligne.
2 pouces fur 6 lignes valent   1 ligne *jufte*
2 pouces fur 7 lignes valent   1 ligne &
2 pouces fur 8 lignes valent   1 ligne &
2 pouces fur 9 lignes valent   1 ligne &
2 pouces fur 10 lignes valent   1 ligne &
2 pouces fur 11 lignes valent   1 ligne &

3 pouces fur 3 lignes *ne valent pas une ligne.*
3 pouces fur 4 lignes valent   1 ligne *jufte*
3 pouces fur 5 lignes valent   1 ligne &
3 pouces fur 6 lignes valent   1 ligne &
3 pouces fur 7 lignes valent   1 ligne &
3 pouces fur 8 lignes valent   2 lignes *juftes*
3 pouces fur 9 lignes valent   2 lignes &
3 pouces fur 10 lignes valent   2 lignes &
3 pouces fur 11 lignes valent   2 lignes &

4 pouces fur 2 lignes *ne valent pas une ligne*
4 pouces fur 3 lignes valent   1 ligne *jufte*
4 pouces fur 4 lignes valens   1 ligne &
4 pouces fur 5 lignes valent   1 ligne &
4 pouces fur 6 lignes valent   2 lignes *juftes*
4 pouces fur 7 lignes valent   2 lignes &
4 pouces fur 8 lignes valent   2 lignes &
4 pouces fur 9 lignes valent   3 lignes *juftes*
4 pouces fur 10 lignes valent   3 lignes &
4 pouces fur 11 lignes valent   3 lignes &

Quand les PIEDS font premiers
à la Multiplication.

Multiplier

5 pouces fur	2 lignes	*ne valent pas une ligne*		
5 pouces fur	3 lignes	valent	1 ligne &
5 pouces fur	4 lignes	valent	1 ligne &
5 pouces fur	5 lignes	valent	2 lignes &
5 pouces fur	6 lignes	valent	2 lignes &
5 pouces fur	7 lignes	valent	2 lignes &
5 pouces fur	8 lignes	valent	3 lignes &
5 pouces fur	9 lignes	valent	3 lignes &
5 pouces fur	10 lignes	valent	4 lignes &
5 pouces fur	11 lignes	valent	4 lignes &

6 pouces fur	1 ligne	*ne valent pas une ligne*	
6 pouces fur	2 lignes	valent	1 ligne
6 pouces fur	3 lignes	valent	1 ligne &
6 pouces fur	4 lignes	valent	2 lignes
6 pouces fur	5 lignes	valent	2 lignes &
6 pouces fur	6 lignes	valent	3 lignes
6 pouces fur	7 lignes	valent	3 lignes &
6 pouces fur	8 lignes	valent	4 lignes
6 pouces fur	9 lignes	valent	4 lignes &
6 pouces fur	10 lignes	valent	5 lignes
6 pouces fur	11 lignes	valent	5 lignes &

7 pouces fur	1 ligne	*ne valent pas une ligne*	
7 pouces fur	2 lignes	valent	1 ligne &
7 pouces fur	3 lignes	valent	1 ligne &
7 pouces fur	4 lignes	valent	2 lignes &
7 pouces fur	5 lignes	valent	2 lignes &
7 pouces fur	6 lignes	valent	3 lignes &
7 pouces fur	7 lignes	valent	4 lignes &
7 pouces fur	8 lignes	valent	4 lignes &
7 pouces fur	9 lignes	valent	5 lignes &
7 pouces fur	10 lignes	valent	5 lignes &
7 pouces fur	11 lignes	valent	6 lignes &

O
Quand les PIEDS *font premiers*
à la Multiplication.

Multiplier

8 pouces fur	1	ligne	*ne valent pas une ligne*		
8 pouces fur	2	lignes	valent	1 ligne	&
8 pouces fur	3	lignes	valent	2 lignes	&
8 pouces fur	4	lignes	valent	2 lignes	&
8 pouces fur	5	lignes	valent	3 lignes	&
8 pouces fur	6	lignes	valent	4 lignes	&
8 pouces fur	7	lignes	valent	4 lignes	&
8 pouces fur	8	lignes	valent	5 lignes	&
8 pouces fur	9	lignes	valent	6 lignes	
8 pouces fur	10	lignes	valent	6 lignes	&
8 pouces fur	11	lignes	valent	7 lignes	

9 pouces fur	1	ligne	*ne valent pas une ligne*		
9 pouces fur	2	lignes	valent	1 ligne	&
9 pouces fur	3	lignes	valent	2 lignes	&
9 pouces fur	4	lignes	valent	3 lignes	
9 pouces fur	5	lignes	valent	3 lignes	&
9 pouces fur	6	lignes	valent	4 lignes	&
9 pouces fur	7	lignes	valent	5 lignes	&
9 pouces fur	8	lignes	valent	6 lignes	
9 pouces fur	9	lignes	valent	6 lignes	&
9 pouces fur	10	lignes	valent	7 lignes	&
9 pouces fur	11	lignes	valent	8 lignes	&

10 pouces fur	1	ligne	*ne valent pas une ligne*		
10 pouces fur	2	lignes	valent	1 ligne	&
10 pouces fur	3	lignes	valent	2 lignes	&
10 pouces fur	4	lignes	valent	3 lignes	&
10 pouces fur	5	lignes	valent	4 lignes	&
10 pouces fur	6	lignes	valent	5 lignes	
10 pouces fur	7	lignes	valent	5 lignes	&
10 pouces fur	8	lignes	valent	6 lignes	&
10 pouces fur	9	lignes	valent	7 lignes	&
10 pouces fur	10	lignes	valent	8 lignes	&
10 pouces fur	11	lignes	valent	9 lignes	&

Quand les P I E D S *font les premiers
à la Multiplication.*

Multiplier

11 pouces fur	1 ligne	*ne valent pas une ligne*	
11 pouces fur	2 lignes	valent	1 lignes &
11 pouces fur	3 lignes	valent	2 lignes &
11 pouces fur	4 lignes	valent	3 lignes &
11 pouces fur	5 lignes	valent	4 lignes &
11 pouces fur	6 lignes	valent	5 lignes &
11 pouces fur	7 lignes	valent	6 lignes &
11 pouces fur	8 lignes	valent	7 lignes &
11 pouces fur	9 lignes	valent	8 lignes &
11 pouces fur	10 lignes	valent	9 lignes &
11 pouces fur	11 lignes	valent	10 lignes &

LIGNES fur LIGNES ne valent que la 114-me partie d'une ligne

Icy après fuivent les

REDUCTIONS

Simples & Quarrées,
des Pieds, Pouces & lignes,

Sçavoir la Simple,

De Pieds en Toifes de   6 à la Toife.
De Pouces en Pieds de   12 au Pied.
De Lignes en Pouces de   12 au Pouce.

Autrement la Quarrée.

De Pieds en Toifes de   36 la Toife
De Pouces en Pieds   de 144 au Pied
De Lignes en Pouces de 144 au Pouce.

De PIEDS en TOISES

La TOISE de 6 Pieds.

10000	pieds valent	1666	toises	4	pieds
9000	pieds valent	1500	toises		
8000	pieds valent	1333	toises	2	pieds
7000	pieds valent	1166	toises	4	pieds
6000	pieds valent	1000	toises		
5000	pieds valent	833	toises	2	pieds
4000	pieds valent	666	toises	4	pieds
3000	pieds valent	500	toises		
2000	pieds valent	333	toises	2	pieds
1000	pieds valent	166	toises	4	pieds
900	pieds valent	150	toises		
800	pieds valent	133	toises	2	pieds
700	pieds valent	116	toises	4	pieds
600	pieds valent	100	toises		
500	pieds valent	83	toises	2	pieds
400	pieds valent	66	toises	4	pieds
300	pieds valent	50	toises		
200	pieds valent	33	toises	2	pieds
100	pieds valent	16	toises	4	pieds
90	pieds valent	15	toises		
80	pieds valent	13	toises	2	pieds
70	pieds valent	11	toises	4	pieds
60	pieds valent	10	toises		
50	pieds valent	8	toises	2	pieds
40	pieds valent	6	toises	4	pieds
30	pieds valent	5	toises		
20	pieds valent	3	toises	2	pieds
10	pieds valent	1	toise	4	pieds
9	pieds valent	1	toise	3	pieds
8	pieds valent	1	toise	2	pieds
7	pieds valent	1	toise	1	pied
6	pieds valent	1	toise *juste*		
3	pieds valent			3	pieds

De POUCES en PIEDS,

Le PIED de 12 Pouces.

10000 pouces valent	138 toises 5 pieds	4	pouces
9000 pouces valent	125 toises		
8000 pouces valent	111 toises	8	pouces
7000 pouces valent	97 toises 1 pieds	4	pouces
6000 pouces valent	83 toises 2 pieds		
5000 pouces valent	69 toises 2 pieds	8	pouces
4000 pouces valent	55 toises 3 pieds	4	pouces
3000 pouces valent	41 toises 4 pieds		
2000 pouces valent	27 toises 4 pieds	8	pouces
1000 pouces valent	13 toises 5 pieds	4	pouces
900 pouces valent	12 toises 3 pieds		
800 pouces valent	11 toises	8	pouces
700 pouces valent	9 toises 4 pieds	4	pouces
600 pouces valent	8 toises 2 pieds		
500 pouces valent	6 toises 5 pieds	8	pouces
400 pouces valent	5 toises 3 pieds	4	pouces
300 pouces valent	4 toises 1 pied		
200 pouces valent	2 toises 4 pieds	8	pouces
100 pouces valent	1 toise 2 pieds	4	pouces
90 pouces valent	1 toise 1 pied	6	pouces
80 pouces valent	1 toise	8	pouces
70 pouces valent	5 pieds	10	pouces
60 pouces valent	5 pieds		
50 pouces valent	4 pieds	2	pouces
40 pouces valent	3 pieds	4	pouces
30 pouces valent	2 pieds	6	pouces
20 pouces valent	1 pied	8	pouces
12 pouces valent	1 pied *juste*		
11 pouces valent		11	pouces
10 pouces valent		10	pouces
9 pouces valent		9	pouces
8 pouces valent		8	pouces
7 pouces valent		7	pouces

De LIGNES en POUCES
Le POUCE de 12 Lignes.

10000 lignes valent 11 toises 3 pié	5 pou.	4 lign.
9000 lignes valent 10 toises 2 pié	6 pou.	
8000 lignes valent 9 toises 1 pié	6 pou.	8 lign.
7000 lignes valent 8 toises	7 pou.	4 lign.
6000 lignes valent 6 toises 5 pié	8 pou.	
5000 lignes valent 5 toises 4 pié	8 pou.	8 lign.
4000 lignes valent 4 toises 3 pié	9 pou.	4 lign.
3000 lignes valent 3 toises 2 pié	10 pou.	
2000 lignes valent 2 toises 1 pié	10 pou.	8 lign.
1000 lignes valent 1 toise	11 pou.	4 lign.
900 lignes valent 1 toise	3 pou.	
800 lignes valent	5 pié 6 pou.	8 lign.
700 lignes valent	4 pié 10 pou.	4 lign.
600 lignes valent	4 pié 2 pou.	
500 lignes valent	3 pié 5 pou.	8 lign.
400 lignes valent	2 pié 9 pou.	4 lign.
300 lignes valent	2 pié 1 pou.	
200 lignes valent	1 pié 4 pou.	8 lign.
100 lignes valent	8 pou.	4 lign.
90 lignes valent	7 pou.	6 lign.
80 lignes valent	6 pou.	8 lign.
70 lignes valent	5 pou.	10 lign.
60 lignes valent	5 pou.	
50 lignes valent	4 pou.	2 lign.
40 lignes valent	3 pou.	4 lign.
30 lignes valent	2 pou.	6 lign.
20 lignes valent	1 pou.	8 lign.
12 lignes valent	1 pouce	
11 lignes valent		11 lignes
10 lignes valent		10 lignes
9 lignes valent		9 lignes
8 lignes valent		8 lignes
7 lignes valent		7 lignes

De POUCES en PIEDS.

Le PIED de 144 Pouces.

30000 pouces valent 208 pieds 4 pouces *justes*
20000 pouces valent 138 pieds 10 pouces 8 lignes
10000 pouces valent 69 pieds 5 pouces 4 lignes
9000 pouces valent 62 pieds 6 pouces
8000 pouces valent 55 pieds 6 pouces 8 lignes
7000 pouces valent 48 pieds 7 pouces 4 lignes
6000 pouces valent 41 pieds 8 pouces
5000 pouces valent 34 pieds 8 pouces 8 lignes
4000 pouces valent 27 pieds 9 pouces 4 lignes
3000 pouces valent 20 pieds 10 pouces
2000 pouces valent 13 pieds 10 pouces 8 lignes
1000 pouces valent 6 pieds 11 pouces 4 lignes
900 pouces valent 6 pieds 3 pouces
800 pouces valent 5 pieds 6 pouces 8 lignes
700 pouces valent 4 pieds 10 pouces 4 lignes
600 pouces valent 4 pieds 2 pouces
500 pouces valent 3 pieds 5 pouces 8 lignes
400 pouces valent 2 pieds 9 pouces 4 lignes
300 pouces valent 2 pieds 1 pouce
200 pouces valent 1 pied 4 pouces 8 lignes
100 pouces valent 8 pouces 4 lignes
144 pouces valent 1 pied *juste*
72 pouces valent 6 pouces
36 pouces valent 3 pouces

De PIEDS en TOISES

la TOISE de 36 Pieds.

10000 pieds valent	277	toifes	4 pieds	8	pouces
9000 pieds valent	250	toifes			
8000 pieds valent	222	toifes	1 pied	4	pouces
7000 pieds valent	194	toifes	2 pieds	8	pouces
6000 pieds valent	166	toifes	4 pieds		
5000 pieds valent	138	toifes	5 pieds	4	pouces
4000 pieds valent	111	toifes		8	pouces
3000 pieds valent	83	toifes	2 pieds		
2000 pieds valent	55	toifes	3 pieds	4	pouces
1000 pieds valent	27	toifes	4 pieds	8	pouces
900 pieds valent	25	toifes			
800 pieds valent	22	toifes	1 pied	4	pouces
700 pieds valent	19	toifes	2 pieds	8	pouces
600 pieds valent	16	toifes	4 pieds		
500 pieds valent	13	toifes	5 pieds	4	pouces
400 pieds valent	11	toifes		8	pouces
300 pieds valent	8	toifes	2 pieds		
200 pieds valent	5	toifes	3 pieds	4	pouces
100 pieds valent	2	toifes	4 pieds	8	pouces
90 pieds valent	2	toifes	3 pieds		
80 pieds valent	2	toifes	1 pied	4	pouces
70 pieds valent	1	toife	5 pieds	8	pouces
60 pieds valent	1	toife	4 pieds		
50 pieds valent	1	toife	2 pieds	4	pouces
40 pieds valent	1	toife		8	pouces
36 pieds valent	1	toife *jufte*			
18 pieds valent			3 pieds		
9 pieds valent			1 pied	6	pouces

De LIGNES

En Toises , Pieds & Pouces,

Le POUCE de 144 Lignes.

30000 lignes valent	17 pieds	4 pouces	4 lignes
20000 lignes valent	11 pieds	6 pouces	10 lignes
10000 lignes valent	5 pieds	9 pouces	5 lignes
9000 lignes valent	5 pieds	2 pouces	6 lignes
8000 lignes valent	4 pieds	7 pouces	6 lignes
7000 lignes valent	4 pieds	pouces	7 lignes
6000 lignes valent	3 pieds	5 pouces	8 lignes
5000 lignes valent	2 pieds	10 pouces	8 lignes
4000 lignes valent	2 pieds	3 pouces	9 lignes
3000 lignes valent	1 pied	8 pouces	10 lignes
2000 lignes valent	1 pied	1 pouce	10 lignes
1000 lignes valent		6 pouces	11 lignes
900 lignes valent		6 pouces	3 lignes
800 lignes valent		5 pouces	6 lignes
700 lignes valent		4 pouces	10 lignes
600 lignes valent		4 pouces	2 lignes
500 lignes valent		3 pouces	5 lignes
400 lignes valent		2 pouces	9 lignes
300 lignes valent		2 pouces	1 ligne
200 lignes valent		1 pouce	4 lignes
144 lignes valent		1 pouce *juste*	
100 lignes valent			8 lignes
90 lignes valent			7 lignes
80 lignes valent			6 lignes
70 lignes valent			5 lignes
60 lignes valent			5 lig. *juf.*
50 lignes valent			4 lignes
40 lignes valent			3 lignes

PRIVILEGE DU ROY.

LOUIS par la Grace de Dieu, Roy de France & de Navarre, à nos Amez & feaux Conseillers, les Gens tenans nos Cours de Parlement, Maîtres des Requêtes ordinaires de Notre Hôtel, Grand Conseil, Prevôt de Paris, Baillifs, Sénéchaux, leurs Lieutenans Civils & autres nos Justiciers qu'il appartiendra : SALUT. Notre bien Amé FRANÇOIS DIDOT, Libraire à Paris, Adjoint de sa Communauté, Nous ayant fait remontrer qu'il souhaiteroit continuer à faire réimprimer, & donner au Public le *Livre des Comptes Faits, ou Tarif General des Monnoyes, le Livre nécessaire ou Tarif General des Interêts, le Livre d'Arithmétique sans Maître, le Livre du grand Commerce pour la reduction des Monnoyes, poids & mesures de l'Europe, le Traité des Parties Doubles, l'Ecole des Banquiers; Essais de Geométrie, les Tarifs parfaits des Monnoyes courantes de France du Sieur Barréme ; les Révolutions de la République Romaine, les Révolutions de Suede, l'Etablissement ▉▉▉ ctons dans les Gaules, de l'Union & de la ▉▉▉ de Portugal par M. de Vertot; Histoire de l'▉▉▉ Ottoman, traduit de l'Italien de Sagredo par M. Laurent ; Pausanias ou Voyage Historique de l'ancienne Grece par l'Abbé Gedoyn ; Relation de la Mer du Sud aux Côtes du Chili & du Perrou par Monsieur Fresier ; Histoire d'Henry de la Tour d'Auvergne, Maréchal Duc de Boüillon, par M. de Marsollier; Apologie des Dames:* S'il Nous plaisoit lui accorder nos Lettres de Continuation de Privilege sur ce nécessaires, offrant pour cet effet de les faire réimprimer en bon Papier & beaux Caracteres, suivant la feuille imprimée & attachée pour modele sous le contre-Scel des Présentes. A CES CAUSES voulant traiter favorablement ledit Exposant, Nous lui avons permis & permettons par ces Présentes de faire réimprimer lesdits Livres cy-dessus

ſpécifiez, en un ou pluſieurs Volumes, conjointe-
ment ou ſéparément, & autant de fois que bon lui
ſemblera, ſur Papier & Caracteres conformes à ladite feuille imprimée & attachée ſous Notredit Contre Scel, & de les vendre, faire vendre & débiter
par tout notre Royaume pendant le temps de ſix
années conſecutives, à compter du jour de la datte
deſdites Préſentes. Faiſons défenſes à toutes ſortes de perſonnes de quelque qualité & condition
qu'elles ſoient d'en introduire d'impreſſion étran-
gere dans aucun lieu de notre Obéiſſance, comme auſſi à tous Libraires, Imprimeurs & autres,
d'imprimer, faire imprimer, vendre, faire vendre, débiter ni contrefaire leſdits Livres cy-deſſus expoſez en tout ni en partie, ni d'en faire au-
cuns extraits ſous quelque prétexte que ce ſoit,
d'augmentation, correction, changement de titre, même en feuilles ſéparées ou autrement ſans
la permiſſion expreſſe & par écrit dudit Expoſant,
ou de ceux qui auront droit de lui, à peine de con-
fiſcation des Exemplaires contrefaits, de dix mille
livres d'amende   chacun des contrevenans,
dont un tiers à   n tiers à l'Hôtel-Dieu de
Paris, l'autre ti   t Expoſant, & de tous dé-
pens, dommages & interêts, à la charge que ces
Préſentes ſeront enregiſtrées tout au long ſur les
Regiſtres de la Communnauté des Libraires & Imprimeurs de Paris, dans trois mois de la date d'i-
celles; que l'impreſſion de ces Livres ſera faite
dans notre Royaume, & non ailleurs, & que l'Im-
pétrant ſe conformera en tout aux Reglemens de
la Librairie, & notamment à celui du dixiéme
Avril 1725. & qu'avant que de les expoſer en vente, les Manuſcrits ou Imprimez qui auront ſervi
de copie à l'Impreſſion deſdits Livres, ſeront remis dans le même état où les approbations y auront été données ès mains de notre très-cher & féal
Chevalier Garde des Sceaux de France le ſieur
Chauvelin, & qu'il en ſera enſuite remis deux
exemplaires de chacun dans notre Bibliotheque

publique , un dans celle de notre Château du Louvre , & un dans celle de notredit très-cher & féal Chevalier Garde des Sceaux de France le sieur Chauvelin ; le tout à peine de nullité des Présentes, du contenu desquelles vous Mandons & Enjoignons de faire joüir l'Exposant ou ses Ayans Causes pleinement & paisiblement , sans souffrir qu'il leur soit fait aucun trouble ou empéchement: Voulons que la Copie desdites Présentes qui sera imprimée tout au long au commencement ou à la fin desdits Livres, soit tenue pour dûement signifiée, & qu'aux Copies collationnées par l'un de nos Amez & Feaux Conseillers & Secretaires , foi soit ajoutée comme à l'Original , Commandons au Premier notre Huissier ou Sergent de faire pour l'éxécution d'icelles, tous Actes requis & nécessaires , sans demander autre permission, & non-obstant clameur de Haro , Chartre Normande & Lettres à ce contraires : C A R tel est notre plaisir. Donne' à Versailles le onziéme jour du mois de May, l'An de Grace mil sept cens trente-six , & de notre Regne le vingt-uniéme. Par ▐▐▐▐ son Conseil.

S ███████ O N.

Regiftré fur le Regiftre IX. de la Chambre Royale des Librairés & Imprimeurs de Paris, N. 310. Fol. 215. conformément aux anciens Reglemens, confirmés par celui du 28 Février 1713. A Paris le 13 Juillet 1736.

G. M A R T I N, Syndic.

De l'Imprimerie de J A C Q U E S C H A R D O N.